# 중등 수학 완성을 위한
# 초등 연산 정복

중등 수학 완성을 위한
초등 연산 정복
권윤정
지음
자연수
분수
소수
필수 연산 점검
플루토

수학을 어려워하는 학생들에게는 같은 특징이 있습니다. 바로 연산이 막힌 지점을 알지 못한 채 다음 단계로 넘어간다는 점입니다. 연산이 느리거나 실수가 잦아지면 문제 풀이 과정이 길어지고, 수학에 대한 부담과 두려움이 커지기 쉽습니다. 반대로 연산 개념을 정확히 이해하고 실수를 줄이고 계산력을 기르면, 수학에 대한 자신감도 자연스럽게 올라갑니다.

수학 실력의 뿌리는 연산 능력에서 시작됩니다. 《중등 수학 완성을 위한 초등 연산 징복》은 중학교 진학을 앞둔 학생을 대상으로 한 교재입니다. 지금까지 배운 연산 개념이 머릿속에 제대로 정리되어 있는지 확인하고, 어디에서 막혔는지 스스로 점검할 수 있도록 설계했지요.

수학은 자연수에서 시작해 분수, 소수, 정수, 유리수, 무리수, 실수, 복소수로 확장됩니다. 이 단계에 맞춰 자연수, 분수, 소수의 사칙연산을 중심으로, 학생 스스로 지금까지 배운 개념을 스스로 점검하고 체계적으로 정리할 수 있도록 구성했습니다. 학년이 올라갈수록 연산 개념이 머릿속에서 더 복잡하게 얽힙니다. 따라서 막힌 부분을 정확히 찾아 제대로 익히는 과정이 무엇보다 중요합니다.

수학은 기초를 차근차근 쌓아 가는 과정에서 실력이 늘어납니다. 이 책은 자연수, 분수, 소수의 사칙연산뿐 아니라 약수, 배수, 공약수·공배수, 최대공약수·최소공배수, 소수, 합성수까지 초등과 중등 교과 흐름을 충실히 반영해 구성했습니다. 매일 조금씩 나만의 속도로 차근차근 풀다 보면 실수가 줄고, 속도는 안정되고, 개념에 관한 이해가 확실해집니다. 수학 실력은 연산 점검에서부터 다시 시작됩니다. 중학교 수학의 첫 단추를 이 책과 함께 정확하게 꿰어 보세요. 여러분의 수학 뿌리를 단단하게 세워 줄 것입니다.

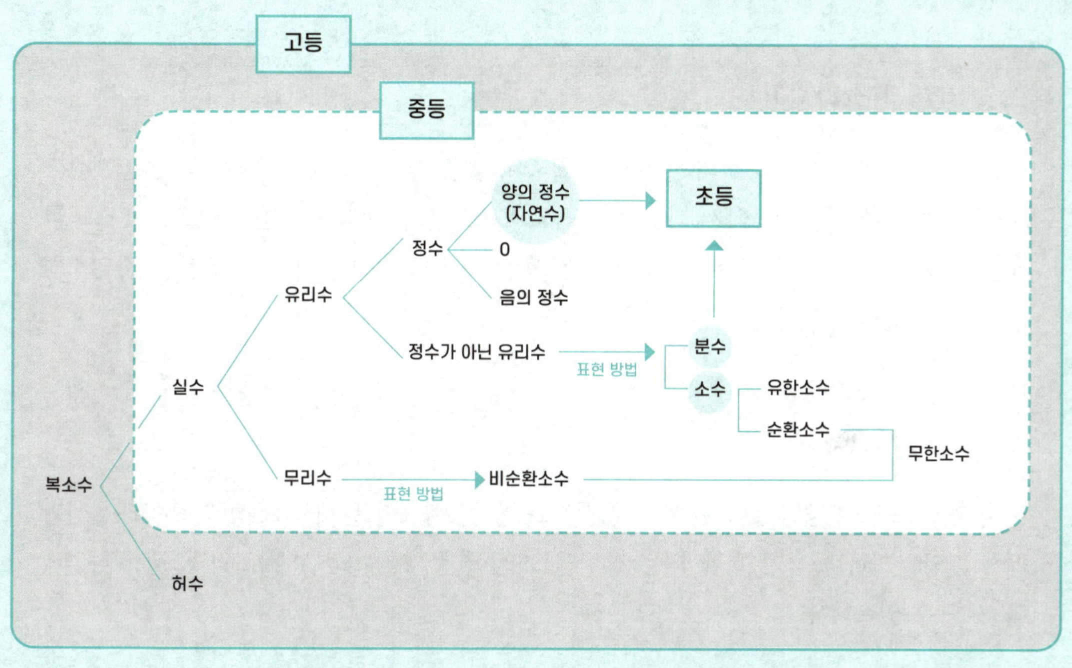


## 이 책은 다음과 같은 학생에게 추천합니다

☑ 중학교 진학을 앞두고 연산 개념을 다시 정리하고 싶은 초등 고학년

☑ 계산에서 실수하거나 연산할 때 과정을 빼먹는 일이 잦아서 정확도를 높이고 싶은 학생

☑ 분수·소수의 개념이 반복적으로 헷갈리는 학생

☑ 수학을 스스로 공부하고 개념을 정리하는 습관이 필요한 학생

# 이 책은 다음과 같이 구성되어 있습니다

## MISSION | 기초 다지기

학년 수준에 맞춘 개념 중심의 연산 문제입니다. 덧셈·뺄셈부터 곱셈·나눗셈, 혼합계산까지 기초 연산 체계를 탄탄하게 다집니다. 속도와 정확성을 함께 점검할 수 있습니다. 또한 계산이 느리거나 연산을 할 때 실수가 잦은 학생이 반드시 점검해야 할 부분을 자연스럽게 익힐 수 있습니다.

## Level Up | 사고력 확장

단순 계산을 넘어 개념 이해·응용·추론을 요구하는 사고력 문제로 구성했습니다. 실생활에서 다양한 연산을 사용하게 되는 상황을 가정한 문세를 풀면서 사고력과 문세 해결력을 기를 수 있습니다.

## 문제 만들기 | 스스로 정리하기

직접 문제를 만들어 보며 개념을 정리하고 표현하는 활동입니다. 스스로 개념을 재구성하는 과정에서 자기주도학습 능력, 표현력, 수학적 사고력을 기를 수 있습니다.

## 읽을거리 | 수학 이야기

'자연수는 왜 생겼을까?' '수학 기호는 누가 만들었을까?'와 같이 수학 개념의 배경과 의미를 쉽게 풀어서 썼습니다. 단순 암기가 아니라 수학의 원리를 이해할 수 있도록 도와줍니다. 또한 우리가 쓰고 있는 수학 개념이 어디에서 비롯되었는지 알고, 배경지식을 자연스럽게 익힐 수 있습니다.

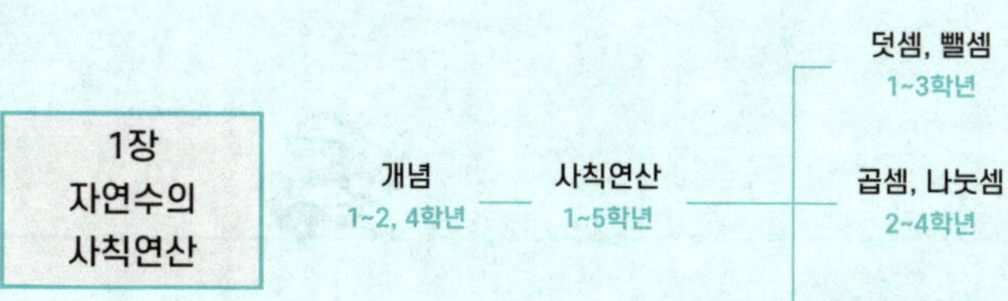

1장
자연수의
사칙연산
개념
1~2, 4학년
사칙연산
1~5학년
덧셈, 뺄셈
1~3학년
곱셈, 나눗셈
2~4학년
혼합계산
5학년 1학기


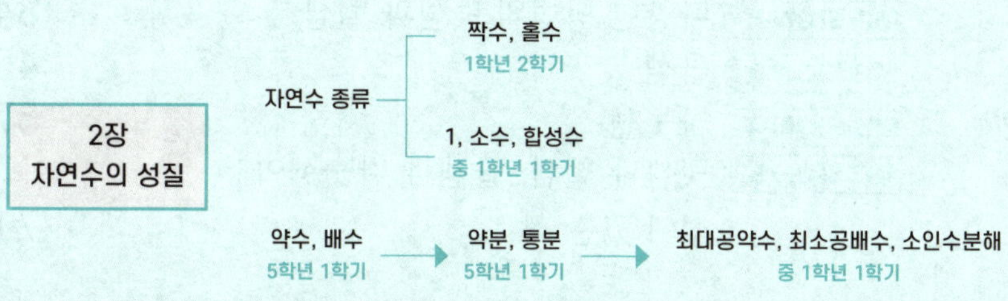

2장
자연수의 성질
자연수 종류
짝수, 홀수
1학년 2학기
1, 소수, 합성수
중 1학년 1학기
약수, 배수
5학년 1학기
약분, 통분
5학년 1학기
최대공약수, 최소공배수, 소인수분해
중 1학년 1학기


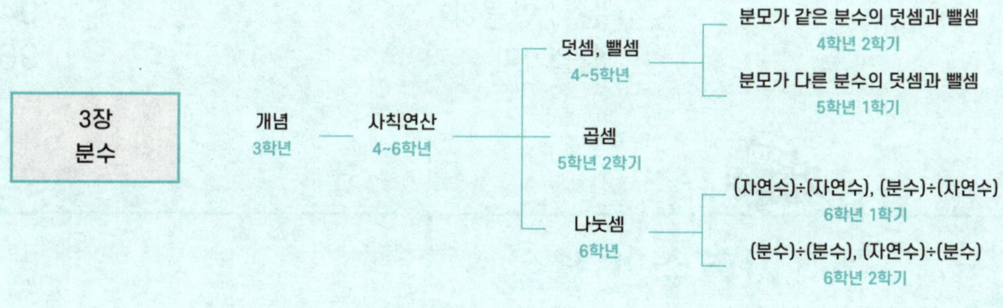

3장
분수
개념
3학년
사칙연산
4~6학년
덧셈, 뺄셈
4~5학년
분모가 같은 분수의 덧셈과 뺄셈
4학년 2학기
분모가 다른 분수의 덧셈과 뺄셈
5학년 1학기
곱셈
5학년 2학기
나눗셈
6학년
(자연수)÷(자연수), (분수)÷(자연수)
6학년 1학기
(분수)÷(분수), (자연수)÷(분수)
6학년 2학기


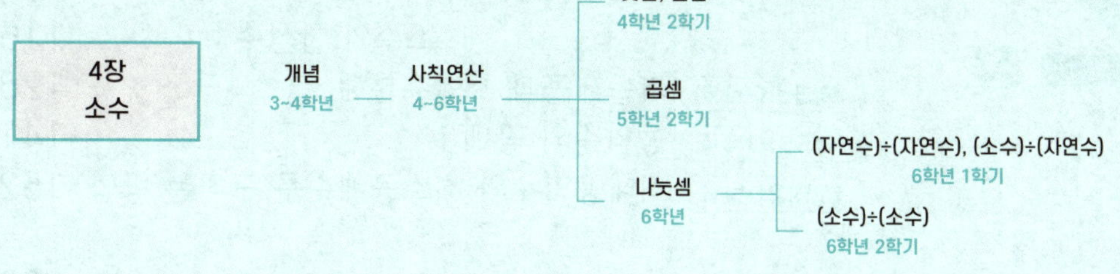

4장
소수
개념
3~4학년
사칙연산
4~6학년
덧셈, 뺄셈
4학년 2학기
곱셈
5학년 2학기
나눗셈
6학년
(자연수)÷(자연수), (소수)÷(자연수)
6학년 1학기
(소수)÷(소수)
6학년 2학기

# 3<sub></sub>장 분수

# 4장 소수

# 1장

## 자연수의 사칙연산

# 세 자리 수 이하의 덧셈과 뺄셈
## 초 1~3학년

**1** 빈칸에 들어갈 수를 적으세요.

권장 시간 : 2분

| + | 2 | 7 | 4 | 0 | 8 | 3 | 6 | 9 | 5 | 1 |
|---|---|---|---|---|---|---|---|---|---|---|
| 2 | 4 | 9 | 6 | 2 | 10 | 5 | 8 | 11 | 7 | 3 |
| 5 | | | | | | | | | | |
| 7 | | | | | | | | | | |
| 9 | | | | | | | | | | |
| 3 | | | | | | | | | | |

| − | 12 | 10 | 15 | 17 | 14 | 19 | 11 | 18 | 16 | 13 |
|---|----|----|----|----|----|----|----|----|----|----|
| 3 | 9 | 7 | 12 | 14 | 11 | 16 | 8 | 15 | 13 | 10 |
| 1 | | | | | | | | | | |
| 6 | | | | | | | | | | |
| 4 | | | | | | | | | | |
| 8 | | | | | | | | | | |



걸린 시간 ________ 분        틀린 개수 ________ 개

**2** 빈칸에 들어갈 수를 적으세요.

| + | 4 | 1 | 6 | 8 | 2 | 7 | 3 | 9 | 0 | 5 |
|---|---|---|---|---|---|---|---|---|---|---|
| 0 | | | | | | | | | | |
| 4 | | | | | | | | | | |
| 8 | | | | | | | | | | |
| 1 | | | | | | | | | | |
| 6 | | | | | | | | | | |

| − | 13 | 16 | 11 | 19 | 15 | 10 | 17 | 12 | 18 | 14 |
|---|----|----|----|----|----|----|----|----|----|----|
| 5 | | | | | | | | | | |
| 3 | | | | | | | | | | |
| 2 | | | | | | | | | | |
| 7 | | | | | | | | | | |
| 9 | | | | | | | | | | |



걸린 시간 __________ 분        틀린 개수 __________ 개

**3** ( ) 안에 알맞은 수를 적으세요.

권장 시간 : 20초

( )+4=10          8+( )=10

( )+2=10          9+( )=10

( )+3=10          5+( )=10

( )+1=10          7+( )=10

( )+6=10          2+( )=10

( )+9=10          10−( )=8

10−( )=3          10−( )=2

10−( )=6          10−( )=1

10−( )=9          10−( )=4

10−( )=5          10−( )=7



걸린 시간 _________ 분          틀린 개수 _________ 개

**4** 다음을 계산하세요.

권장 시간 : 45초

|  |  |  |  |  |
|---|---|---|---|---|
| 34<br>+  2 | 26<br>+  3 | 15<br>+  4 | 52<br>+  6 | 83<br>+  5 |
| 48<br>+  1 | 74<br>+  5 | 66<br>+  3 | 94<br>+  3 | 81<br>+  8 |
| 52<br>+  7 | 14<br>+  5 | 23<br>+  4 | 24<br>+  1 | 13<br>+  4 |
| 27<br>−  6 | 38<br>−  2 | 56<br>−  3 | 18<br>−  5 | 89<br>−  5 |
| 56<br>−  3 | 29<br>−  7 | 78<br>−  7 | 87<br>−  6 | 39<br>−  9 |
| 48<br>−  5 | 59<br>−  8 | 46<br>−  3 | 76<br>−  4 | 67<br>−  2 |



걸린 시간 __________ 분    틀린 개수 __________ 개

**5** 다음을 계산하세요.

권장 시간 : 1분

| | | | | |
|---|---|---|---|---|
| 36<br>+ 23 | 73<br>+ 12 | 63<br>+ 24 | 12<br>+ 77 | 25<br>+ 42 |
| 14<br>+ 25 | 33<br>+ 64 | 56<br>+ 23 | 16<br>+ 52 | 54<br>+ 45 |
| 35<br>+ 13 | 42<br>+ 53 | 35<br>+ 24 | 63<br>+ 24 | 43<br>+ 32 |
| 78<br>− 65 | 92<br>− 41 | 19<br>− 16 | 86<br>− 14 | 68<br>− 52 |
| 50<br>− 20 | 24<br>− 11 | 38<br>− 16 | 55<br>− 14 | 86<br>− 75 |
| 57<br>− 46 | 58<br>− 48 | 71<br>− 50 | 87<br>− 45 | 79<br>− 64 |



걸린 시간 _______ 분     틀린 개수 _______ 개

**6** 다음을 계산하세요.

권장 시간 : 1분

36+2=        62+7=        31+8=

61+5=        23+6=        74+3=

74+4=        92+5=        93+5=

82+3=        74+2=        67+1=

25+4=        93+5=        61+8=

63-2=        49-7=        72-1=

89-5=        27-4=        89-7=

47-6=        58-6=        68-8=

48-5=        87-4=        95-3=

38-4=        69-7=        38-6=



걸린 시간 __________ 분        틀린 개수 __________ 개

**7** 다음을 계산하세요.

권장 시간 : 1분 15초

| | | |
|---|---|---|
| 22+17= | 34+52= | 36+50= |
| 15+74= | 71+24= | 36+23= |
| 43+32= | 46+42= | 81+17= |
| 42+16= | 57+22= | 62+15= |
| 32+41= | 45+32= | 15+64= |
| 37−11= | 29−17= | 39−14= |
| 76−31= | 48−36= | 97−26= |
| 60−30= | 76−31= | 48−36= |
| 76−35= | 75−61= | 29−17= |
| 57−43= | 65−14= | 95−74= |

걸린 시간 _________ 분     틀린 개수 _________ 개

**8** 다음을 계산하세요.

권장 시간 : 1분 15초

| | | | | |
|---|---|---|---|---|
| 24<br>+ 19 | 43<br>+ 28 | 27<br>+ 34 | 51<br>+ 29 | 32<br>+ 49 |
| 29<br>+ 34 | 56<br>+ 18 | 12<br>+ 39 | 27<br>+ 48 | 36<br>+ 15 |
| 17<br>+ 59 | 35<br>+ 57 | 67<br>+ 25 | 76<br>+ 15 | 69<br>+ 29 |
| 86<br>+ 52 | 94<br>+ 63 | 75<br>+ 32 | 24<br>+ 98 | 64<br>+ 79 |
| 34<br>+ 69 | 34<br>+ 77 | 92<br>+ 79 | 55<br>+ 86 | 45<br>+ 98 |



걸린 시간 _______ 분    틀린 개수 _______ 개

**9** 다음을 계산하세요.

권장 시간 : 1분 20초

| | | | | |
|---|---|---|---|---|
| 21 − 13 | 80 − 39 | 93 − 47 | 61 − 32 | 42 − 29 |
| 37 − 19 | 93 − 48 | 85 − 19 | 33 − 28 | 52 − 19 |
| 95 − 39 | 91 − 27 | 75 − 48 | 45 − 29 | 66 − 27 |
| 34 − 19 | 54 − 47 | 86 − 29 | 42 − 18 | 52 − 48 |
| 85 − 47 | 81 − 29 | 66 − 57 | 94 − 65 | 92 − 17 |



걸린 시간 _______ 분    틀린 개수 _______ 개

**10** 다음을 계산하세요.

권장 시간 : 1분 30초

| | | |
|---|---|---|
| 28+6= | 46+7= | 49+8= |
| 35+8= | 67+5= | 79+2= |
| 53-8= | 31-9= | 72-5= |
| 42-9= | 22-8= | 35-7= |
| 17+8= | 74+6= | 86+7= |
| 49+3= | 26+6= | 65+9= |
| 27+6= | 58+4= | 14+7= |
| 12-3= | 94-7= | 82-6= |
| 25-8= | 43-8= | 73-6= |
| 34-8= | 51-9= | 92-7= |



걸린 시간 _________ 분      틀린 개수 _________ 개

**11** 다음을 계산하세요.

권장 시간 : 1분 40초

| | | |
|---|---|---|
| $43+29=$ | $17+28=$ | $67+29=$ |
| $36+17=$ | $28+45=$ | $76+17=$ |
| $58+26=$ | $25+46=$ | $39+53=$ |
| $53+19=$ | $48+37=$ | $26+34=$ |
| $18+29=$ | $36+47=$ | $58+17=$ |
| $29+45=$ | $57+39=$ | $64+17=$ |
| $39+28=$ | $16+47=$ | $22+49=$ |
| $46+28=$ | $79+16=$ | $25+37=$ |
| $24+56=$ | $38+39=$ | $57+16=$ |
| $19+42=$ | $48+26=$ | $59+34=$ |



걸린 시간 ________ 분          틀린 개수 ________ 개

## 12 다음을 계산하세요.

권장 시간 : 1분 40초

| | | |
|---|---|---|
| 37+80= | 60+79= | 35+94= |
| 83+25= | 71+46= | 92+54= |
| 61+77= | 53+94= | 46+83= |
| 46+72= | 83+24= | 28+91= |
| 84+63= | 75+81= | 87+51= |
| 13+96= | 52+76= | 92+84= |
| 46+56= | 55+76= | 38+96= |
| 67+58= | 26+97= | 74+38= |
| 58+97= | 19+93= | 27+84= |
| 78+87= | 48+65= | 86+17= |



걸린 시간 _______ 분          틀린 개수 _______ 개

**13** 다음을 계산하세요.

권장 시간 : 1분 40초

| | | |
|---|---|---|
| 99+89= | 39+76= | 86+37= |
| 45+65= | 47+56= | 83+89= |
| 68+83= | 75+96= | 47+59= |
| 35+95= | 94+49= | 64+59= |
| 39+77= | 89+37= | 48+79= |
| 96+78= | 59+86= | 87+76= |
| 57+99= | 98+29= | 67+85= |
| 46+78= | 85+76= | 96+87= |



걸린 시간 ________ 분     틀린 개수 ________ 개

**14** 다음을 계산하세요.

권장 시간 : 1분 40초

| | | |
|---|---|---|
| 74−46= | 90−76= | 31−25= |
| 81−65= | 72−15= | 43−26= |
| 35−16= | 67−29= | 45−38= |
| 52−48= | 51−36= | 54−18= |
| 82−27= | 95−48= | 58−29= |
| 75−49= | 91−87= | 55−27= |
| 66−28= | 73−59= | 33−16= |
| 75−58= | 91−76= | 95−38= |



걸린 시간 __________ 분　　　틀린 개수 __________ 개

**15** 다음을 계산하세요.

권장 시간 : 1분

$$\begin{array}{r} 465 \\ +\ \ 23 \\ \hline \end{array} \qquad \begin{array}{r} 263 \\ +\ \ 15 \\ \hline \end{array} \qquad \begin{array}{r} 45 \\ +\,312 \\ \hline \end{array} \qquad \begin{array}{r} 24 \\ +\,173 \\ \hline \end{array}$$

$$\begin{array}{r} 376 \\ -\ \ 63 \\ \hline \end{array} \qquad \begin{array}{r} 166 \\ -\ \ 42 \\ \hline \end{array} \qquad \begin{array}{r} 276 \\ -\ \ 51 \\ \hline \end{array} \qquad \begin{array}{r} 759 \\ -\ \ 38 \\ \hline \end{array}$$

$$\begin{array}{r} 632 \\ +157 \\ \hline \end{array} \qquad \begin{array}{r} 413 \\ +275 \\ \hline \end{array} \qquad \begin{array}{r} 264 \\ +135 \\ \hline \end{array} \qquad \begin{array}{r} 521 \\ +125 \\ \hline \end{array}$$

$$\begin{array}{r} 374 \\ -231 \\ \hline \end{array} \qquad \begin{array}{r} 437 \\ -215 \\ \hline \end{array} \qquad \begin{array}{r} 839 \\ -531 \\ \hline \end{array} \qquad \begin{array}{r} 796 \\ -542 \\ \hline \end{array}$$



걸린 시간 _______ 분     틀린 개수 _______ 개

**16** 다음을 계산하세요.

권장 시간 : 1분 10초

| | | |
|---|---|---|
| 693<br>+ 38 | 236<br>+ 81 | 354<br>+ 59 |
| 527<br>+ 84 | 485<br>+ 29 | 37<br>+ 695 |
| 62<br>+ 379 | 49<br>+ 813 | 17<br>+ 298 |
| 325<br>− 79 | 263<br>− 84 | 712<br>− 65 |
| 432<br>− 69 | 506<br>− 97 | 321<br>− 56 |



걸린 시간 ________ 분     틀린 개수 ________ 개

**17** 다음을 계산하세요.

권장 시간 : 1분 20초

| | | |
|---|---|---|
| 496<br>+ 274 | 271<br>+ 329 | 721<br>+ 381 |
| 389<br>+ 352 | 361<br>+ 347 | 296<br>+ 437 |
| 267<br>+ 159 | 673<br>+ 158 | 378<br>+ 429 |
| 496<br>+ 274 | 271<br>+ 329 | 368<br>+ 347 |
| 254<br>+ 187 | 539<br>+ 263 | 428<br>+ 197 |



걸린 시간 __________ 분          틀린 개수 __________ 개

**18** 다음을 계산하세요.

권장 시간 : 1분 20초

| | | |
|---|---|---|
| 478<br>− 269 | 342<br>− 275 | 725<br>− 467 |
| 785<br>− 296 | 871<br>− 759 | 731<br>− 289 |
| 666<br>− 378 | 391<br>− 228 | 506<br>− 297 |
| 535<br>− 267 | 453<br>− 289 | 354<br>− 197 |
| 814<br>− 376 | 637<br>− 159 | 925<br>− 478 |



걸린 시간 _______ 분       틀린 개수 _______ 개

| | 체크 항목 | 잘했어요 | 조금 더 연습이 필요해요 | 도움이 필요해요 |
|---|---|---|---|---|
| 1 | 1번 문제를 권장 시간 안에 풀었나요? | ○ | ○ | ○ |
| 2 | 1번 문제의 정답률이 100%인가요? | ○ | ○ | ○ |
| 3 | 2번 문제를 권장 시간 안에 풀었나요? | ○ | ○ | ○ |
| 4 | 2번 문제의 정답률이 100%인가요? | ○ | ○ | ○ |
| 5 | 3번 문제를 권장 시간 안에 풀었나요? | ○ | ○ | ○ |
| 6 | 3번 문제의 정답률이 100%인가요? | ○ | ○ | ○ |
| 7 | 4번 문제를 권장 시간 안에 풀었나요? | ○ | ○ | ○ |
| 8 | 4번 문제의 정답률이 100%인가요? | ○ | ○ | ○ |
| 9 | 5번 문제를 권장 시간 안에 풀었나요? | ○ | ○ | ○ |
| 10 | 5번 문제의 정답률이 100%인가요? | ○ | ○ | ○ |
| 11 | 6번 문제를 권장 시간 안에 풀었나요? | ○ | ○ | ○ |
| 12 | 7번 문제의 정답률이 100%인가요? | ○ | ○ | ○ |
| 13 | 8번 문제를 권장 시간 안에 풀었나요? | ○ | ○ | ○ |
| 14 | 8번 문제의 정답률이 100%인가요? | ○ | ○ | ○ |
| 15 | 9번 문제를 권장 시간 안에 풀었나요? | ○ | ○ | ○ |
| 16 | 9번 문제의 정답률이 90% 이상인가요? | ○ | ○ | ○ |
| 17 | 10번 문제를 권장 시간 안에 풀었나요? | ○ | ○ | ○ |
| 18 | 10번 문제의 정답률이 90% 이상인가요? | ○ | ○ | ○ |

| 19 | 11번 문제를 권장 시간 안에 풀었나요? | ○ | ○ | ○ |
| 20 | 11번 문제의 정답률이 90% 이상인가요? | ○ | ○ | ○ |
| 21 | 12번 문제를 권장 시간 안에 풀었나요? | ○ | ○ | ○ |
| 22 | 12번 문제의 정답률이 90% 이상인가요? | ○ | ○ | ○ |
| 23 | 13번 문제를 권장 시간 안에 풀었나요? | ○ | ○ | ○ |
| 24 | 13번 문제의 정답률이 90% 이상인가요? | ○ | ○ | ○ |
| 25 | 14번 문제를 권장 시간 안에 풀었나요? | ○ | ○ | ○ |
| 26 | 14번 문제의 정답률이 90% 이상인가요? | ○ | ○ | ○ |
| 27 | 15번 문제를 권장 시간 안에 풀었나요? | ○ | ○ | ○ |
| 28 | 15번 문제의 정답률이 90% 이상인가요? | ○ | ○ | ○ |
| 29 | 16번 문제를 권장 시간 안에 풀었나요? | ○ | ○ | ○ |
| 30 | 16번 문제의 정답률이 90% 이상인가요? | ○ | ○ | ○ |
| 31 | 17번 문제를 권장 시간 안에 풀었나요? | ○ | ○ | ○ |
| 32 | 17번 문제의 정답률이 90% 이상인가요? | ○ | ○ | ○ |
| 33 | 18번 문제를 권장 시간 안에 풀었나요? | ○ | ○ | ○ |
| 34 | 18번 문제의 정답률이 90% 이상인가요? | ○ | ○ | ○ |

1 이번 미션에서 가장 자신 있었던 문제는 무엇인가요? 그 문제를 어떻게 정확하게 풀었는지 쓰세요(예: 곱셈을 떠올리며 나눗셈을 계산했어요).

2 이번 미션에서 가장 어려웠던 문제는 무엇인가요? 어떤 부분에서 헷갈렸는지 또는 실수했는지 쓰세요(예: 두 자리 수에서 얼마를 곱했을 때 나누어지는 수에 가까워지는지 어림하는 게 어려웠어요).

3 다음에는 어떻게 하면 더 잘할 수 있을까요? 실천할 수 있는 방법을 하나만 쓰세요(예: 나누는 수와 가까운 수를 어림하는 연습하기).

# 다양한 방법의 덧셈과 뺄셈
## 초 1~3학년

**1** 다음 덧셈을 보기를 참고하여 세 가지 방법을 선택해 계산하세요.



$$26+8$$

방법 1 $26+8=26+4+4=30+4=34$ → 뒤에 있는 수 8을 4와 4로 가르기 하여 계산

방법 2 $26+8=24+2+8=24+10=34$ → 앞에 있는 수 26을 24와 2로 가르기 하여 계산

방법 3 $26+8=26+10-2=36-2=34$ → 뒤에 있는 수 8 대신 10을 더하고 나중에 2를 뺌

방법 4 $26+8=30+8-4=38-4=34$ → 앞에 있는 수 26 대신 30을 대입하고 나중에 4를 뺌

방법 5 $26+8=1+25+5+3=1+30+3=30+4=34$ → 앞에 있는 수 26과 뒤에 있는 수 8을 가르기 하여 계산

- $35+8$

방법 1 $35+8=$

방법 2 $35+8=$

방법 3 $35+8=$

- $75+9$

방법 1 $75+9=$

방법 2 $75+9=$

방법 3 $75+9=$

- $87+6$

방법 1 $87+6=$

방법 2 $87+6=$

방법 3 $87+6=$

- $67+5$

방법 1 $67+5=$

방법 2 $67+5=$

방법 3 $67+5=$

- $46+7$

방법 1 $46+7=$

방법 2 $46+7=$

방법 3 $46+7=$

- $49+8$

방법 1 $49+8=$

방법 2 $49+8=$

방법 3 $49+8=$

**2** 다음 뺄셈을 보기를 참고하여 세 가지 방법을 선택해 계산하세요.



$$25-7$$

방법 1  25-7=25-5-2=20-2=18 → 뒤에 있는 수 7을 5와 2로 가르기 하여 계산

방법 2  25-7=10+15-7=10+8=18 → 앞에 있는 수 25를 10과 15로 가르기 하여 계산

방법 3  25-7=20+5-5-2=20-2=18 → 앞에 있는 수 25를 20과 5로 가르기 하고, 뒤에 있는
수 7을 5와 2로 가르기 하여 계산

방법 4  25-7=25-10+3=15+3=18 → 뒤에 있는 수 7 대신 10을 빼고 나중에 3을 더함

---

● 53-8

방법 1 53-8=

방법 2 53-8=

방법 3 53-8=

● 31-9

방법 1 31-9=

방법 2 31-9=

방법 3 31-9=

● 72-3

방법 1 72-3=

방법 2 72-3=

방법 3 72-3=

● 65-8

방법 1 65-8=

방법 2 65-8=

방법 3 65-8=

● 33-4

방법 1 33-4=

방법 2 33-4=

방법 3 33-4=

● 42-6

방법 1 42-6=

방법 2 42-6=

방법 3 42-6=

**3** 다음 덧셈을 보기를 참고하여 세 가지 방법을 선택해 계산하세요.

— 보기 —

$$27+49$$

**방법 1** 27+49=27+40+9=67+9=76 → 27에 40을 더하고, 9를 더함

**방법 2** 27+49=20+40+7+9=60+16=76 → 십의 자리 수끼리, 일의 자리 수끼리 더함

**방법 3** 27+49=27+43+6=70+6=76 → 27에 43을 더해 70을 만든 후 6을 더함

**방법 4** 27+49=27+3+46=30+46=76 → 49를 3과 46으로 가르기 하여 27에 3을 더한 후 46을 더함

● 53+19

방법 1 53+19=

방법 2 53+19=

방법 3 53+19=

● 48+37

방법 1 48+37=

방법 2 48+37=

방법 3 48+37=

● 26+34

방법 1 26+34=

방법 2 26+34=

방법 3 26+34=

● 17+65

방법 1 17+65=

방법 2 17+65=

방법 3 17+65=

● 18+29

방법 1 18+29=

방법 2 18+29=

방법 3 18+29=

● 36+47

방법 1 36+47=

방법 2 36+47=

방법 3 36+47=

**4** 다음 뺄셈을 보기를 참고하여 세 가지 방법을 선택해 계산하세요.



$$56-39$$

**방법 1** 56-39=56-36-3=20-3=17 → 56에서 36을 먼저 빼고 3을 뺌

**방법 2** 56-39=56-30-9=26-9=17 → 56에서 30을 먼저 빼고 9를 뺌

**방법 3** 56-39=56-40+1=16+1=17 → 56에서 40을 뺀 후 1을 더함

**방법 4** 56-39=60-40-4+1=20-3=17 → 56을 60으로, 39를 40으로 어림한 후 4를 빼고
1을 더하여 계산

---

- 75-58

방법 1 75-58=

방법 2 75-58=

방법 3 75-58=


- 93-46

방법 1 93-46=

방법 2 93-46=

방법 3 93-46=


- 81-65

방법 1 81-65=

방법 2 81-65=

방법 3 81-65=


- 72-15

방법 1 72-15=

방법 2 72-15=

방법 3 72-15=


- 36-18

방법 1 36-18=

방법 2 36-18=

방법 3 36-18=


- 87-29

방법 1 87-29=

방법 2 87-29=

방법 3 87-29=

**5** 다음 덧셈을 보기를 참고하여 세 가지 방법을 선택해 계산하세요.

> **보기**
>
> $$65+78$$
>
> **방법 1** $65+78=65+75+3=140+3=143$ → 65에 75를 더해 140을 만든 후 3을 더함
>
> **방법 2** $65+78=65+5+73=70+73=143$ → 78을 5와 73으로 생각하여 65에 5를 더한 후 73을 더함
>
> **방법 3** $65+78=63+2+78=63+80=143$ → 앞에 있는 수 65를 63과 2로 가르기 한 후 계산
>
> **방법 4** $65+78=60+70+5+8=130+13=143$ → 십의 자리 수끼리, 일의 자리 수끼리 더함

● $58+67$

방법 1 $58+67=$

방법 2 $58+67=$

방법 3 $58+67=$

● $92+38$

방법 1 $92+38=$

방법 2 $92+38=$

방법 3 $92+38=$

● $89+45$

방법 1 $89+45=$

방법 2 $89+45=$

방법 3 $89+45=$

● $47+96$

방법 1 $47+96=$

방법 2 $47+96=$

방법 3 $47+96=$

● $57+59$

방법 1 $57+59=$

방법 2 $57+59=$

방법 3 $57+59=$

● $56+69$

방법 1 $56+69=$

방법 2 $56+69=$

방법 3 $56+69=$

**6** 다음 덧셈을 보기를 참고하여 세 가지 방법으로 계산하세요.



$$625+143$$

방법 1　625+143=600+100+20+40+5+3=700+60+8=768 　→　각 자리의 수를 더함

방법 2　625+143=600+100+25+43=700+68=768 　→　600과 100을 더하고, 25와 43을
　　　　　　　　　　　　　　　　　　　　　　　　　　더함

방법 3　625+143=620+140+5+3=760+8=768 　→　625와 143을 각각 620과 140으로 어림
　　　　　　　　　　　　　　　　　　　　　　　해서 더한 760에 나머지 5와 3을 더함

● 237+561

방법 1　237+561=

방법 2　237+561=

방법 3　237+561=

● 724+163

방법 1　724+163=

방법 2　724+163=

방법 3　724+163=

● 324+672

방법 1　324+672=

방법 2　324+672=

방법 3　324+672=

● 371+215

방법 1　371+215=

방법 2　371+215=

방법 3　371+215=

● 435+162

방법 1　435+162=

방법 2　435+162=

방법 3　435+162=

● 612+380

방법 1　612+380=

방법 2　612+380=

방법 3　612+380=

**7** 다음 덧셈을 보기를 참고하여 세 가지 방법으로 계산하세요.



$$625+147$$

**방법 1** $625+147=600+100+25+50-3=700+75-3=775-3=772$

→ 600과 100을 더하고, 25와 50을 더한 후 그 결과에서 3을 뺌

**방법 2** $625+147=600+100+25+40+7=700+65+7=765+7=772$

→ 600과 100을 더하고, 25와 40을 더한 후 그 결과에 7을 더함

**방법 3** $625+143=630+150-5-3=780-8=772$

→ 625와 147을 630과 150으로 어림해서 더한 780에 나머지 5와 3을 뺌

- 337+219

방법 1 337+219＝
방법 2 337+219＝
방법 3 337+219＝

- 563+398

방법 1 563+398＝
방법 2 563+398＝
방법 3 563+398＝

- 580+246

방법 1 580+246＝
방법 2 580+246＝
방법 3 580+246＝

- 388+629

방법 1 388+629＝
방법 2 388+629＝
방법 3 388+629＝

- 582+349

방법 1 582+349＝
방법 2 582+349＝
방법 3 582+349＝

- 949+285

방법 1 949+285＝
방법 2 949+285＝
방법 3 949+285＝

**8** 다음 뺄셈을 보기를 참고하여 세 가지 방법으로 계산하세요.



$$572-236$$

**방법 1** $572-236=500-200+72-36=300+36=336$

→ 500에서 200을 빼고, 72에서 36을 뺌

**방법 2** $572-236=500-200+72-32-4=300+40-4=340-4=336$

→ 500에서 200을 빼고, 72에서 32를 뺀 후 4를 뺌

**방법 3** $572-236=570-240+2+4=330+6=336$

→ 572와 236을 570과 240으로 어림해서 뺀 330에 나머지 2와 4를 더함

- $382-147$

방법 1 $382-147=$
방법 2 $382-147=$
방법 3 $382-147=$

- $925-679$

방법 1 $925-679=$
방법 2 $925-679=$
방법 3 $925-679=$

- $418-253$

방법 1 $418-253=$
방법 2 $418-253=$
방법 3 $418-253=$

- $624-185$

방법 1 $624-185=$
방법 2 $624-185=$
방법 3 $624-185=$

- $714-386$

방법 1 $714-386=$
방법 2 $714-386=$
방법 3 $714-386=$

- $739-372$

방법 1 $739-372=$
방법 2 $739-372=$
방법 3 $739-372=$

| 체크 항목 | 잘했어요 | 조금 더 연습이 필요해요 | 도움이 필요해요 |
| --- | --- | --- | --- |
| 1 | 1번 문제에서 받아올림이 있는 (두 자리 수)+(한 자리 수)를 다양한 방법으로 계산했나요? | ○ | ○ | ○ |
| 2 | 2번 문제에서 받아내림이 있는 (두 자리 수)-(한 자리 수)를 다양한 방법으로 계산했나요? | ○ | ○ | ○ |
| 3 | 3번 문제에서 일의 자리에서 받아올림이 있는 (두 자리 수)+(두 자리 수)를 다양한 방법으로 계산했나요? | ○ | ○ | ○ |
| 4 | 4번 문제에서 받아내림이 있는 (두 자리 수)-(두 자리 수)를 다양한 방법으로 계산했나요? | ○ | ○ | ○ |
| 5 | 5번 문제에서 일의 자리와 십의 자리에서 받아올림이 있는 (두 자리 수)+(두 자리 수)를 다양한 방법으로 계산했나요? | ○ | ○ | ○ |
| 6 | 6번 문제에서 받아올림이 없는 (세 자리 수)+(세 자리 수)를 다양한 방법으로 계산했나요? | ○ | ○ | ○ |
| 7 | 7번 문제에서 받아올림이 있는 (세 자리 수)+(세 자리 수)를 다양한 방법으로 계산했나요? | ○ | ○ | ○ |
| 8 | 8번 문제에서 받아내림이 있는 (세 자리 수)-(세 자리 수)를 다양한 방법으로 계산했나요? | ○ | ○ | ○ |

1 이번 미션에서 가장 자신 있었던 문제는 무엇인가요? 그 문제를 어떻게 정확하게 풀었는지 쓰세요.

2 이번 미션에서 가장 어려웠던 문제는 무엇인가요? 어떤 부분에서 헷갈렸는지 또는 실수했는지 쓰세요.

3 다음에는 어떻게 하면 더 잘할 수 있을까요? 실천할 수 있는 방법을 하나만 쓰세요.

# 곱셈

## 초 2~4학년

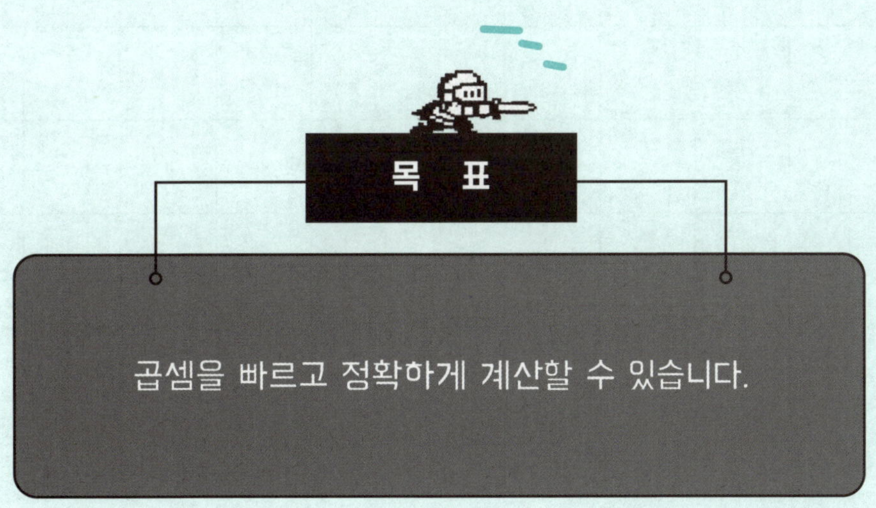

**1** 빈칸에 들어갈 수를 적으세요.

권장 시간 : 2분

| × | 4 | 1 | 6 | 3 | 0 | 2 | 9 | 7 | 5 | 8 |
|---|---|---|---|---|---|---|---|---|---|---|
| 3 | 12 | 3 | 18 | 9 | 0 | 6 | 27 | 21 | 15 | 24 |
| 5 | | | | | | | | | | |
| 1 | | | | | | | | | | |
| 8 | | | | | | | | | | |
| 7 | | | | | | | | | | |
| 4 | | | | | | | | | | |
| 6 | | | | | | | | | | |
| 0 | | | | | | | | | | |
| 9 | | | | | | | | | | |
| 2 | | | | | | | | | | |



걸린 시간 ________ 분          틀린 개수 ________ 개

권장 시간 : 2분

**2** 빈칸에 들어갈 수를 적으세요.

| × | 3 | 5 | 9 | 1 | 0 | 8 | 4 | 7 | 6 | 2 |
|---|---|---|---|---|---|---|---|---|---|---|
| 5 | | | | | | | | | | |
| 2 | | | | | | | | | | |
| 0 | | | | | | | | | | |
| 8 | | | | | | | | | | |
| 3 | | | | | | | | | | |
| 9 | | | | | | | | | | |
| 6 | | | | | | | | | | |
| 7 | | | | | | | | | | |
| 4 | | | | | | | | | | |
| 1 | | | | | | | | | | |



걸린 시간 ________ 분　　　　틀린 개수 ________ 개

**3** ( ) 안에 알맞은 수를 적으세요.

권장 시간 : 1분

3×(　)=27　　　　8×(　)=64　　　　5×(　)=35

4×(　)=32　　　　6×(　)=42　　　　2×(　)=8

7×(　)=35　　　　2×(　)=18　　　　8×(　)=56

9×(　)=36　　　　5×(　)=45　　　　3×(　)=18

8×(　)=32　　　　4×(　)=36　　　　9×(　)=45

3×(　)=12　　　　7×(　)=14　　　　6×(　)=36

(　)×6=48　　　　(　)×8=24　　　　(　)×5=20

(　)×5=30　　　　(　)×9=27　　　　(　)×2=14

(　)×2=12　　　　(　)×6=48　　　　(　)×3=27

(　)×3=9　　　　(　)×3=21　　　　(　)×9=54

(　)×5=85　　　　(　)×1=79　　　　(　)×8=96

(　)×4=40　　　　(　)×6=12　　　　(　)×9=99



걸린 시간 ________ 분　　　　틀린 개수 ________ 개

**4** 다음을 계산하세요.

권장 시간 : 1분

|  | 3 | 0 |
|---|---|---|
| × |  | 4 |
|  |  |  |

|  | 4 | 3 |
|---|---|---|
| × |  | 2 |
|  |  |  |

|  | 2 | 3 |
|---|---|---|
| × |  | 3 |
|  |  |  |

|  | 1 | 2 |
|---|---|---|
| × |  | 4 |
|  |  |  |

|  | 5 | 9 |
|---|---|---|
| × |  | 6 |
|  |  |  |

|  | 2 | 5 |
|---|---|---|
| × |  | 3 |
|  |  |  |

|  | 2 | 3 |
|---|---|---|
| × |  | 4 |
|  |  |  |

|  | 7 | 8 |
|---|---|---|
| × |  | 3 |
|  |  |  |

|  |  | 8 |
|---|---|---|
| × | 2 | 6 |
|  |  |  |

|  |  | 7 |
|---|---|---|
| × | 3 | 8 |
|  |  |  |

|  |  | 9 |
|---|---|---|
| × | 9 | 9 |
|  |  |  |

|  |  | 6 |
|---|---|---|
| × | 4 | 5 |
|  |  |  |

|  |  | 4 |
|---|---|---|
| × | 7 | 6 |
|  |  |  |

|  |  | 8 |
|---|---|---|
| × | 4 | 6 |
|  |  |  |

|  |  | 5 |
|---|---|---|
| × | 2 | 3 |
|  |  |  |

걸린 시간 __________ 분        틀린 개수 __________ 개

| | | |
|---|---|---|
| $31 \times 2 =$ | $23 \times 3 =$ | $43 \times 2 =$ |
| $21 \times 4 =$ | $16 \times 5 =$ | $14 \times 6 =$ |
| $62 \times 3 =$ | $72 \times 4 =$ | $53 \times 2 =$ |
| $94 \times 5 =$ | $38 \times 4 =$ | $58 \times 3 =$ |
| $46 \times 7 =$ | $62 \times 9 =$ | $82 \times 6 =$ |
| $3 \times 32 =$ | $2 \times 34 =$ | $4 \times 12 =$ |
| $5 \times 17 =$ | $3 \times 29 =$ | $6 \times 16 =$ |
| $5 \times 61 =$ | $7 \times 41 =$ | $3 \times 83 =$ |
| $9 \times 52 =$ | $6 \times 73 =$ | $4 \times 87 =$ |
| $8 \times 73 =$ | $7 \times 45 =$ | $5 \times 26 =$ |



걸린 시간 __________ 분        틀린 개수 __________ 개

**6** 다음을 계산하세요.

권장 시간 : 2분

| | 1 | 2 | 3 |
|---|---|---|---|
| × | | | 4 |

| | 2 | 8 | 6 |
|---|---|---|---|
| × | | | 3 |

| | 3 | 7 | 1 |
|---|---|---|---|
| × | | | 8 |

| | 4 | 1 | 8 |
|---|---|---|---|
| × | | | 5 |

| | 2 | 3 | 1 |
|---|---|---|---|
| × | | | 8 |

| | 5 | 2 | 8 |
|---|---|---|---|
| × | | | 3 |

| | 4 | 2 | 6 |
|---|---|---|---|
| × | | | 5 |

| | 6 | 8 | 2 |
|---|---|---|---|
| × | | | 3 |

| | 6 | 4 | 9 |
|---|---|---|---|
| × | | | 2 |

| | 2 | 7 | 8 |
|---|---|---|---|
| × | | | 6 |

| | 3 | 6 | 5 |
|---|---|---|---|
| × | | | 7 |

| | | | 3 |
|---|---|---|---|
| × | 9 | 5 | 4 |

| | | | 8 |
|---|---|---|---|
| × | 3 | 1 | 5 |

| | | | 7 |
|---|---|---|---|
| × | 1 | 3 | 6 |

| | | | 6 |
|---|---|---|---|
| × | 2 | 5 | 3 |

| | | | 8 |
|---|---|---|---|
| × | 7 | 9 | 2 |

| | | | 6 |
|---|---|---|---|
| × | 2 | 9 | 5 |

| | | | 4 |
|---|---|---|---|
| × | 3 | 6 | 3 |

| | | | 5 |
|---|---|---|---|
| × | 7 | 2 | 4 |

| | | | 9 |
|---|---|---|---|
| × | 8 | 3 | 6 |

| | | | 2 |
|---|---|---|---|
| × | 6 | 7 | 7 |



걸린 시간 __________ 분        틀린 개수 __________ 개

# (두 자리 수)×(두 자리 수)

**7** 다음을 계산하세요.

권장 시간 : 1분 30초

|     | 6 | 2 |
| --- | --- | --- |
| ×   | 1 | 3 |

|     | 3 | 5 |
| --- | --- | --- |
| ×   | 2 | 7 |

|     | 2 | 4 |
| --- | --- | --- |
| ×   | 1 | 6 |

|     | 6 | 5 |
| --- | --- | --- |
| ×   | 1 | 9 |

|     | 3 | 5 |
| --- | --- | --- |
| ×   | 8 | 6 |

|     | 8 | 2 |
| --- | --- | --- |
| ×   | 7 | 0 |

|     | 9 | 5 |
| --- | --- | --- |
| ×   | 2 | 7 |

|     | 5 | 3 |
| --- | --- | --- |
| ×   | 3 | 1 |

|     | 8 | 1 |
| --- | --- | --- |
| ×   | 3 | 2 |

걸린 시간 __________ 분     틀린 개수 __________ 개

**8** 다음을 계산하세요.

권장 시간 : 2분 30초

|  |  | 1 | 8 | 2 |
|---|---|---|---|---|
| × |  |  | 8 | 0 |

|  |  | 6 | 1 | 2 |
|---|---|---|---|---|
| × |  |  | 5 | 3 |

|  |  | 2 | 5 | 3 |
|---|---|---|---|---|
| × |  |  | 3 | 1 |

|  |  | 8 | 2 | 1 |
|---|---|---|---|---|
| × |  |  | 3 | 2 |

|  |  | 2 | 1 | 7 |
|---|---|---|---|---|
| × |  |  | 5 | 4 |

|  |  | 1 | 6 | 2 |
|---|---|---|---|---|
| × |  |  | 4 | 8 |

| | | 4 | 9 | 5 |
|---|---|---|---|---|
| × | | | 2 | 7 |

| | | 4 | 7 | 3 |
|---|---|---|---|---|
| × | | | 6 | 9 |

| | | 1 | 4 | 6 |
|---|---|---|---|---|
| × | | | 7 | 5 |

| | | 4 | 2 | 3 |
|---|---|---|---|---|
| × | | | 6 | 8 |

| | | 3 | 2 | 8 |
|---|---|---|---|---|
| × | | | 1 | 5 |

| | | 5 | 3 | 1 |
|---|---|---|---|---|
| × | | | 2 | 4 |



걸린 시간 __________ 분        틀린 개수 __________ 개

| | 체크 항목 | 잘했어요 | 조금 더 연습이 필요해요 | 도움이 필요해요 |
|---|---|---|---|---|
| 1 | 1번 문제를 권장 시간 안에 풀었나요? | ○ | ○ | ○ |
| 2 | 1번 문제의 정답률이 100%인가요? | ○ | ○ | ○ |
| 3 | 2번 문제를 권장 시간 안에 풀었나요? | ○ | ○ | ○ |
| 4 | 2번 문제의 정답률이 100%인가요? | ○ | ○ | ○ |
| 5 | 3번 문제를 권장 시간 안에 풀었나요? | ○ | ○ | ○ |
| 6 | 3번 문제의 정답률이 100%인가요? | ○ | ○ | ○ |
| 7 | 4번 문제를 권장 시간 안에 풀었나요? | ○ | ○ | ○ |
| 8 | 4번 문제의 정답률이 100%인가요? | ○ | ○ | ○ |
| 9 | 5번 문제를 권장 시간 안에 풀었나요? | ○ | ○ | ○ |
| 10 | 5번 문제의 정답률이 100%인가요? | ○ | ○ | ○ |
| 11 | 6번 문제를 권장 시간 안에 풀었나요? | ○ | ○ | ○ |
| 12 | 6번 문제의 정답률이 100%인가요? | ○ | ○ | ○ |
| 13 | 7번 문제를 권장 시간 안에 풀었나요? | ○ | ○ | ○ |
| 14 | 7번 문제의 정답률이 90% 이상인가요? | ○ | ○ | ○ |
| 15 | 8번 문제를 권장 시간 안에 풀었나요? | ○ | ○ | ○ |
| 16 | 8번 문제의 정답률이 90% 이상인가요? | ○ | ○ | ○ |

1 이번 미션에서 가장 자신 있었던 문제는 무엇인가요? 그 문제를 어떻게 정확하게 풀었는지 쓰세요.

2 이번 미션에서 가장 어려웠던 문제는 무엇인가요? 어떤 부분에서 헷갈렸는지 또는 실수했는지 쓰세요.

3 다음에는 어떻게 하면 더 잘할 수 있을까요? 실천할 수 있는 방법을 하나만 쓰세요.

# 나눗셈

## 초 2~4학년

목 표

나눗셈을 빠르고 정확하게 계산할 수 있습니다.

**1** 다음 나눗셈의 몫을 구하세요.

권장 시간 : 45초

| | | |
|---|---|---|
| 25÷5 = | 6÷2= | 12÷6= |
| 49÷7= | 28÷4= | 18÷3= |
| 8÷2= | 32÷8= | 63÷9= |
| 20÷4= | 30÷6= | 72÷8= |
| 45÷5= | 14÷2= | 27÷3= |
| 21÷7= | 28÷4= | 54÷9= |
| 15÷3= | 48÷8= | 9÷3= |
| 10÷5= | 42÷6= | 16÷2= |
| 36÷4= | 35÷7= | 81÷9= |
| 6÷6= | 16÷8= | 40÷5= |



걸린 시간 ________ 분      틀린 개수 ________ 개

$81 \div 5 = 16 \cdots 1$

$78 \div 6 =$

$97 \div 8 =$

$67 \div 4 =$

$96 \div 3 =$

$89 \div 7 =$

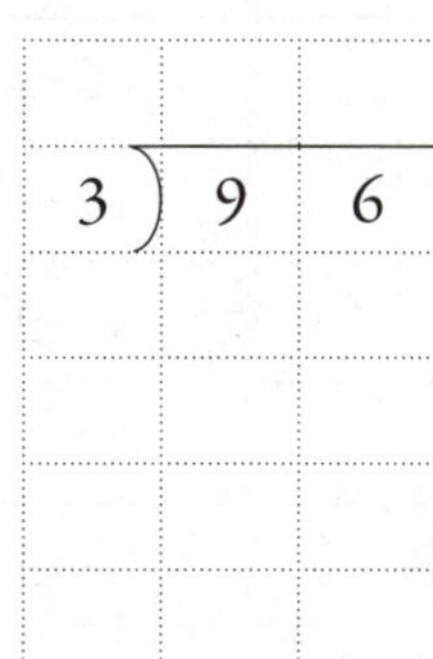

$75 \div 9 =$

$39 \div 5 =$

$72 \div 6 =$

**3** 다음 빈칸에 들어갈 수를 적으세요.

| 나눗셈 | 몫 | 나머지 | 나눗셈 | 몫 | 나머지 |
|---|---|---|---|---|---|
| 39÷5 |  |  | 11÷2 |  |  |
| 24÷7 |  |  | 41÷8 |  |  |
| 83÷9 |  |  | 38÷4 |  |  |
| 17÷6 |  |  | 29÷4 |  |  |
| 76÷8 |  |  | 48÷3 |  |  |
| 69÷5 |  |  | 30÷8 |  |  |
| 28÷7 |  |  | 51÷6 |  |  |
| 28÷3 |  |  | 66÷8 |  |  |
| 45÷6 |  |  | 19÷4 |  |  |
| 20÷6 |  |  | 55÷9 |  |  |
| 34÷7 |  |  | 20÷8 |  |  |
| 61÷2 |  |  | 35÷3 |  |  |
| 72÷9 |  |  | 60÷5 |  |  |
| 21÷4 |  |  | 39÷7 |  |  |
| 42÷6 |  |  | 33÷8 |  |  |
| 15÷2 |  |  | 23÷7 |  |  |
| 65÷9 |  |  | 40÷5 |  |  |
| 77÷7 |  |  | 51÷6 |  |  |
| 34÷5 |  |  | 58÷8 |  |  |
| 26÷3 |  |  | 47÷7 |  |  |



걸린 시간 __________ 분          틀린 개수 __________ 개

**4** 다음 예와 같이 나눗셈을 계산한 후 몫과 나머지가 맞는지 검산하세요.

$475÷9=52 \cdots 7$

검산 : $9×52+7=475$

$246÷7=$

검산 :

$100÷7=$

검산 :

$231÷8=$

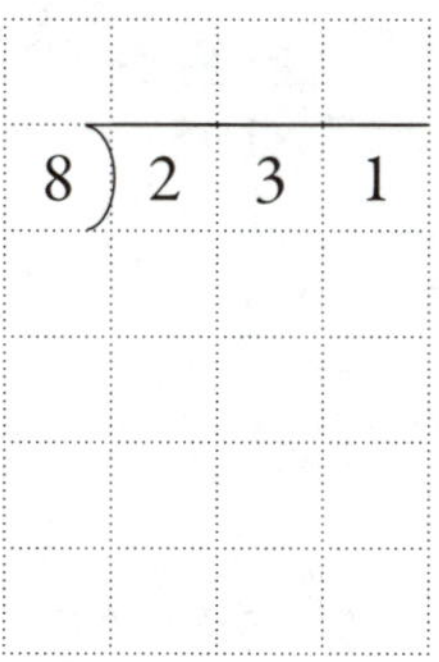

검산 :

$132÷9=$

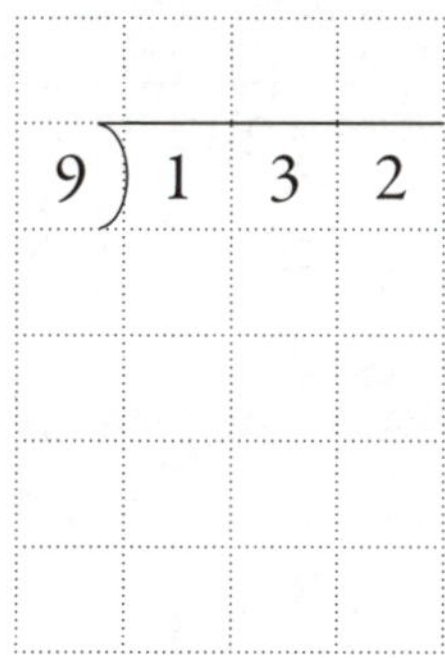

검산 :

$593÷7=$

검산 :

**5** 다음을 계산하세요.

$4\overline{)268}$  $2\overline{)101}$  $5\overline{)507}$

$3\overline{)125}$  $4\overline{)231}$  $5\overline{)386}$

$8\overline{)234}$  $5\overline{)698}$  $9\overline{)818}$

$8\overline{)497}$  $6\overline{)239}$  $7\overline{)195}$

$3\overline{)476}$  $7\overline{)793}$  $2\overline{)587}$



걸린 시간 __________ 분        틀린 개수 __________ 개

**6** 다음 보기와 같이 계산한 후 몫과 나머지가 맞는지 검산하세요.

보기

$$79 \div 13$$

$$
\begin{array}{r}
6 \\
13 \overline{\smash{)}79} \\
78 \\
\hline
1
\end{array}
$$

79÷13의 몫과 나머지가 맞는지 검산하기

→ 13×6+1=78+1=79

$95 \div 21 =$

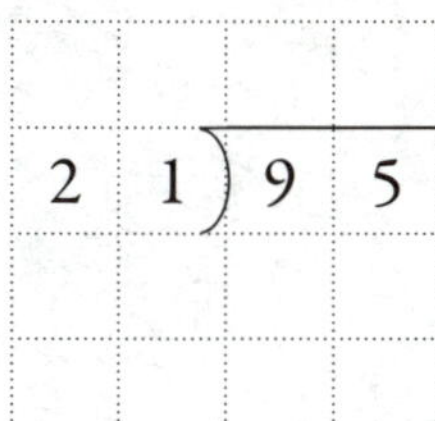

검산 :

$98 \div 16 =$

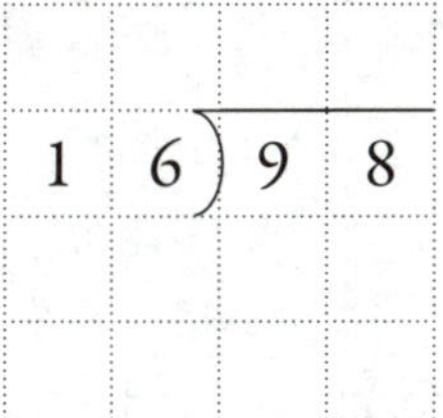

검산 :

$68 \div 17 =$

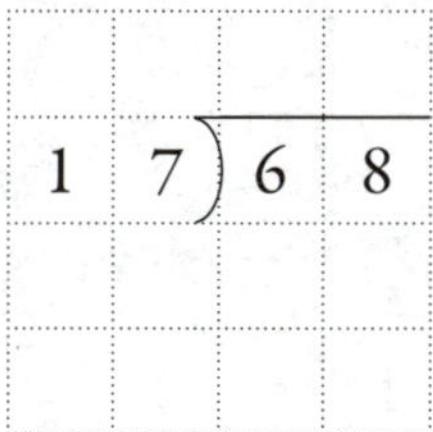

검산 :

95÷23=

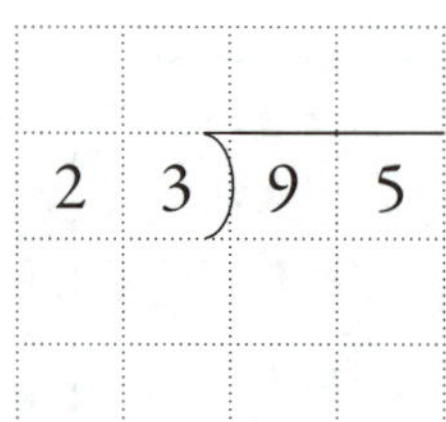

검산 :

89÷27=

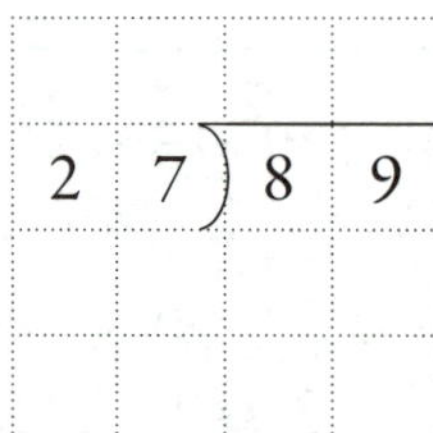

검산 :

80÷19=

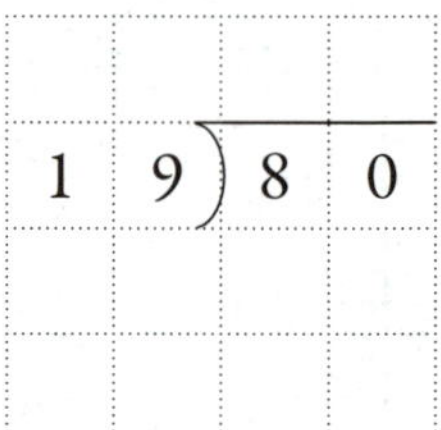

검산 :

63÷18=

18)63

검산 :

51÷22=

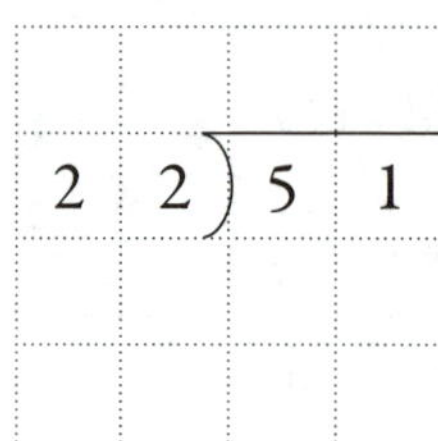

검산 :

79÷24=

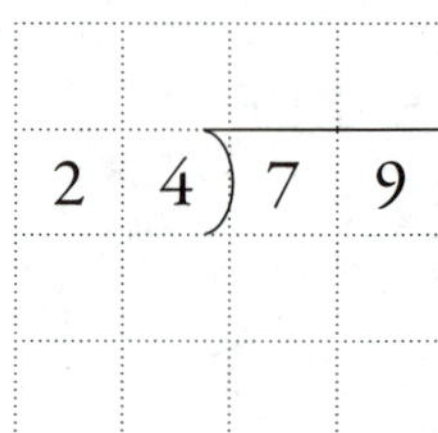

검산 :

**7** 다음을 계산하세요.

$70\overline{)90}$     $14\overline{)99}$     $26\overline{)70}$

$12\overline{)84}$     $29\overline{)91}$     $13\overline{)72}$

$11\overline{)87}$     $15\overline{)49}$     $15\overline{)94}$

$16\overline{)71}$     $23\overline{)86}$     $17\overline{)69}$

$32\overline{)58}$     $13\overline{)31}$     $24\overline{)65}$



걸린 시간 ________ 분      틀린 개수 ________ 개

**8** 다음 보기와 같이 계산한 후 몫과 나머지가 맞는지 검산하세요.

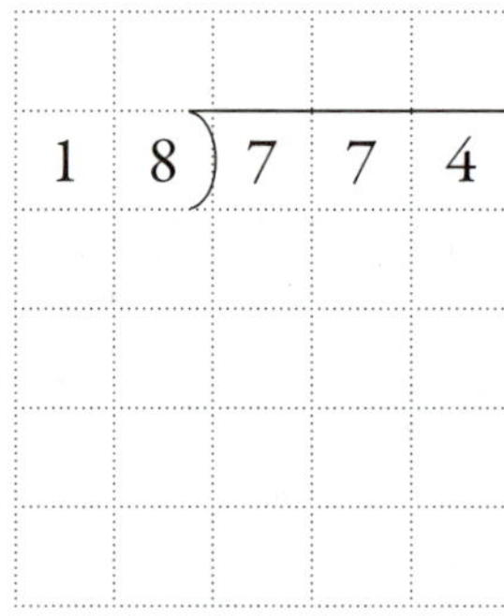

842÷31의 몫과 나머지가 맞는지 검산하기

→ 31×27+5=837+5=842

186÷27=

검산 :

774÷18=

검산 :

736÷32=

$$32\overline{)736}$$

검산 :

900÷34=

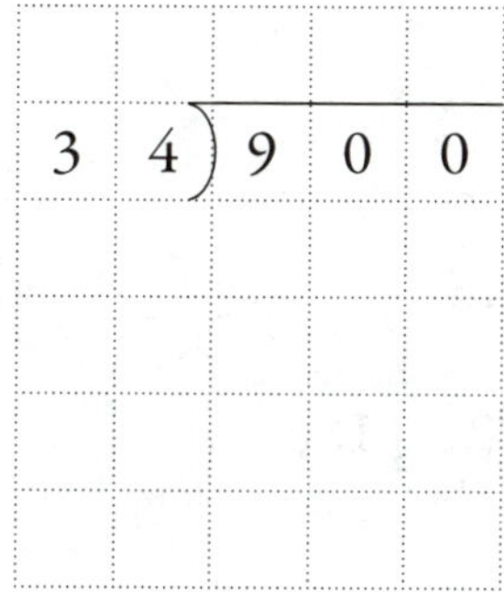

검산 :

301÷11=

$$11\overline{)301}$$

검산 :

829÷72=

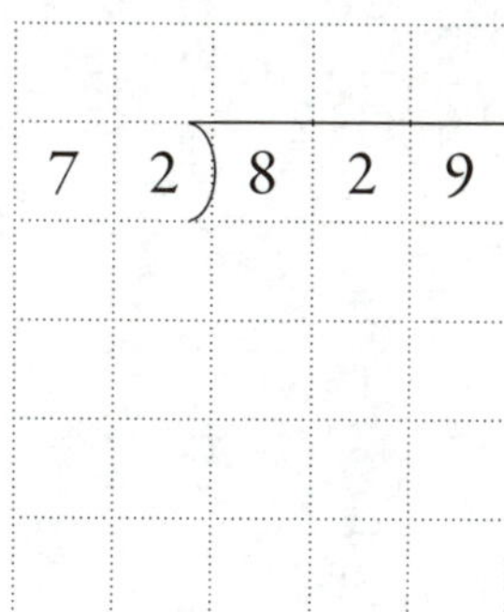

검산 :

**9** 다음을 계산하세요.

$70 \overline{)490}$      $60 \overline{)598}$      $24 \overline{)168}$

$27 \overline{)186}$      $29 \overline{)232}$      $47 \overline{)423}$

$57 \overline{)349}$      $82 \overline{)574}$      $72 \overline{)829}$

$14 \overline{)312}$      $32 \overline{)736}$      $10 \overline{)102}$

$11 \overline{)301}$      $69 \overline{)552}$      $12 \overline{)276}$



걸린 시간 ________ 분      틀린 개수 ________ 개

| 체크 항목 | 잘했어요 | 조금 더 연습이 필요해요 | 도움이 필요해요 |
| --- | --- | --- | --- |
| 1   1번 문제를 권장 시간 안에 풀었나요? | ○ | ○ | ○ |
| 2   1번 문제의 정답률이 100%인가요? | ○ | ○ | ○ |
| 3   2번 문제의 정답률이 100%인가요? | ○ | ○ | ○ |
| 4   3번 문제를 권장 시간 안에 풀었나요? | ○ | ○ | ○ |
| 5   3번 문제의 정답률이 100%인가요? | ○ | ○ | ○ |
| 6   4번 문제의 정답률이 100%인가요? | ○ | ○ | ○ |
| 7   5번 문제를 권장 시간 안에 풀었나요? | ○ | ○ | ○ |
| 8   5번 문제의 정답률이 100%인가요? | ○ | ○ | ○ |
| 9   6번 문제의 정답률이 100%인가요? | ○ | ○ | ○ |
| 10   7번 문제를 권장 시간 안에 풀었나요? | ○ | ○ | ○ |
| 11   7번 문제의 정답률이 100%인가요? | ○ | ○ | ○ |
| 12   8번 문제의 정답률이 100%인가요? | ○ | ○ | ○ |
| 13   9번 문제를 권장 시간 안에 풀었나요? | ○ | ○ | ○ |
| 14   9번 문제의 정답률이 90% 이상인가요? | ○ | ○ | ○ |

1 이번 미션에서 가장 자신 있었던 문제는 무엇인가요? 그 문제를 어떻게 정확하게 풀었는지 쓰세요.

2 이번 미션에서 가장 어려웠던 문제는 무엇인가요? 어떤 부분에서 헷갈렸는지 또는 실수했는지 쓰세요.

3 다음에는 어떻게 하면 더 잘할 수 있을까요? 실천할 수 있는 방법을 하나만 쓰세요.

# 덧셈과 뺄셈, 곱셈과 나눗셈이 섞여 있는 식

## 초 5학년

덧셈과 뺄셈, 곱셈과 나눗셈이 섞여 있는 식을
빠르고 정확하게 계산할 수 있습니다.

**보기**

앞에서부터 두 수씩 차례대로 계산합니다.

$$27-3+8=24+8=32$$

덧셈과 뺄셈이 섞여 있고 괄호가 있는 식에서는 괄호 안을 먼저 계산합니다.

$$27-(3+8)=27-11=16$$

**1** 다음을 계산하세요.

$12+98-21+3=$

$64-(32+16)=$

$23-(74-56)=$

$71-37+107-98=$

72−(23+15)+31=

315−(289−176)=

683−(107+258)=

119−(86−24)+16=

38−(19+12)−6=

209+213−(308−121)=

326−(287−108)−11=

89−(17+23)−(42−16)=

> **보기**
>
> 괄호가 없는 곱셈과 나눗셈의 경우 순서와 상관없이 계산할 수 있지만, 앞에서부터 두 수씩 차례대로 계산하는 것이 편리합니다.
>
> 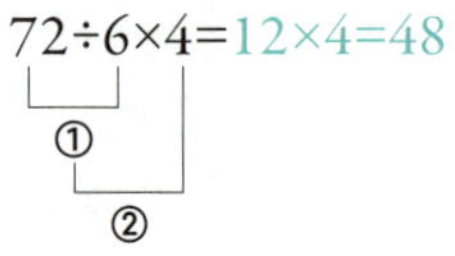
>
> $72 \div 6 \times 4 = 12 \times 4 = 48$ ① ②
>
> $96 \div 4 \times 6 = 24 \times 6 = 144$ ① ②
>
> 곱셈과 나눗셈이 섞여 있고 괄호가 있는 식에서는 괄호 안을 먼저 계산합니다.
>
> $72 \div (6 \times 4) = 72 \div 24 = 3$ ① ②
>
> $96 \div (4 \times 6) = 96 \div 24 = 4$ ① ②

**2** 다음을 계산하세요.

$72 \div (6 \times 2) =$

$14 \times 6 \div (3 \times 7) =$

$81 \div (3 \times 9) \div 3 =$

$189 \div (15 \div 5) \div 7 =$

$15 \times 4 \div (5 \times 6) =$

$78 \div (2 \times 13) =$

$78 \div 2 \times 3 =$

$48 \div (18 \div 3) =$

$512 \div (4 \times 16) =$

$143 \times 5 \times 7 \div 11 =$

**보기**

덧셈, 뺄셈, 곱셈이 섞여 있는 식에서는 곱셈을 먼저 계산합니다.

덧셈, 뺄셈, 곱셈이 섞여 있고 괄호가 있는 식에서는 괄호 안을 가장 먼저 계산합니다.

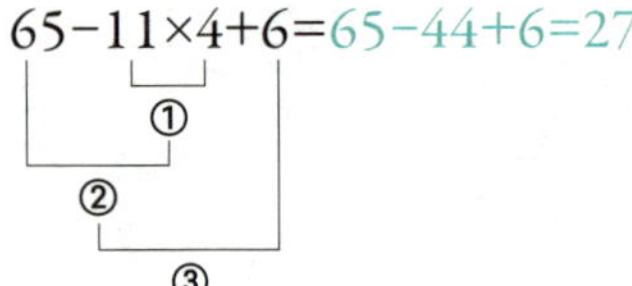

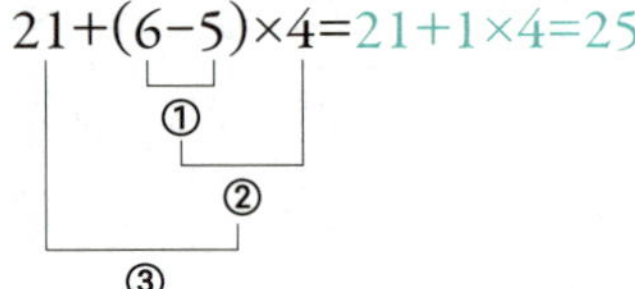

덧셈, 뺄셈, 나눗셈이 섞여 있는 식에서는 나눗셈을 먼저 계산합니다.

덧셈, 뺄셈, 나눗셈이 섞여 있고 괄호가 있는 식에서는 괄호 안을 가장 먼저 계산합니다.

$$19-21\div7+4=19-3+4=16+4=20$$

$$(29+15)\div11+7=44\div11+7=4+7=11$$

덧셈, 뺄셈, 곱셈, 나눗셈이 섞여 있는 식에서는 곱셈과 나눗셈을 먼저 계산합니다. 단 괄호가 있으면 괄호 안을 먼저 계산합니다.

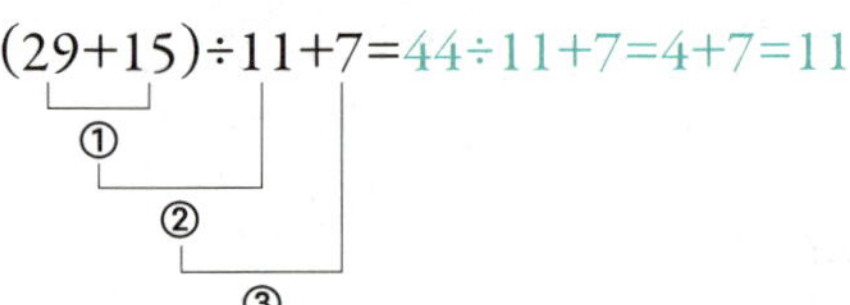

**3** 다음을 계산하세요.

$11×(5+6)×3=$

$11+29×2-37=$

$(11+29)×2-37=$

$19-2×6=$

$(19-2)×6=$

$7×8+2=$

$7×(8+2)=$

**4** 다음을 계산하세요.

$60 \div (3+2) - 9 =$

$30 + 90 \div 6 \div 5 =$

$(30+90) \div 6 \div 5 =$

$26 + 49 \div 7 - 4 =$

$(26+49) \div (7-4) =$

$42 + 18 \div 6 - 4 =$

$(42+18) \div 6 - 4 =$

**5** 다음을 계산하세요.

$17+8-4\times5=$

$(9-2)\times3-1=$

$45-3\times2\times5=$

$66-4\times(9+2)=$

$126\div7\times(8-3)+51=$

$(4+38)\times2-56\div7=$

$84+15-39\div13\times2=$

| | 체크 항목 | 잘했어요 | 조금 더 연습이 필요해요 | 도움이 필요해요 |
|---|---|---|---|---|
| 1 | 1번 문제의 정답률이 90% 이상인가요? | ○ | ○ | ○ |
| 2 | 2번 문제의 정답률이 90% 이상인가요? | ○ | ○ | ○ |
| 3 | 3번 문제의 정답률이 90% 이상인가요? | ○ | ○ | ○ |
| 4 | 4번 문제의 정답률이 90% 이상인가요? | ○ | ○ | ○ |
| 5 | 5번 문제의 정답률이 90% 이상인가요? | ○ | ○ | ○ |

1 이번 미션에서 가장 자신 있었던 문제는 무엇인가요? 그 문제를 어떻게 정확하게 풀었는지 쓰세요.

2 이번 미션에서 가장 어려웠던 문제는 무엇인가요? 어떤 부분에서 헷갈렸는지 또는 실수했는지 쓰세요.

3 다음에는 어떻게 하면 더 잘할 수 있을까요? 실천할 수 있는 방법을 하나만 쓰세요.

**1** 윤서는 매일 조금씩 독서를 합니다. 같은 책을 월요일에 34쪽, 화요일은 25쪽, 수요일에 29쪽, 목요일에 36쪽, 금요일에 30쪽을 읽었습니다. 월요일부터 금요일까지 모두 몇 쪽을 읽었는지 식을 쓰고 답을 구하세요.

**2** 서울에서 부산까지 KTX를 타면 2시간 35분이 걸립니다. 서울에서 오전 11시 40분에 KTX를 탔을 때 부산에 도착하는 시각을 구하세요.

**3** 시은이 어머니의 나이는 42살이고, 시은이의 나이는 13살입니다. 시은이의 어머니는 시은이보다 몇 살이 더 많은지 식을 쓰고 답을 구하세요.

**4** 재민이는 문구점에서 가위, 지우개, 노트를 구입했습니다. 가위는 900원, 지우개는 450원, 노트는 800원입니다. 재민이는 3,000원을 지불했습니다. 거스름돈은 얼마인지 식을 쓰고 답을 구하세요.

**5** 지연이가 키우는 강아지의 몸무게는 4kg입니다. 지연이의 몸무게는 강아지 몸무게의 12배
입니다. 지연이의 몸무게는 몇 kg인지 식을 쓰고 답을 구하세요.

**6** 영호는 편의점에서 한 봉지당 30개가 들어 있는 사탕 4봉지를 구입했습니다. 4봉지에 들어
있는 사탕을 남김없이 8명의 친구들에게 나누어 주려고 한다면, 한 명당 몇 개의 사탕을 나
누어 줄 수 있는지 식을 쓰고 답을 구하세요.

**7** 다음 물음에 답하세요.

1) 망고 80개를 판매하려고 합니다. 한 상자에 망고를 16개 넣을 수 있을 때, 최대 몇 상자를
팔 수 있을까요?

2) 망고 한 상자를 6만 4,000원이라고 할 때, 가지고 있는 망고를 모두 팔면 얼마를 벌 수 있
을까요?

**8** 다음을 계산하세요.

$$1+2+3+4+5+...+96+97+98+99+100$$

**9** 빈칸에 알맞은 수를 적으세요.

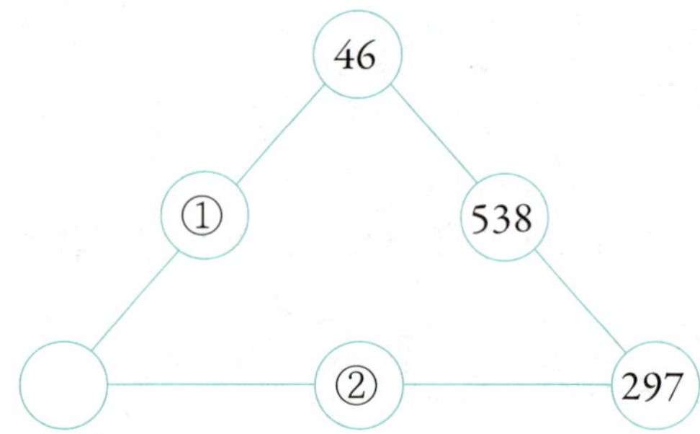

**10** 각 줄 위에 있는 세 수의 합은 서로 같습니다. 이때 ①과 ②에 들어갈 수의 차를 구하세요.

**11** 빈칸에 알맞은 수를 적으세요.

1) 64÷□×13=104

2) 17×(84÷□)=68

3) 1288÷14÷□=46

**12** 연수 어머니의 나이를 구하세요.

> 연수  저는 12살이고 동생은 10살입니다. 어머니의 나이는 저와 동생 나이를
> 합한 것의 2배보다 3살이 적습니다.

**13** 식이 성립하도록 (   )로 묶어 보세요.

1) $3 \times 7 + 5 - 2 = 24$

2) $3 \times 7 + 5 - 2 = 34$

**14** 포포즈(four fours)는 4를 네 번만 사용하여 0과 모든 자연수를 만드는 것으로, 1802년 영국의 수학자 라우스 볼이 만들었습니다. 다음 포포즈를 계산하세요.

1) $44 - 44 =$

2) $(4+4) \div (4+4) =$

3) $(4 \times 4) \div (4+4) =$

4) $(4+4+4) \div 4 =$

5) $(4-4) \div 4 + 4 =$

6) $(4 \times 4 + 4) \div 4 =$

7) $4 + (4+4) \div 4 =$

8) $4 + 4 - 4 \div 4 =$

9) $4 \times \{(4+4) \div 4\} =$

10) $4 + 4 + 4 \div 4 =$

11) $(44 - 4) \div 4 =$

**15** 다음 식에서 ○ 안의 수는 모두 같습니다. ○ 안에 알맞은 수를 구하세요.

$$51-○-○-○-○=2+○+○+○$$

**16** 다음 곱셈식에서 같은 모양은 같은 수를 나타냅니다. 각 모양이 나타내는 수를 모두 구하세요.

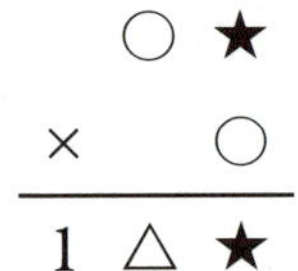

○          ★          △

○          ★          △

**17** 다음 표에서 오른쪽과 아래의 수는 각 줄 수의 합입니다. 가, 나, 다, 라, 마에 해당하는 수를 구하세요.

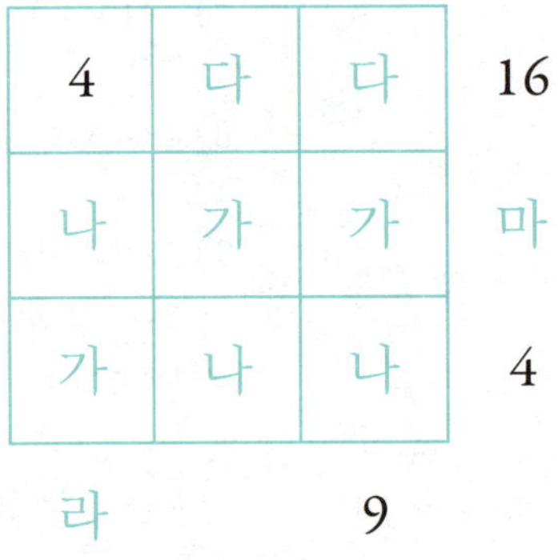

가          나          다          라          마

**18** 다음과 같은 표에 11, 12, 13, 14, 15, 16, 17, 18, 19를 넣어 가로, 세로, 대각선의 합이 같도록 만들려고 합니다. ①+②+③의 값은 얼마일까요?

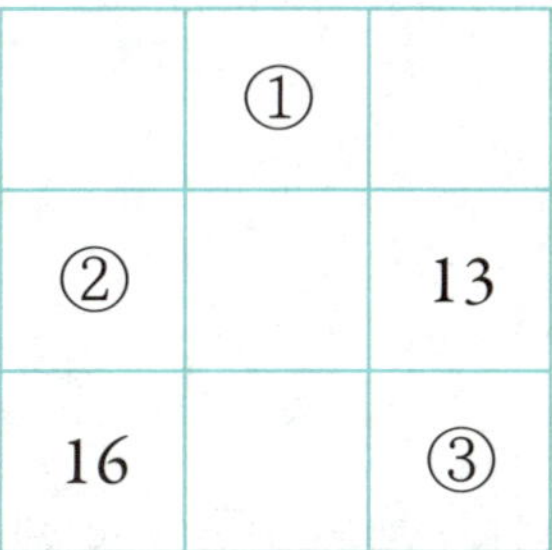

**19** 다음 보기에서 가, 나, 다, 라에 해당하는 수를 각각 구하세요.

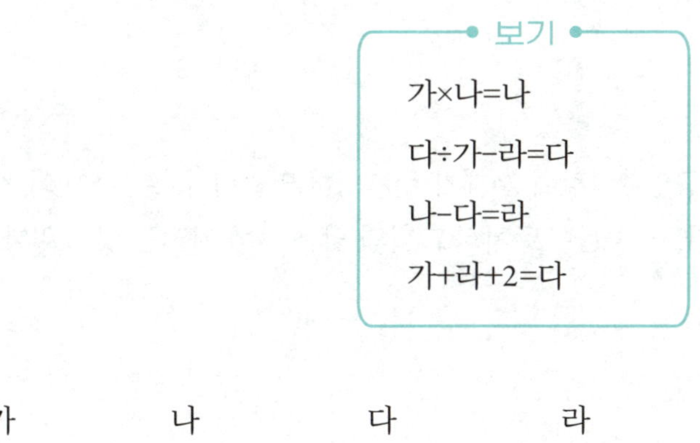



가          나          다          라

**20** 두 자리 수 7㉠, ㉡5, ㉠㉡, 2㉢이 있습니다. 7㉠과 ㉡5의 합은 132이고, ㉠㉡과 2㉢의 곱은 1800일 때 네 수의 합은 얼마일까요?

**1** 세아는 매주 월요일, 수요일, 금요일에 운동합니다. 이번 주 월요일에는 1시간 했고, 수요일에는 월요일보다 10분 덜 했고, 금요일은 수요일보다 15분 더 했습니다. 이번 주는 모두 몇 시간 몇 분 동안 운동했는지 식을 쓰고 답을 구하세요.

**2** 오늘 학교에서 독서 시간에 102쪽까지 책을 읽었고, 어제는 같은 책을 47쪽까지 읽었습니다. 오늘은 몇 쪽을 읽었는지 식을 쓰고 답을 구하세요.

**3** 120대를 주차할 수 있는 어느 공영주차장에 74대가 주차되어 있습니다. 현재 5대의 차가 주차장에 들어와 주차하려 합니다. 이 차들이 주차하고 나면 남은 주차 자리는 몇 개일까요?

**4** 승원이네 학교 3학년은 한 반에 27명씩 4개 반이 있습니다. 3학년 학생들을 6모둠으로 똑같이 나누어 피구 경기를 한다면 한 모둠은 몇 명씩일까요?

**5** 지호네 반 23명은 복숭아 수확 체험을 했습니다. 수확한 복숭아 256개를 23상자에 담아 한 명당 한 상자씩 가져가는데 3개가 남았습니다. 남은 복숭아를 제외하고 한 상자에 담을 수 있는 복숭아는 몇 개인지 식을 쓰고 답을 구하세요.

**6** 주현이는 인터넷 쇼핑몰에서 1개에 1,200원하는 볼펜을 4개, 1,500원인 샤프 1개를 주문했습니다. 배송비가 2,500원일 때 주현이가 결제할 금액은 얼마인지 구하세요.

**7** 다음을 계산하세요.

$$100001+10001+1001+101+11+1$$

**8** □ 안에 알맞은 수를 구하세요.

$$1011+1012+1013+1014+1015+1014+1013+1012+1011 =$$
$$(1013\times\square)-2$$

**9** □ 안에 알맞은 수를 적으세요.

1)
```
    4□
 +  □8
 ─────
  1 2 3
```

2)
```
    □5
 +  3□
 ─────
   6 4
```

3)
```
    7□
 -  □9
 ─────
   2 9
```

4)
```
    □1
 -  3□
 ─────
   2 7
```

**10** 백의 자리 숫자가 4인 세 자리 수와 일의 자리 숫자가 9인 세 자리 수가 있습니다. 두 수의 합은 806이고, 차는 128입니다. 두 수를 구하세요.

```
    4□□                4□□
 +  □□9             -  □□9
 ────────           ────────
  8 0 6              1 2 8
```

**11** 식이 성립하도록 ( )로 묶어 보세요.

1) 60-6×2+5=18

2) 60-6×2+5=113

**12** 빈칸에 수를 넣어 이웃한 네 수의 합이 58이 되도록 만들려고 합니다.
①+②+③+④+⑤의 값을 구하세요.

| ① | 11 | ② | ③ | 17 | ④ | 9 | 21 | ⑤ |
|---|----|---|---|----|---|---|----|---|

**13** □ 안에 알맞은 수를 적으세요.

1) $11 \times \boxed{\phantom{0}} \div 5 = 286$

2) $\boxed{\phantom{0}} \times 2 \div 6 = 37$

**14** 민이가 중고로 사온 소설책의 두 장이 찢겨져 있었습니다. 찢긴 부분을 펼친 뒤 두 면에 나타난 쪽수끼리 곱해 보니 7826이었습니다. 펼쳐진 면의 쪽수끼리 더하면 얼마일까요?

**15** 4, 5, 6, 7, 8, 9가 적혀 있는 수 카드 6장이 있습니다. 이 카드를 한 번씩만 사용하여 다음과 같은 식을 만들려고 합니다. 세 수의 계산 결과 중 가장 큰 자연수는 얼마인지 구하세요.

**16** 3장의 수 카드를 한 번씩 이용하여 만들 수 있는 (두 자리 수)×(한 자리 수)의 곱셈식을 모두 만들고, 곱을 구하세요.

**17** 300보다 크고 400보다 작은 수 가운데 70으로 나누었을 때 나머지가 가장 큰 수를 구하세요.

**18** ☐ 안에 들어갈 수 있는 자연수 가운데 가장 큰 수를 구하세요.

$$17 \times \boxed{\phantom{0}} < 187$$

**19** 다음 나눗셈식에서 같은 모양은 같은 수를 나타냅니다. □은 658÷31의 몫보다 10 큰 수이
고, △는 658÷31의 나머지와 같습니다. 나눗셈식의 ○, □, △의 값을 구하세요.

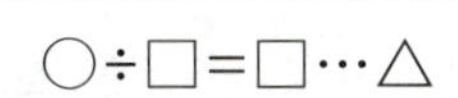

$$\bigcirc \div \square = \square \cdots \triangle$$

○　　　　□　　　　　△


**20** 다음 덧셈식에서 같은 모양은 같은 수를 나타냅니다. 각 모양이 나타내는 수를 구하세요
(단 ★와 △은 0이 아닙니다).

$$
\begin{array}{r}
★\,★ \\
+\ ★\,△ \\
\hline
△\,★\,0
\end{array}
$$

★　　　　　△

우리 생활 속에서 더하기, 빼기, 곱하기, 나누기가 쓰이는 상황을 떠올리세요.
떠오른 상황을 문제로 만들고 풀어 보세요.

**1** 어떤 상황인가요?
　　예) 바구니에 과일을 추가로 넣어 개수를 구하는 상황

**2** 어떤 수학 기호를 쓸 수 있나요?
　　예) 더하기

☐ 더하기(+)

☐ 빼기(−)

☐ 곱하기(×)

☐ 나누기(÷)

**3** 문제로 만드세요.

예) 바구니에 귤이 3개 들어 있습니다. 여기에 사과 5개를 더 넣었습니다. 바구니에는 모두 몇 개의 과일이 들어 있는지 구하세요.

**4** 문제에 맞는 계산식과 정답을 적으세요.

예) 3+5=8, 8(개)

**5** 친구에게 이 문제를 설명할 수 있나요?

☐ 예　　　　　☐ 아니오

# 수학 기호는 누가 만들었을까?

우리가 수학을 할 때 쓰는 +, −, ×, ÷, = 같은 기호는 모두 약속이에요. 2+5=7처럼 긴 문장을 간단하게 나타낼 수 있도록 도와주죠. 이런 기호는 누가, 언제 만들었을까요?

## 등호(=)

등호는 두 수나 두 식이 '같음'을 나타내는 기호예요. 등호는 영국 수학자 로버트 레코드(1510년경~1558)가 최초로 사용했다고 알려져 있어요. 그가 1557년에 쓴 수학책인 《지혜의 숫돌The Whetstone of Witte》에서 사용했습니다. 레코드는 길이가 같은 평행한 두 직선이 같다는 걸 가장 잘 보여 준다고 생각하여 = 기호를 만들었어요.

## 부등호(<, >)

부등호는 두 수나 두 식을 비교할 때 사용하는 기호예요. 부등호 개념을 처음으로 만든 사람은 영국 수학자 윌리엄 오트레드(1574~1660)예요. 오트레드는 [ , ]과 같은 기호를 사용했어요. 오늘날과 같은 부등호를 사용한 사람은 영국 수학자 토머스 해리엇(1560~1621)이에요. 해리엇이 죽은 뒤 발견된 그의 책에 처음 부등호가 나오는데, 현재 사용하는 부등호의 의미와 반대로 사용했어요. <, >가 그의 책에서는 >, <로 사용된 것이죠. 약 100년 후에 프랑스의 과학자 피에르 바우어(1698~1758)가 해리엇의 기호에 등호(=)를 합쳐서 등호가 같이 있는 부등호(≧, ≦)를 처음으로 만들어 사용했어요. 우리나라에서도 ≧, ≦를 사용했다가 현재는 ≥, ≤를 사용해요. ≥, ≤는 각각 ~보다 작거나 같다, ~보다 크거나 같다를 나타내는 기호입니다.

## 덧셈(+)과 뺄셈(−)

덧셈과 뺄셈 기호는 아주 오래전부터 사용했어요. 고대 메소포타미아와 그리스, 인도에서 수를 더하고 빼는 방법을 사용했다고 알려져 있어요. 다만 지금처럼 기호(+, -)를 사용하지는 않았어요. 당시에는 수를 나란히 쓰거나 띄어 써서 계산했죠. 예를 들어 53이라고 하면 지금의 표현으로는 5+3이고, 5  3이라고 하면 지금의 표현으로 5-3이라는 뜻이었어요.

1200년대 초, 이탈리아 수학자인 피보나치(1170~1250년경)가 5 더하기 3을 그리고라는 뜻을 가진 라틴어 et를 사용해서 5 et 3이라고 표현했어요. 지금 우리가 사용하는 +와 − 기호는 1489년경 독일 수학자 비드만(1460-1498?)이 처음 사용했어요. 그러나 당시의 기호는 덧셈이나 뺄셈과 같은 연산기호가 아니라, 넘침과 부족함을 나타내는 기호로 사용했어요. 또한 공식 기호가 아니라 주로 개인들이 사용하는 기호였지요. 이후 유럽의 여러 수학자가 책에 +와 − 기호를 사용했고, 1630년에 덧셈과 뺄셈을 나타내는 수학 기호로 공식 인정받았답니다.


## 곱셈(×)과 나눗셈(÷)

곱셈 기호 ×는 영국 수학자 윌리엄 오트레드가 1631년에 처음 사용했어요. 오트레드는 원래 곱셈 기호를 +로 사용하려고 했지만, 이미 더하기 기호로 사용되었기 때문에 +를 눕힌 모양인 ×를 사용했습니다. 그런데 곱셈 기호 ×와 미지수를 나타내는 문자 x의 모양이 비슷했기 때문에 곱셈 기호 ×를 알파벳 x보다 조금 더 크게 썼다고 알려져 있습니다. 독일 수학자 라이프니츠(1646~1716)는 기호와 문자가 헷갈릴 수 있다고 생각하여 이 곱셈 기호를 좋아하지 않았다고 해요. 그는 곱셈 기호를 × 대신 두 수 사이에 점(·)을 찍어서 나타냈어요. 4×8을 4·8로 나타낸 거죠. 현재는 곱셈 기호로 ×와 ·를 함께 사용하고 있습니다.

나눗셈 기호 ÷는 스위스 수학자 요한 하인리히 란(1622~1676)이 1659년에 출판한 《대수학algebra》에서 최초로 사용했습니다. 그는 나눗셈을 분수로 표시했을 때의 모양을 보고 이 기호를 사용했어요. 나눗셈 기호를 사용하기 전에는 나눗셈에 대한 개념이 분수나 비율의 의미로 표현되었기 때문에 비율을 나타내는 기호인 :를 사용했습니다. 하인리히 란은 나눗셈 기호를 비율을 표현한 :에서 가로 획을 더 그어 나눗셈 기호인 ÷를 만들었어요. 이 기호는 10년 후에 영국 수학자 존 펠(1611~1685)이 보급하면서 널리 전파되었습니다.

## 분수(一)

오늘날 우리가 사용하는 분수 기호는 오래전 인도에서 시작되었어요. 그 당시에는 분모와 분자를 가로선 없이 위아래로 적거나, 같은 줄에 빈 곳을 두고 나란히 썼답니다. 처음 가로선을 넣어 분수를 표현한 사람은 12세기 무렵 이슬람 수학자 알하사르예요. 하지만 그가 사용한 방식은 지금과는 조금 달랐다고 해요. 지금처럼 분자와 분모 사이에 선을 그어 분수를 표현하는 방식은 17세기 이후에야 자리를 잡았어요.

# 덧셈과 뺄셈, 곱셈과 나눗셈을 구별해야 하는 이유는 무엇이고, 왜 곱셈과 나눗셈을 먼저 계산할까?

## 덧셈과 뺄셈, 곱셈과 나눗셈을 구별해야 하는 이유

덧셈과 뺄셈은 같은 종류에서 사용되는 연산이에요. 예를 들어 연필 3자루+연필 5자루=8자루이고, 12m−4m=8m로 단위가 변하지 않아요.

반면 곱셈과 나눗셈은 단위가 다른 종류끼리도 계산이 가능해요. 예를 들어 500'원' 짜리 연필 3'자루'가 있다고 했을 때, 곱셈으로 계산하면 500원×3자루=1,500원이 되죠. 이렇게 곱셈은 단위가 달라도 계산할 수 있습니다. 이 식을 덧셈으로 표현하면 500원+500원+500원으로 단위를 맞춰야만 계산이 가능해요.

이처럼 덧셈과 뺄셈은 같은 종류의 수를 더하거나 빼는 연산이고, 곱셈과 나눗셈은 단위가 달라도 계산이 가능한 연산이므로 구별해야 합니다.

## 곱셈과 나눗셈을 먼저 계산하는 이유

사칙연산에서 왜 덧셈과 뺄셈보다 곱셈과 나눗셈을 먼저 계산할까요? 바로 수식을 더 간단하게 표현하기 위해 괄호를 생략했기 때문이에요. 예를 들어 (2×7)+5에서 괄호 안을 먼저 계산하면 14+5=19가 돼요. 이 수식을 괄호 없이 2×7+5로 써도 같은 계산이 되죠. 즉 곱셈과 나눗셈은 눈에 보이지 않는 괄호로 묶여 있다고 생각할 수 있어요.

반대로 덧셈과 뺄셈을 먼저 계산할 때는 반드시 괄호가 필요해요. 예를 들어 (9+3)×6에서 덧셈을 먼저 계산하면 12×6=72가 돼요. 하지만 괄호 없이 9+3×6으로 쓰면 3×6을 먼저 계산한 후 9를 더하기 때문에 9+18=27이 됩니다. 따라서 덧셈과 뺄셈을 먼저 계산해야 할 때는 꼭 괄호를 써야 한다는 규칙을 기억하면, 사칙연산을 더 정확하게 할 수 있어요.

# 2장

자연수의 성질

LEVEL

초등 1 2 3 4 5 6

중등 1

# 약수와 배수

## 초 5학년

약수와 배수의 의미를 알고,
자연수의 약수와 배수를 구할 수 있습니다.

● 보기 ●

● **약수**

약수는 어떤 수를 나누어떨어지게 하는 수입니다. 즉 자연수 □, ☆, △에 대하여 □=☆×△일 때, ☆와 △를 □의 약수라고 합니다. 예를 들어 6은 1×6, 2×3으로 나타낼 수 있으므로 1, 2, 3, 6은 6으로 나누어떨어지죠. 따라서 6의 약수는 1, 2, 3, 6입니다. 참고로 약수의 정의에서 말하는 수는 정수예요. 정수까지 포함하면 −6, −3, −2, −1도 6의 약수입니다. 그렇지만 정수는 중학교 과정에서 배우므로 여기서는 자연수 범위만 생각합니다.

● **약수를 구하는 방법**

예) **18의 약수**

**방법 1** 나눗셈식을 이용하여 나누어떨어지는 수를 찾습니다.

$18÷1=18$, $18÷2=9$, $18÷3=6$, $18÷6=3$, $18÷9=2$, $18÷18=1$이므로 18의 약수는 1, 2, 3, 6, 9, 18입니다.

**방법 2** 곱셈식을 이용하여 곱해지는 수를 찾습니다.

$18=1×18$, $18=2×9$, $18=3×6$이므로 18의 약수는 1, 2, 3, 6, 9, 18입니다.

이 곱셈식은 다음과 같이 직사각형의 넓이로 나타낼 수 있습니다.

1×18

2×9

3×6

**1** □ 안에 알맞은 수를 적고, 약수를 구하세요.

8÷☐=8, 8÷☐=4, 8÷☐=2, 8÷☐=1
▶ 8의 약수 : ☐, ☐, ☐, ☐


15÷☐=15, 15÷☐=5, 15÷☐=3, 15÷☐=1
▶ 15의 약수 : ☐, ☐, ☐, ☐


20÷☐=20, 20÷☐=10, 20÷☐=5, 20÷☐=4,
20÷☐=2, 20÷☐=1
▶ 20의 약수 : ☐, ☐, ☐, ☐, ☐, ☐


36÷☐=36, 36÷☐=18, 36÷☐=12, 36÷☐=9,
36÷☐=6, 36÷☐=4, 36÷☐=3, 36÷☐=2, 36÷☐=1
▶ 36의 약수 : ☐, ☐, ☐, ☐, ☐, ☐, ☐,
☐, ☐


40÷☐=40, 40÷☐=20, 40÷☐=10, 40÷☐=8,
40÷☐=5, 40÷☐=4, 40÷☐=2, 40÷☐=1
▶ 40의 약수 : ☐, ☐, ☐, ☐, ☐, ☐, ☐, ☐

**2** □ 안에 알맞은 수를 적고, 약수를 구하세요.

9=□×□, 9=□×□
▶ 9의 약수 : □, □, □

12=□×□, 12=□×□, 12=□×□
▶ 12의 약수 : □, □, □, □, □, □

16=□×□, 16=□×□, 16=□×□
▶ 16의 약수 : □, □, □, □, □

24=□×□, 24=□×□, 24=□×□,
24=□×□
▶ 24의 약수 : □, □, □, □, □, □, □, □

30=□×□, 30=□×□, 30=□×□,
30=□×□
▶ 30의 약수 : □, □, □, □, □, □, □, □

45=□×□, 45=□×□, 45=□×□
▶ 45의 약수 : □, □, □, □, □, □

**3** 다음 수의 약수를 모두 구하세요.

10 _______________________________________________

21 _______________________________________________

25 _______________________________________________

39 _______________________________________________

65 _______________________________________________

72 _______________________________________________

88 _______________________________________________

96 _______________________________________________

100 _______________________________________________

120 _______________________________________________

154 _______________________________________________

## 배수와 배수를 구하는 방법



● **배수**

배수란 어떤 수를 1배, 2배, 3배, …… 계속 곱해서 얻은 수입니다. 다시 말해 자연수 □의 배수란 □를 몇 배하여 얻을 수 있는 수입니다. 예를 들어 4의 배수는 4를 1배(4×1), 2배(4×2), 3배(4×3), ……한 수이므로 4, 8, 12, ……이 됩니다. 참고로 배수의 정의에서 말하는 수는 정수예요. 정수까지 포함하면 ……, −12, −8, −4, ……도 4의 배수입니다. 그렇지만 정수는 중학교 과정에서 배우므로 여기서는 자연수 범위만 생각합니다.

● **배수를 구하는 방법**

곱셈을 차례대로 합니다.

**예)** 8의 배수

8×1=8, 8×2=16, 8×3=24, 8×4=32, 8×5=40, ……
이 곱셈식은 다음과 같이 직사각형을 이어 붙이는 그림으로도 나타낼 수 있어요. 예를 들어 넓이가 8인 직사각형을 1개, 2개, 3개, …… 계속 이어 붙이면, 그 넓이는 차례대로 8, 16, 24, 32, ……가 됩니다.

**4** 수 배열표에서 주어진 수의 배수를 표시하세요.

## 5의 배수

| 1 | 2 | 3 | 4 | 5 | 6 | 7 | 8 | 9 | 10 |
|---|---|---|---|---|---|---|---|---|---|
| 11 | 12 | 13 | 14 | 15 | 16 | 17 | 18 | 19 | 20 |
| 21 | 22 | 23 | 24 | 25 | 26 | 27 | 28 | 29 | 30 |
| 31 | 32 | 33 | 34 | 35 | 36 | 37 | 38 | 39 | 40 |
| 41 | 42 | 43 | 44 | 45 | 46 | 47 | 48 | 49 | 50 |
| 51 | 52 | 53 | 54 | 55 | 56 | 57 | 58 | 59 | 60 |
| 61 | 62 | 63 | 64 | 65 | 66 | 67 | 68 | 69 | 70 |
| 71 | 72 | 73 | 74 | 75 | 76 | 77 | 78 | 79 | 80 |

## 9의 배수

| 1 | 2 | 3 | 4 | 5 | 6 | 7 | 8 | 9 | 10 |
|---|---|---|---|---|---|---|---|---|---|
| 11 | 12 | 13 | 14 | 15 | 16 | 17 | 18 | 19 | 20 |
| 21 | 22 | 23 | 24 | 25 | 26 | 27 | 28 | 29 | 30 |
| 31 | 32 | 33 | 34 | 35 | 36 | 37 | 38 | 39 | 40 |
| 41 | 42 | 43 | 44 | 45 | 46 | 47 | 48 | 49 | 50 |
| 51 | 52 | 53 | 54 | 55 | 56 | 57 | 58 | 59 | 60 |
| 61 | 62 | 63 | 64 | 65 | 66 | 67 | 68 | 69 | 70 |
| 71 | 72 | 73 | 74 | 75 | 76 | 77 | 78 | 79 | 80 |

**5** 다음 수의 배수를 가장 작은 수부터 차례대로 10개씩 적으세요.

2 ______________________________

6 ______________________________

7 ______________________________

8 ______________________________

11 ______________________________

13 ______________________________

15 ______________________________

17 ______________________________

21 ______________________________

30 ______________________________

50 ______________________________

● 보기 ●

수를 여러 수의 곱으로 나타내면 약수와 배수의 관계를 알 수 있습니다.

예) 12

12를 여러 수의 곱으로 나타내면 다음과 같습니다.

$12=1×12$

$12=2×6$

$12=3×4$

$12=2×2×3$

곱셈은 곱하는 순서를 바꾸어도 값이 같으므로

$1×12=12×1$

$2×6=6×2$

$3×4=4×3$

$2×2×3=2×3×2=3×2×2$와 같이 나타낼 수 있습니다.

이 곱셈식들을 보면 12는 1, 2, 3, 4, 6, 12의 배수임을 알 수 있습니다. 또한 12=2×2×3으로 나타내었을 때, 곱을 이루는 수들인 2, 3, 4(2×2), 6(2×3), 12(2×2×3)는 모두 12를 나누어떨어지게 하므로 1, 2, 3, 4, 6, 12는 12의 약수입니다. 단 1은 모든 수의 약수입니다.

위의 내용을 정리하면
- 1, 2, 3, 4, 6, 12는 12의 약수입니다.
- 12는 1, 2, 3, 4, 6, 12의 배수입니다.

**6** 정사각형 30개를 사용하여 서로 다른 직사각형을 만들었습니다. □ 안에 알맞은 수를 적고, 약수와 배수의 관계를 적으세요.

30 = □ × □

30 = □ × □

30 = □ × □

30 = □ × □

▶ 30의 약수는 □, □, □, □, □, □, □, □이고,

30은 □, □, □, □, □, □, □, □의 배수입니다.

**7** ( ) 안에 약수와 배수 가운데 알맞은 말을 적으세요.

15는 3의 (        )입니다.          5는 90의 (        )입니다.

15는 45의 (        )입니다.         56은 14의 (        )입니다.

6은 24의 (        )입니다.          14는 70의 (        )입니다.

48은 6의 (        )입니다.          11은 121의 (        )입니다.

78은 6의 (        )입니다.          169는 13의 (        )입니다.

13은 78의 (        )입니다.         17은 289의 (        )입니다.

11은 66의 (        )입니다.         84는 12의 (        )입니다.

66은 3의 (        )입니다.          16은 32의 (        )입니다.

15는 5의 (        )입니다.          72는 9의 (        )입니다.

**8** 다음 보기에서 약수와 배수의 관계인 두 수를 모두 찾아 적으세요.



| | | | | |
|---|---|---|---|---|
| 4 | 6 | 8 | 10 | 12 |
| 15 | 16 | 17 | 20 | 24 |
| 30 | 32 | 36 | 45 | 48 |

( 4 , 8 )　　　( 4 , 12 )　　　( 4 , 　 )　　　( 4 , 　 )

약수　배수　　　약수　배수

( 4 , 　 )　　　( 4 , 　 )　　　( 4 , 　 )　　　( 4 , 　 )

( 6 , 　 )　　　( 6 , 　 )　　　( 6 , 　 )　　　( 6 , 　 )

( 6 , 　 )　　　( 8 , 　 )　　　( 8 , 　 )　　　( 8 , 　 )

( 8 , 　 )　　　( 10 , 　 )　　　( 10 , 　 )　　　( 12 , 　 )

( 12 , 　 )　　　( 12 , 　 )　　　( 15 , 　 )　　　( 15 , 　 )

( 16 , 　 )　　　( 16 , 　 )　　　( 24 , 　 )

| 체크 항목 | 잘했어요 | 조금 더 연습이 필요해요 | 도움이 필요해요 |
| --- | :---: | :---: | :---: |
| 1 1번 문제의 정답률이 90% 이상인가요? | ○ | ○ | ○ |
| 2 2번 문제의 정답률이 90% 이상인가요? | ○ | ○ | ○ |
| 3 3번 문제의 정답률이 90% 이상인가요? | ○ | ○ | ○ |
| 4 4번 문제의 정답률이 90% 이상인가요? | ○ | ○ | ○ |
| 5 5번 문제의 정답률이 90% 이상인가요? | ○ | ○ | ○ |
| 6 6번 문제의 정답률이 90% 이상인가요? | ○ | ○ | ○ |
| 7 7번 문제의 정답률이 90% 이상인가요? | ○ | ○ | ○ |
| 8 8번 문제에서 약수와 배수의 관계인 수를 모두 찾아 적었나요? | ○ | ○ | ○ |

1 이번 미션에서 가장 자신 있었던 문제는 무엇인가요? 그 문제를 어떻게 정확하게 풀었는지 쓰세요.

2 이번 미션에서 가장 어려웠던 문제는 무엇인가요? 어떤 부분에서 헷갈렸는지 또는 실수했는지 쓰세요.

3 다음에는 어떻게 하면 더 잘할 수 있을까요? 실천할 수 있는 방법을 하나만 쓰세요.

# 자연수 분류
# : 짝수와 홀수
# 1, 소수와 합성수
## 초 1학년, 중 1학년

**목  표**

짝수와 홀수, 소수와 합성수의 정의를 말할 수 있습니다.

자연수는 2로 나누어떨어지는지 아닌지에 따라 짝수와 홀수로 분류할 수 있고, 약수의 개수에 따라 1, 소수와 합성수로 분류할 수 있습니다.

보기

● **짝수**

짝수는 2로 나누어떨어지는 수입니다.

2, 4, 6, 8, 10, ……은 모두 짝수입니다.


● **홀수**

홀수는 2로 나누어떨어지지 않는 수입니다.

1, 3, 5, 7, 9, ……은 모두 홀수입니다.

즉 홀수는 2로 나누었을 때 나머지가 1입니다.


### 0은 짝수일까요, 홀수일까요?

우리가 평소에 자주 사용하는 수는 자연수예요. 자연수는 1부터 시작합니다. 중학교에 가면 수의 범위를 더 넓혀서 정수라는 개념을 배웁니다. 정수는 자연수, 0, 음의 정수(−1, −2, −3, ……)를 포함한 수예요. 정수에서는 0도 짝수로 분류합니다. 왜냐하면 0은 0÷2=0과 같이 2로 나누어떨어지기 때문입니다. 정수에서의 짝수와 홀수는 다음과 같습니다.

짝수 : ……, −6, −4, −2, 0, 2, 4, 6, ……

홀수 : ……, −5, −3, −1, 1, 3, 5, ……

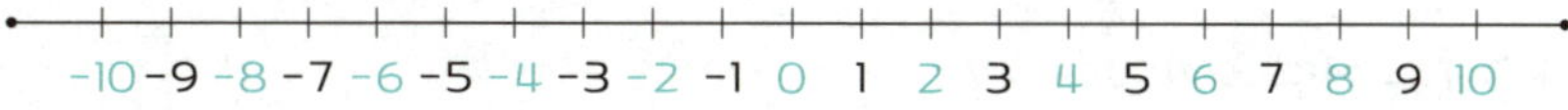

**1** 10 이상 20 이하의 짝수와 홀수를 적으세요.

짝수 : ______________________________________________

홀수 : ______________________________________________

**2** 100 이상 110 이하의 짝수와 홀수를 적으세요.

짝수 : ______________________________________________

홀수 : ______________________________________________

**3** 다음 물음에 답하세요.

1) 홀수 다음에는 어떤 수가 오나요? ____________________

2) 짝수 다음에는 어떤 수가 오나요? ____________________

3) 다음 식의 결과가 짝수인지 홀수인지 쓰고, 예를 하나 들어 보세요. 그리고 왜 이와 같은 결과가 나오는지 이유를 적으세요.

① (짝수) + (짝수) = (　　　　　)

예) [　　] + [　　] = [　　]

이유 : _______________________________________________

② (짝수) − (짝수) = (　　　　　) * 단 앞의 짝수가 뒤의 짝수보다 큽니다.

예) [　　] − [　　] = [　　]

이유 : _______________________________________________

③ (홀수) + (홀수) = (　　　　　)

예) [　　] + [　　] = [　　]

이유 : _______________________________________________

④ (홀수) − (홀수) = (　　　　　) * 단 앞의 홀수가 뒤의 홀수보다 큽니다.

예) [　　] − [　　] = [　　]

이유 : _______________________________________________

⑤ (홀수) + (짝수) = (                )

   예)  ☐ + ☐ = ☐

이유 : ________________________________________________


⑥ (홀수) − (짝수) = (                ) * 단 앞의 홀수가 뒤의 짝수보다 큽니다.

   예)  ☐ − ☐ = ☐

이유 : ________________________________________________


⑦ (홀수) × (짝수) = (                )

   예)  ☐ × ☐ = ☐

이유 : ________________________________________________


⑧ (짝수) × (짝수) = (                )

   예)  ☐ × ☐ = ☐

이유 : ________________________________________________

보기

● 1

약수의 개수가 1개인 자연수는 1이 유일합니다.

● 소수

소수는 1보다 큰 자연수 가운데 약수가 1과 자기 자신뿐인 수입니다. 즉 약수가 2개인 수를 소수라고 합니다.

예) 2(=1×2), 3(=1×3), 5(=1×5), 7(=1×7), 11(=1×11), ……

이 가운데 2는 소수 중 가장 작은 수이고, 짝수이면서 소수인 수는 2밖에 없어요. 나머지 소수는 모두 홀수입니다.

왜 자연수에서 소수가 중요할까요?

소수는 자연수를 이루는 가장 기본이 되는 수입니다. 왜냐하면 모든 합성수는 소수의 곱으로 나타낼 수 있기 때문이에요. 예를 들어 12=2×2×3, 30=2×3×5로 나타낼 수 있습니다. 다시 말해 소수는 자연수의 블록 조각처럼 큰 수를 만드는 기초단위입니다. 소수는 수학에서 수의 구조를 이해하는 열쇠이자, 자연수의 뼈대를 이루는 아주 중요한 수입니다.

● 합성수

합성수는 1과 자기 자신 이외의 수로도 나누어지는 자연수입니다. 즉 약수가 3개 이상인 수를 합성수라고 합니다.

예) 6(약수: 1, 2, 3, 6), 12(약수: 1, 2, 3, 4, 6, 12), ……

**4** 소수는 오래전부터 약수와 나눗셈을 탐구하면서 연구해 왔습니다. 기원전 200년경 그리스의 학자 에라토스테네스는 '에라토스테네스의 체'라는 방법으로 100 이하의 소수를 찾는 방법을 소개했습니다. 다음 순서대로 100 이하의 소수를 찾아보세요.

| 1 | 2 | 3 | 4 | 5 | 6 | 7 | 8 | 9 | 10 |
|---|---|---|---|---|---|---|---|---|---|
| 11 | 12 | 13 | 14 | 15 | 16 | 17 | 18 | 19 | 20 |
| 21 | 22 | 23 | 24 | 25 | 26 | 27 | 28 | 29 | 30 |
| 31 | 32 | 33 | 34 | 35 | 36 | 37 | 38 | 39 | 40 |
| 41 | 42 | 43 | 44 | 45 | 46 | 47 | 48 | 49 | 50 |
| 51 | 52 | 53 | 54 | 55 | 56 | 57 | 58 | 59 | 60 |
| 61 | 62 | 63 | 64 | 65 | 66 | 67 | 68 | 69 | 70 |
| 71 | 72 | 73 | 74 | 75 | 76 | 77 | 78 | 79 | 80 |
| 81 | 82 | 83 | 84 | 85 | 86 | 87 | 88 | 89 | 90 |
| 91 | 92 | 93 | 94 | 95 | 96 | 97 | 98 | 99 | 100 |

1) 1은 약수가 한 개이므로 소수가 아닙니다. 따라서 1에 ×표를 합니다.

2) 2는 소수이므로 ○표를 하고, 2를 제외한 2의 배수는 모두 ×표를 합니다.

3) 3은 소수이므로 ○표를 하고, 3을 제외한 3의 배수는 모두 ×표를 합니다.

4) 5는 소수이므로 ○표를 하고, 5를 제외한 5의 배수는 모두 ×표를 합니다.

5) 7은 소수이므로 ○표를 하고, 7을 제외한 7의 배수는 모두 ×표를 합니다.

6) 11은 소수이므로 ○표를 하고, 11을 제외한 11의 배수는 모두 ×표를 합니다.

7) 같은 방법으로 소수를 찾고, 그 소수의 배수에 모두 ×표를 합니다.

8) ○표를 한 수를 찾습니다. 1부터 100까지 적혀 있는 숫자판에 어떤 수가 남았고, 모두 몇 개인가요?


**5** 다음 수의 약수를 모두 구하여 앞에 적고, 그 뒤에 소수인지 합성수인지 적으세요.

5 ______________ , ______    19 ______________ , ______

9 ______________ , ______    41 ______________ , ______

12 ______________ , ______    121 ______________ , ______


**6** 20 이상 40 이하의 소수와 합성수를 적으세요.

소수 ______________________________

합성수 ______________________________

| | 체크 항목 | 잘했어요 | 조금 더 연습이 필요해요 | 도움이 필요해요 |
|---|---|---|---|---|
| 1 | 1번 문제에서 10 이상 20 이하의 짝수와 홀수를 모두 적었나요? | ○ | ○ | ○ |
| 2 | 2번 문제에서 101 이상 110 이하의 짝수와 홀수를 모두 적었나요? | ○ | ○ | ○ |
| 3 | 3번 문제에서 짝수와 홀수의 규칙에 대한 문제의 예와 이유를 모두 적었나요? | ○ | ○ | ○ |
| 4 | 4번 문제에서 에라토스테네스 체를 이용하여 소수를 정확하게 찾았나요? | ○ | ○ | ○ |
| 5 | 5번 문제에서 각 수의 약수를 모두 찾고, 소수인지 합성수인지 정확하게 적었나요? | ○ | ○ | ○ |
| 6 | 6번 문제에서 20 이상 40 이하의 소수와 합성수를 정확하게 적었나요? | ○ | ○ | ○ |

1 이번 미션에서 가장 자신 있었던 문제는 무엇인가요? 그 문제를 어떻게 정확하게 풀었는지 쓰세요.

2 이번 미션에서 가장 어려웠던 문제는 무엇인가요? 어떤 부분에서 헷갈렸는지 또는 실수했는지 쓰세요.

3 다음에는 어떻게 하면 더 잘할 수 있을까요? 실천할 수 있는 방법을 하나만 쓰세요.

# 거듭제곱과 소인수분해
## 중 1학년

거듭제곱과 소인수분해의 뜻을 이해하고, 자연수를 소인수분해 할 수 있습니다.

소인수분해를 이용하여 자연수의 약수와 약수의 개수를 구할 수 있습니다.

---

**보기**

● **거듭제곱**

같은 수나 문자를 여러 번 곱한 것을 간단히 나타낸 것을 거듭제곱이라 합니다. 이때 곱한 수나 문자를 밑이라 하고, 곱한 수나 문자의 개수를 지수라 합니다.

$$2\times2\times2=2^3$$

(3개, 지수, 밑)

$2^1=2$입니다. $2^2$은 2의 제곱, $2^3$은 2의 세제곱, $2^4$는 2의 네제곱이라고 읽습니다.

● **거듭제곱을 배우는 이유**

자연수를 소수의 곱으로 분해하면 반복되는 수가 많아지기도 합니다. 반복되는 수를 계속 쓰다 보면 각각의 숫자가 몇 번 쓰였는지 세어 봐야 하고, 한눈에 파악하기도 어렵지요. 이때 거듭제곱을 이용하면 반복되는 수들을 깔끔하게 정리할 수 있습니다. 예를 들어 $72=2\times2\times2\times3\times3$인데, 거듭제곱을 이용하면 $72=2^3\times3^2$으로 간단히 나타낼 수 있습니다.

---

**1** $3^5$에 대하여 다음 물음에 답하세요.

1) $3^5$을 어떻게 읽나요?

2) $3^5$의 밑은 무엇인가요?

3) $3^5$의 지수는 무엇인가요?

4) $3^5$과 같은 수는 얼마인가요?

**2** 다음 수의 밑과 지수를 적으세요.

| 수 | 밑 | 지수 |
| --- | --- | --- |
| $5^4$ | | |
| $7^9$ | | |
| $3$ | | |
| $62^3$ | | |
| $8^{15}$ | | |
| $100^{11}$ | | |
| $12$ | | |
| $(\dfrac{1}{2})^{10}$ | | |
| $1.5$ | | |
| $\dfrac{5}{7}$ | | |
| $(\dfrac{2}{9})^3$ | | |
| $(0.1)^6$ | | |

**3** 다음 식을 거듭제곱을 이용하여 나타내세요.

$11×11=$

$6×6×6=$

$2×2×2×2×2=$

$5×5×5×5×5×5×5=$

$2×2×5×5×5=$

$3×3×13×13×13×13=$

$7×7×7×19×19×19=$

$3×3×5×5×5×5×7×7=$

$17×17+23×23×23=$

$7×7×7+11×11×11×11=$

$$\frac{1}{2}×\frac{1}{2}×\frac{1}{2}×\frac{1}{2}=$$

$$\frac{1}{3×3×5×5×5}=$$

$$\frac{2^2×2^3}{13^4×13^5×13}=$$

**4** 다음 수를 [ ] 속 수의 거듭제곱으로 나타내세요.

9 [3]                    16 [2]

32 [2]                   81 [3]

121 [11]                 125 [5]

169 [13]                 243 [3]

256 [2]                  289 [17]

343 [7]                  361 [19]

625 [5]                  10000 [10]

---

**보기**

● **소인수**

소인수는 어떤 자연수의 약수 가운데 소수인 수입니다. 6의 약수는 1, 2, 3, 6 입니다. 이 가운데 소수는 2와 3이므로 6의 소인수는 2와 3입니다.

약수를 인수라고도 합니다. 10=2×5이므로 10의 약수 또는 인수는 2와 5입니다.

● **소인수분해**

소인수분해란 합성수를 그 수의 소인수들만의 곱으로 나타내는 것을 말합니다. 예를 들어 18을 소인수분해 하면 18=2×3×3=2×3$^2$입니다.

소인수분해는 수를 이루는 기본 소수들로 분해하는 과정입니다. 이 과정을 통해 수의 구성 원리를 이해할 수 있고, 최대공약수와 최소공배수를 구하거나 여러 수 사이의 규칙을 찾을 수 있습니다. 따라서 소인수분해는 수학의 기본 도구입니다.

● **소인수분해를 하는 방법**

1) 주어진 수를 나누어떨어지는 소수로 나눕니다.
2) 몫이 소수가 될 때까지 나눕니다.
3) 나눈 소수들과 마지막 몫을 곱셈 기호 ×로 연결합니다. 이때 소인수분해 한 결과는 크기가 작은 소인수부터 순서대로 쓰고, 같은 소인수의 곱은 거듭제곱으로 나타냅니다.

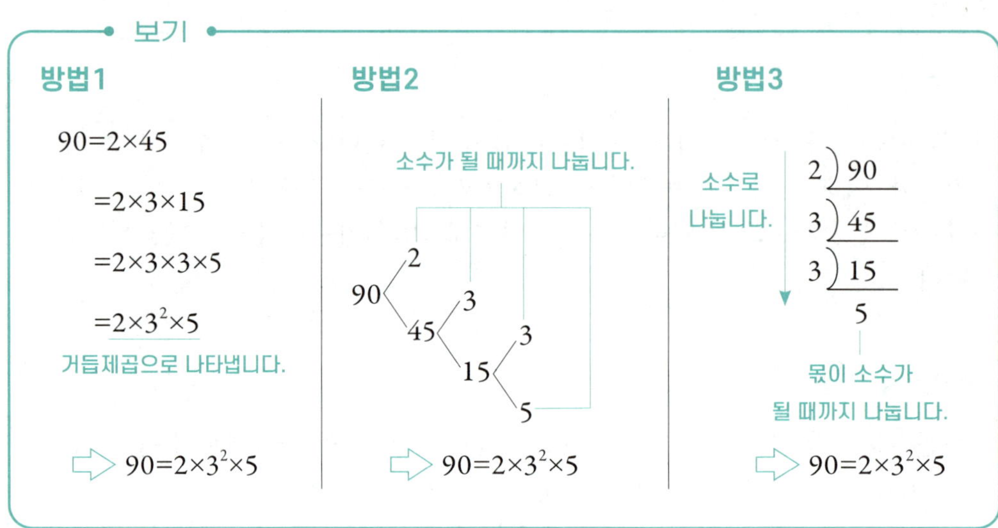

**5** 다음 수를 소인수분해 하고, 소인수를 모두 구하세요.

25

소인수분해 :

소인수 :

30

소인수분해 :

소인수 :

36

소인수분해 :

소인수 :

48

소인수분해 :

소인수 :

50

소인수분해 :

소인수 :

63

소인수분해 :

소인수 :

75
소인수분해 :
소인수 :

100
소인수분해 :
소인수 :

120
소인수분해 :
소인수 :

168
소인수분해 :
소인수 :

250
소인수분해 :
소인수 :

425
소인수분해 :
소인수 :

99
소인수분해 :
소인수 :

102
소인수분해 :
소인수 :

150
소인수분해 :
소인수 :

200
소인수분해 :
소인수 :

390
소인수분해 :
소인수 :

500
소인수분해 :
소인수 :

---

**보기**

● **어떤 수를 같은 수로 여러 번 곱해서 만들면, 그 수의 약수는 규칙을 가집니다.**

3을 두 번 곱한 9의 약수는 1, 3, 9로 모두 3개입니다. 이것을 거듭제곱(같은 수를 여러 번 곱한 것)으로 표현하면 $1=3^0$, $3=3^1$, $9=3^2$입니다. 이처럼 같은 소수를 여러 번 곱해서 만든 수의 약수의 개수는 (곱한 횟수)+1, 즉 (지수)+1개가 됩니다.

**중학교에서는 이렇게 배워요.**

어떤 수가 $a^n$($a$는 소수, $n$은 자연수)라면, $a^n$의 약수는 1, $a$, $a^2$, ……, $a^n$입니다. $a^n$의 약수의 개수는 $(n+1)$개입니다.

**6** 다음 수의 약수와 약수의 개수를 구하세요.

| 수 | 약수 | 약수의 개수 |
|---|---|---|
| 4 | | |
| $3^6$ | | |
| 8 | | |
| $5^8$ | | |
| 16 | | |
| $11^9$ | | |
| 25 | | |
| $13^3$ | | |
| 27 | | |
| $19^2$ | | |

보기

● 어떤 수를 소인수분해 한 뒤, 각 소수의 지수에 1을 더하여 더한 값들을 곱하면 그 수의 약수의 개수를 구할 수 있습니다.

18의 약수와 약수의 개수를 구한다면, 먼저 18을 $18=2\times3\times3=2\times3^2$으로 소인수분해 합니다. 그다음 각각의 소수로 만들 수 있는 약수를 살펴봅니다. 2의 약수는 1, 2이고, $3^2$의 약수는 1, 3, $9(=3^2)$입니다 .

$18=2\times3^2$의 약수는 1, 2와 1, 3, $3^2$을 서로 곱해서 만들 수 있습니다.

| × | 1 | 3 | $3^2$ |
|---|---|---|---|
| 1 | $1(=1\times1)$ | $3(=1\times3)$ | $9(=1\times3^2)$ |
| 2 | $2(=2\times1)$ | $6(=2\times3)$ | $18(=2\times3^2)$ |

즉 18의 약수는 1, 2, 3, 6, 9, 18입니다.

18의 약수의 개수 = (2의 약수의 개수)×($3^2$의 약수의 개수)

= (2의 지수+1)×(3의 지수+1)

= (1+1)×(2+1)

= 6

중학교에서는 이렇게 배워요.

자연수 $N$을 $N=a^m\times b^n$($a$, $b$는 서로 다른 소수, $m, n$은 자연수)으로 소인수분해 할 때, $N$의 약수는 ($a^m$의 약수)×($b^n$의 약수)입니다. $N$의 약수의 개수는 $(m+1)\times(n+1)$개입니다.

**7** 소인수분해를 이용하여 약수와 약수의 개수를 구하세요.

1) 12

① 12를 소인수분해 하세요.

② 표를 완성하고, 이를 이용하여 12의 약수를 모두 구하세요.

| × | 1 | 2 | |
|---|---|---|---|
| 1 | | | |
| | | | |

12의 약수:

③ 12의 약수의 개수를 구하세요.

2) 24

① 24를 소인수분해 하세요.

② 표를 완성하고, 이를 이용하여 24의 약수를 모두 구하세요.

| × | 1 | | | |
|---|---|---|---|---|
| 1 | | | | |
| 3 | | | | |

24의 약수:

③ 24의 약수의 개수를 구하세요.

3) 45

① 45를 소인수분해 하세요.

② 표를 완성하고, 이를 이용하여 45의 약수를 모두 구하세요.

| × | 1 | 3 | |
|---|---|---|---|
| 1 | | | |
| | | | |

45의 약수:

③ 45의 약수의 개수를 구하세요.

4) 392

① 392를 소인수분해 하세요.

② 다음 표를 완성하고, 이를 이용하여 392의 약수를 모두 구하세요.

| × | 1 | 2 | | |
|---|---|---|---|---|
| 1 | | | | |
| | | | | |
| | | | | |

392의 약수:

③ 392의 약수의 개수를 구하세요.

**8** 다음 수의 약수의 개수를 구하세요.

$2 \times 3^2$

$2 \times 5$

$2 \times 3^2 \times 7^6$

$3^2 \times 7^3 \times 17$

$5^2 \times 13$

$17 \times 19$

8

28

40

81

90

242

$3^5 \times 5^2$

$7^4 \times 11^5$

$5^4 \times 7^3 \times 13^2$

$2^4 \times 13 \times 19$

$3^2 \times 7^2$

$21^3 \times 23$

12

36

$7^2$

88

200

300

| | 체크 항목 | 잘했어요 | 조금 더 연습이 필요해요 | 도움이 필요해요 |
|---|---|---|---|---|
| 1 | 1번 문제의 정답률이 100%인가요? | ○ | ○ | ○ |
| 2 | 2번 문제의 정답률이 90% 이상인가요? | ○ | ○ | ○ |
| 3 | 3번 문제의 정답률이 90% 이상인가요? | ○ | ○ | ○ |
| 4 | 4번 문제의 정답률이 90% 이상인가요? | ○ | ○ | ○ |
| 5 | 5번 문제의 정답률이 90% 이상인가요? | ○ | ○ | ○ |
| 6 | 6번 문제의 정답률이 90% 이상인가요? | ○ | ○ | ○ |
| 7 | 7번 문제의 정답률이 90% 이상인가요? | ○ | ○ | ○ |
| 8 | 8번 문제의 정답률이 90% 이상인가요? | ○ | ○ | ○ |

1 이번 미션에서 가장 자신 있었던 문제는 무엇인가요? 그 문제를 어떻게 정확하게 풀었는지 쓰세요.

___________________________________________

___________________________________________

2 이번 미션에서 가장 어려웠던 문제는 무엇인가요? 어떤 부분에서 헷갈렸는지 또는 실수했는지 쓰세요.

___________________________________________

___________________________________________

3 다음에는 어떻게 하면 더 잘할 수 있을까요? 실천할 수 있는 방법을 하나만 쓰세요.

___________________________________________

___________________________________________

# 공약수와 공배수

## 초 5학년, 중 1학년

공약수와 최대공약수를 이해하고, 구할 수 있습니다.

공배수와 최소공배수를 이해하고, 구할 수 있습니다.

보기

● **공약수**

2개 이상의 자연수의 공통인 약수입니다.

● **최대공약수**

공약수 가운데 가장 큰 수입니다. 최대공약수는 영어로 Greatest Common Divisor이고, 간단하게 G.C.D.로 씁니다.

● **최대공약수의 성질**

2개 이상 자연수의 공약수는 모두 최대공약수의 약수입니다.

예) 12와 18의 공약수와 최대공약수

12의 약수 : ①, ②, ③, 4, ⑥, 12
18의 약수 : ①, ②, ③, ⑥, 9, 18
12와 18의 공약수 : 1, 2, 3, 6
12와 18의 최대공약수 : 6

여기서 1, 2, 3, 6은 6의 약수이므로 12와 18의 공약수는 모두 최대공약수 6의 약수입니다.

● **서로소**

최대공약수가 1인 두 자연수입니다.
예) 2와 9, 5와 6, 8과 11, 9와 13

1은 모든 자연수와 서로소입니다.
서로 다른 두 소수는 항상 서로소입니다.

**1** 16과 20의 공통된 약수를 구하려고 합니다. 물음에 답하세요.

1) 16의 약수에 ○표, 20의 약수에 △표를 하세요.

| 1 | 2 | 3 | 4 | 5 | 6 | 7 | 8 | 9 | 10 |
|---|---|---|---|---|---|---|---|---|----|
| 11 | 12 | 13 | 14 | 15 | 16 | 17 | 18 | 19 | 20 |

2) 16과 20의 공통된 약수는 ____________________입니다.

3) 2)에서 구한 수를 ____________________(이)라고 합니다.

4) 2)에서 구한 수 가운데 가장 큰 수는 ___________입니다.

5) 4)에서 구한 수를 ____________________(이)라고 합니다.


**2** 20과 30의 공약수와 최대공약수의 관계를 알아보려고 합니다. 빈칸에 알맞은 수나 말을 적으세요.

> 20의 약수 : 1, 2, 4, 5, 10, 20
> 30의 약수 : 1, 2, 3, 5, 6, 10, 15, 30

1) 20과 30의 공약수 : ____________________

2) 20과 30의 최대공약수 : ____________________

3) 20과 30의 최대공약수의 약수 : ____________________

4) 20과 30의 공약수는 20과 30의 최대공약수의 ____________________와/과 같습니다.

**3** 주어진 두 수에 대하여 다음을 구하고 두 수가 서로소인지 아닌지 ○, ×로 표시하세요.

1) 4, 10

4의 약수 ________________________________________

10의 약수 _______________________________________

4와 10의 공약수 ________________

4와 10의 최대공약수 ________________

서로소 (　　)

2) 6, 8

6의 약수 ________________________________________

8의 약수 ________________________________________

6과 8의 공약수 ________________

6과 8의 최대공약수 ________________

서로소 (　　)

3) 9, 16

9의 약수 ________________________________________

16의 약수 _______________________________________

9와 16의 공약수 ________________

9와 16의 최대공약수 ________________

서로소 (　　)

4) 15, 24

15의 약수 ____________________________________

24의 약수 ____________________________________

15와 24의 공약수 ____________________

15와 24의 최대공약수 ____________________

서로소 (　　)


5) 20, 36

20의 약수 ____________________________________

36의 약수 ____________________________________

20과 36의 공약수 ____________________

20과 36의 최대공약수 ____________________

서로소 (　　)


6) 21, 40

21의 약수 ____________________________________

40의 약수 ____________________________________

21과 40의 공약수 ____________________

21과 40의 최대공약수 ____________________

서로소 (　　)


7) 24, 32

24의 약수 ____________________________________

32의 약수 ____________________________________

24와 32의 공약수 ____________________

24와 32의 최대공약수 ____________________

서로소 (　　)

보기

● **공배수**

2개 이상의 자연수의 공통인 배수입니다.

● **최소공배수**

공배수 가운데 가장 작은 수입니다. 최소공배수는 영어로 Least Common Multiple이고, 간단하게 L.C.M.으로 씁니다.

● **최소공배수의 성질**

2개 이상의 자연수의 공배수는 최소공배수의 배수입니다.

예) **12와 18의 공배수와 최소공배수**

12의 배수 : 12, 24, 36, 48, 60, 72, 84, 96, 108, ……
18의 배수 : 18, 36, 54, 72, 90, 108, 126, 144, ……
12와 18의 공배수 : 36, 72, 108, ……
12와 18의 최소공배수 : 36

여기서 36, 72, 108, ……은 36의 배수입니다. 즉 12와 18의 공배수는 모두 최소공배수 36의 배수입니다.
서로소인 두 자연수의 최소공배수는 두 수의 곱과 같습니다.

**4** 2와 3의 공통된 배수를 구하려고 합니다. 물음에 답하세요.

1) 2의 배수에 ○표, 3의 배수에 △표를 하세요.

| 1 | 2 | 3 | 4 | 5 | 6 | 7 | 8 | 9 | 10 |
|---|---|---|---|---|---|---|---|---|----|
| 11 | 12 | 13 | 14 | 15 | 16 | 17 | 18 | 19 | 20 |

2) 2와 3의 공통된 배수는 __________________입니다.

3) 2)에서 구한 수를 __________________(이)라고 합니다.

4) 2)에서 구한 수 중 가장 작은 수는 ____________입니다.

5) 4)에서 구한 수를 __________________(이)라고 합니다.

**5** 4와 5의 공배수와 최소공배수의 관계를 알아보려고 합니다. 빈칸에 알맞은 수나 말을 적으세요.

> 4의 배수 : 4, 8, 12, 16, 20, 24, 28, 32, 36, 40, 44, 48, 52, 56, 60, ……
>
> 5의 배수 : 5, 10, 15, 20, 25, 30, 35, 40, 45, 50, 55, 60, ……

1) 4와 5의 공배수 : __________________

2) 4와 5의 최소공배수 : __________________

3) 4와 5의 최소공배수의 배수 : __________________

4) 4와 5의 공배수는 4와 5의 최소공배수의 __________________와/과 같습니다.

**6** 주어진 두 수에 대하여 다음을 구하세요. 단 각 수의 배수는 10개씩 적으세요.

1) 3, 4

3의 배수 ___________________________

4의 배수 ___________________________

3, 4의 공배수 _______________

3, 4의 최소공배수 (      )


2) 5, 10

5의 배수 ___________________________

10의 배수 __________________________

5와 10의 공배수 _______________

5와 10의 최소공배수 (      )


3) 6, 8

6의 배수 ___________________________

8의 배수 ___________________________

6, 8의 공배수 _______________

6, 8의 최소공배수 (      )


4) 7, 14

7의 배수 ___________________________

14의 배수 __________________________

7, 14의 공배수 _______________

7, 14의 최소공배수 (      )

5) 9, 12

9의 배수 ______________________________________

12의 배수 _____________________________________

9와 12의 공배수 ________________________

9와 12의 최소공배수 (　　)


6) 15, 20

15의 배수 _____________________________________

20의 배수 _____________________________________

15와 20의 공배수 _______________________

15와 20의 최소공배수 (　　)


7) 18, 24

18의 배수 _____________________________________

24의 배수 _____________________________________

18과 24의 공배수 _______________________

18과 24의 최소공배수 (　　)


8) 20, 30

20의 배수 _____________________________________

30의 배수 _____________________________________

20, 30의 공배수 ________________________

20, 30의 최소공배수 (　　)

| 체크 항목 | 잘했어요 | 조금 더 연습이 필요해요 | 도움이 필요해요 |
|---|---|---|---|
| 1   1번 문제에서 16과 20의 공약수를 정확하게 구하고, 최대공약수를 바르게 적었나요? | ◯ | ◯ | ◯ |
| 2   2번 문제에서 20과 30의 공약수와 최대공약수를 정확하게 구하고, 공약수와 최대공약수의 관계를 바르게 적었나요? | ◯ | ◯ | ◯ |
| 3   3번 문제의 정답률이 90% 이상인가요? | ◯ | ◯ | ◯ |
| 4   4번 문제에서 2와 3의 공배수를 정확하게 구하고, 최소공배수를 바르게 적었나요? | ◯ | ◯ | ◯ |
| 5   5번 문제에서 4와 5의 공배수와 최소공배수를 정확하게 구하고, 공배수와 최소공배수의 관계를 바르게 적었나요? | ◯ | ◯ | ◯ |
| 6   6번 문제의 정답률이 90% 이상인가요? | ◯ | ◯ | ◯ |

1 이번 미션에서 가장 자신 있었던 문제는 무엇인가요? 그 문제를 어떻게 정확하게 풀었는지 쓰세요.

____________________________________________

____________________________________________

2 이번 미션에서 가장 어려웠던 문제는 무엇인가요? 어떤 부분에서 헷갈렸는지 또는 실수했는지 쓰세요.

____________________________________________

____________________________________________

3 다음에는 어떻게 하면 더 잘할 수 있을까요? 실천할 수 있는 방법을 하나만 쓰세요.

____________________________________________

____________________________________________

# 최대공약수와 최소공배수를 구하는 방법
## 초 5학년, 중 1학년

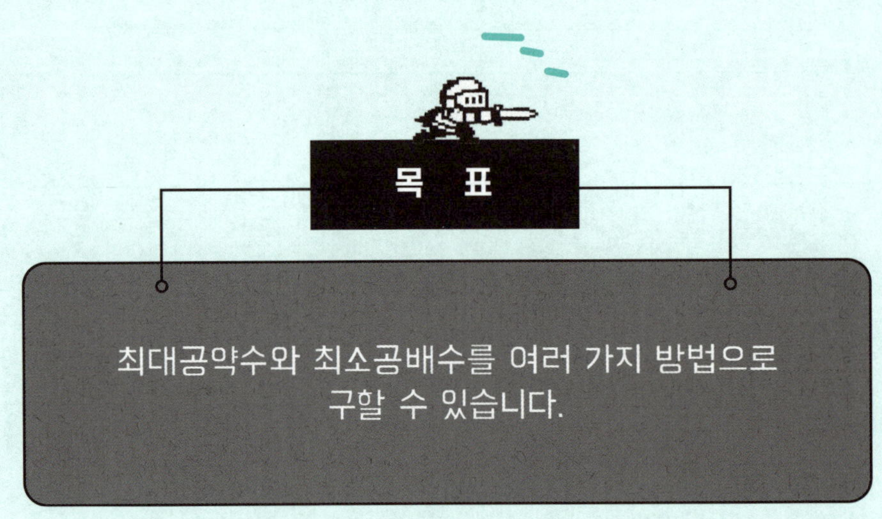

보기

● **최대공약수를 구하는 방법**

**방법 1** 소인수분해 이용하기

1) 각각의 자연수를 소인수분해 합니다.

2) 공통인 소인수를 모두 곱합니다. 이때 공통인 소인수의 거듭제곱에서 지수가 작거나 같은 것을 택하여 곱합니다.

$$45= \quad 3^2 \times 5$$
$$60=2^2 \times 3^2 \times 5$$
$$(최대공약수)= \quad 3 \times 5 = 15$$

**방법 2** 공약수로 나누기

1) 1이 아닌 공약수로 각 수를 나눕니다.

2) 몫에 1 이외의 공약수가 없을 때까지 계속 나눕니다.

3) 나누어 준 공약수를 모두 곱합니다.

$$\begin{array}{r} 3\,)\underline{\phantom{0}45 \quad\quad 60} \\ 5\,)\underline{\phantom{0}15 \quad\quad 20} \\ 3 \quad\quad\ 4 \end{array}$$

$(최대공약수)=3 \times 5 = 15$

● **최소공배수를 구하는 방법**

**방법 1** 소인수분해 이용하기

1) 각각의 자연수를 소인수분해 합니다.

2) 소인수를 모두 곱합니다. 이때 공통인 소인수의 거듭제곱에서 지수가 크거나 같은 것을 택하고 공통이 아닌 소인수의 거듭제곱도 모두 택하여 곱합니다.

$$45 = \quad 3^2 \times 5$$
$$60 = 2^2 \times 3 \times 5$$
$$(\text{최소공배수}) = 2^2 \times 3^2 \times 5 = 180$$

**방법 2** 공약수로 나누기

1) 1이 아닌 공약수로 각 수를 나눕니다.

2) 몫에 1 이외의 공약수가 없을 때까지 계속 나눕니다.

3) 나누어 준 공약수와 마지막 몫을 모두 곱합니다.

$$\begin{array}{r|cc} 3 & 45 & 60 \\ 5 & 15 & 20 \\ \hline & 3 & 4 \end{array}$$

$$(\text{최소공배수}) = 3 \times 5 \times 3 \times 4 = 180$$

**1** 주어진 수의 최대공약수와 최소공배수를 소인수의 곱으로 나타내세요.

$$2^2 \times 3^5$$
$$2^3 \times 3$$

(최대공약수)=

(최소공배수)=

$$3^4 \times 5$$
$$3^2 \times 5^3$$

(최대공약수)=

(최소공배수)=

$$2 \times 7^4$$
$$2^4 \times 7^3$$

(최대공약수)=

(최소공배수)=

$$5^5 \times 7^2$$
$$5^4 \times 7^6$$

(최대공약수)=

(최소공배수)=

$$2^5 \times 3^2 \times 5^6$$
$$2^4 \times 3^3 \times 5^2$$

(최대공약수)=

(최소공배수)=

$$2^2 \times 5^2 \times 7^4$$
$$2^5 \times 5 \times 7^3$$

(최대공약수)=

(최소공배수)=

$$2^3 \times 3^3$$
$$2^4 \times 3^2 \times 13$$

(최대공약수)=

(최소공배수)=

$$3 \times 7^4 \times 11^5$$
$$3^3 \times 7^2 \times 11$$

(최대공약수)=

(최소공배수)=

**2** 소인수분해를 이용하여 두 수의 최대공약수와 최소공배수를 구하세요.



$$12=2^2\times3$$
$$30=2\times3\times5$$

(최대공약수)$=2\times3\quad=6$

(최소공배수)$=2^2\times3\times5=60$

$(10, 15)$

$$10=$$
$$15=$$

(최대공약수)$=$

(최소공배수)$=$

$(9, 12)$

$$9=$$
$$12=$$

(최대공약수)$=$

(최소공배수)$=$

$(20, 16)$

$$20=$$
$$16=$$

(최대공약수)$=$

(최소공배수)$=$

$(60, 24)$

$$60=$$
$$24=$$

(최대공약수)$=$

(최소공배수)$=$

$(75, 90)$

$$75=$$
$$90=$$

(최대공약수)$=$

(최소공배수)$=$

$(42, 140)$

$$42=$$
$$140=$$

(최대공약수)$=$

(최소공배수)$=$

(63, 70)

$$63=$$
$$70=$$

(최대공약수)=

(최소공배수)=

(8, 20)

$$8=$$
$$20=$$

(최대공약수)=

(최소공배수)=

(25, 45)

$$25=$$
$$45=$$

(최대공약수)=

(최소공배수)=

(30, 18)

$$30=$$
$$18=$$

(최대공약수)=

(최소공배수)=

(36, 20)

$$36=$$
$$20=$$

(최대공약수)=

(최소공배수)=

(70, 84)

$$70=$$
$$84=$$

(최대공약수)=

(최소공배수)=

(24, 56)

$$24=$$
$$56=$$

(최대공약수)=

(최소공배수)=

(48, 30)

$$48=$$
$$30=$$

(최대공약수)=

(최소공배수)=

**3** 공약수를 이용하여 두 수의 최대공약수와 최소공배수를 구하세요.

> • 보기 •
>
> $$
> \begin{array}{r|cc}
> 2 & 12 & 18 \\
> 3 & 6 & 9 \\
> \hline
>   & 2 & 3
> \end{array}
> $$
>
> (최대공약수)=2×3=6
> (최소공배수)=2×3×2×3=36

$$
\begin{array}{r|cc}
 & 6 & 10
\end{array}
$$

(최대공약수)=
(최소공배수)=

$$
\begin{array}{r|cc}
 & 8 & 12
\end{array}
$$

(최대공약수)=
(최소공배수)=

$$
\begin{array}{r|cc}
 & 16 & 18
\end{array}
$$

(최대공약수)=
(최소공배수)=

$$
\begin{array}{r|cc}
 & 24 & 32
\end{array}
$$

(최대공약수)=
(최소공배수)=

$$
\begin{array}{r|cc}
 & 9 & 15
\end{array}
$$

(최대공약수)=
(최소공배수)=

$$
\begin{array}{r|cc}
 & 35 & 49
\end{array}
$$

(최대공약수)=
(최소공배수)=

$)\ 45\quad 60$

(최대공약수)=
(최소공배수)=

$)\ 36\quad 42$

(최대공약수)=
(최소공배수)=

$)\ 48\quad 80$

(최대공약수)=
(최소공배수)=

$)\ 50\quad 55$

(최대공약수)=
(최소공배수)=

$)\ 66\quad 88$

(최대공약수)=
(최소공배수)=

$)\ 84\quad 105$

(최대공약수)=
(최소공배수)=

$)\ 75\quad 100$

(최대공약수)=
(최소공배수)=

$)\ 128\quad 112$

(최대공약수)=
(최소공배수)=

| 체크 항목 | 잘했어요 | 조금 더 연습이 필요해요 | 도움이 필요해요 |
| --- | --- | --- | --- |
| 1 1번 문제의 정답률이 90% 이상인가요? | ○ | ○ | ○ |
| 2 2번 문제의 정답률이 90% 이상인가요? | ○ | ○ | ○ |
| 3 3번 문제의 정답률이 90% 이상인가요? | ○ | ○ | ○ |

1 이번 미션에서 가장 자신 있었던 문제는 무엇인가요? 그 문제를 어떻게 정확하게 풀었는지 쓰세요.

2 이번 미션에서 가장 어려웠던 문제는 무엇인가요? 어떤 부분에서 헷갈렸는지 또는 실수했는지 쓰세요.

3 다음에는 어떻게 하면 더 잘할 수 있을까요? 실천할 수 있는 방법을 하나만 쓰세요.

**1** 약수와 배수가 무엇인지 쓰세요.

약수 : _______________________________________________

배수 : _______________________________________________

**2** 자연수 가운데 모든 수의 약수가 되는 수는 무엇일까요?

**3** 75를 어떤 수로 나누었을 때 나누어떨어지게 하는 수를 모두 구하세요.

**4** 자연수는 짝수와 홀수로 분류할 수도 있고, 1, 소수와 합성수로 분류할 수 있습니다. 짝수와 홀수, 소수와 합성수가 무엇인지 쓰고 각각의 예를 5개씩 적으세요.

| | 뜻 | 예 |
|---|---|---|
| 짝수 | | |
| 홀수 | | |
| 소수 | | |
| 합성수 | | |

**5** 홀수를 순서대로 나열했을 때 23번째 수는 무엇일까요?


**6** 다음을 만족하는 수를 구하세요.

> · 100 이상 300 이하의 짝수입니다.
>
> · 숫자 5가 반드시 들어갑니다.
>
> · 각 자리 숫자의 합이 7입니다.


**7** 짝수이고 소수인 수는 몇 개일까요?


**8** 다음 중 소수를 고르세요.

① 111　　　② 121　　　③ 131　　　④ 141　　　⑤ 161


**9** 30보다 크고 40보다 작은 자연수 중 소수의 개수를 □, 40보다 크고 50보다 작은 자연수 가운데 합성수의 개수를 ☆라 할 때 □+☆의 값을 구하세요.

**10** 어떤 수의 배수는 45입니다. 어떤 수를 모두 적으세요.

**11** [㉠]은 ㉠의 약수의 개수를 나타냅니다. 예를 들어 6의 약수는 1, 2, 3, 6이므로 [6]=4로 나타낼 수 있습니다. 다음을 계산하세요.

$$[50]+[32]-[60]\div[9]$$

**12** 112를 소인수분해 하세요.

**13** $243\times49=3^{\square}\times7^{\star}$일 때, 자연수 $\square$와 $\star$에 대하여 $\square+\star$의 값을 구하세요.

**14** 48의 약수의 개수를 구하세요.


**15** 36과 84의 공약수 가운데 2의 배수를 모두 구하세요.


**16** 다음 물음에 답하세요.

1) 두 수 이상의 공약수 가운데 가장 큰 수는 최대공약수입니다. 두 수의 공약수 가운데 가장 작은 수는 최소공약수입니다. 왜 최소공약수는 생각하지 않을까요?


2) 두 수 이상의 공배수 가운데 가장 작은 수는 최소공배수입니다. 두 수 이상의 공배수 가운데 가장 큰 수는 최대공배수입니다. 왜 최대공배수는 생각하지 않을까요?

**17** 어떤 두 수의 최소공배수가 9일 때, 두 수의 공배수를 가장 작은 수부터 5개 쓰세요.

**18** 다음 조건을 만족하는 자연수를 구하세요.

> - 180과 270의 공약수
> - 3과 5의 공배수
> - 약수의 개수는 6개

**19** 두 수 ①과 ②의 최대공약수가 15일 때, ①, ②, ③, ④, ⑤에 알맞은 수를 각각 적으세요.

$$
\begin{array}{r}
③\,)\ \underline{\ ①\quad ②\ } \\[2pt]
④\,)\ \underline{\ ⑤\quad 6\ } \\[2pt]
1\quad 2
\end{array}
$$

①　　　②　　　③　　　④　　　⑤

**20** 어떤 수를 4로 나누어도 나머지가 2이고, 6으로 나누어도 나머지가 2입니다. 어떤 수 가운데 가장 작은 수를 구하세요.

**1** 어떤 수는 6의 배수입니다. 어떤 수의 약수를 모두 더하면 39가 됩니다. 어떤 수를 구하세요.

**2** 30부터 70까지의 수 가운데 5의 배수이면서 7의 배수인 수를 모두 적으세요.

**3** 지연이는 귤 24개를 2명 이상의 친구들에게 남김없이 똑같이 나누어 주려고 합니다. 귤을 나누어 줄 수 있는 친구의 수를 모두 적으세요.

**4** 80의 약수이면서 홀수를 모두 적으세요.

**5** 합이 36인 연속된 두 홀수가 있습니다. 두 수를 구하세요.

**6** 10보다 크고 20보다 작은 수 가운데 짝수의 합과 홀수의 합의 차를 구하세요.

**7** 다음 설명 중 옳지 <u>않은</u> 것을 모두 고르세요.

> ㄱ 1은 모든 자연수의 약수입니다.
>
> ㄴ 모든 소수는 홀수입니다.
>
> ㄷ 소수는 약수를 2개만 가집니다.
>
> ㄹ 47은 소수입니다.
>
> ㅁ 1은 소수가 아닙니다.
>
> ㅂ 합성수는 약수를 3개만 가집니다.
>
> ㅅ 자연수는 소수와 합성수로 분류할 수 있습니다.

**8** 100 이하의 자연수 가운데 약수의 개수가 3인 자연수를 적으세요.

**9** □ 안에 알맞은 수를 적으세요.

$1L=10^{\square}mL \rightarrow \boxed{\phantom{00}}$　　　　$10kg=10^{\square}g \rightarrow \boxed{\phantom{00}}$　　　　$1m=10^{\square}cm \rightarrow \boxed{\phantom{00}}$

$100cm=10^{\square}mm \rightarrow \boxed{\phantom{00}}$　　　　$1km=10^{\square}cm \rightarrow \boxed{\phantom{00}}$

**10** $3^2 \times 5^3$의 약수 가운데 세 번째로 큰 수를 구하세요.


**11** 어떤 두 수의 최대공약수가 25일 때, 두 수의 공약수를 모두 구하세요.


**12** 20과 30 사이의 수 가운데 12와 서로소인 수를 모두 적으세요.


**13** 주어진 수의 최대공약수와 최소공배수를 소인수의 곱 형태로 적으세요.

1) $2^2 \times 5$, $2 \times 5^4$

최대공약수 = ☐ × ☐
최소공배수 = ☐ × ☐

2) $2 \times 3^6 \times 5^2$, $3^2 \times 5^3 \times 7$

최대공약수 = ☐ × ☐
최소공배수 = ☐ × ☐ × ☐ × ☐

3) $5^4 \times 7^4 \times 11$, $3 \times 5^2 \times 11^2$

최대공약수 = ☐ × ☐
최소공배수 = ☐ × ☐ × ☐ × ☐

4) $2^4 \times 3^2 \times 17$, $2^3 \times 3 \times 5$

최대공약수 = ☐ × ☐
최소공배수 = ☐ × ☐ × ☐ × ☐

5) $5^{13}\times11,\ 5^{11}\times11^{5}$

최대공약수 = ☐ × ☐

최소공배수 = ☐ × ☐

6) $2\times3^{3}\times5,\ 2^{3}\times5\times7^{2}$

최대공약수 = ☐ × ☐

최소공배수 = ☐ × ☐ × ☐ × ☐

**14** ㉠과 ㉡의 최대공약수가 30일 때 ㉠, ㉡, ㉢, ㉣, ㉤, ㉥, ㉦을 구하세요.

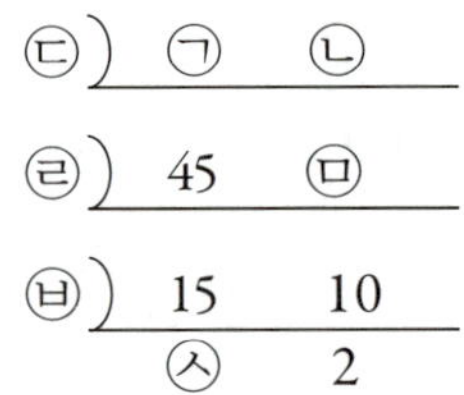

㉠          ㉡          ㉢          ㉣          ㉤          ㉥          ㉦

**15** 가로의 길이가 80cm, 세로의 길이가 64cm인 직사각형 종이가 있습니다. 이 종이를 크기가 같은 정사각형으로 남는 부분 없이 자르려고 합니다. 가장 큰 정사각형 모양으로 자르려면 한 변의 길이를 몇 cm로 해야 할까요?

**16** 어떤 두 수의 최대공약수는 6이고 최소공배수는 108입니다. 한 수가 12일 때 다른 한 수를 구하세요.

**17** 쿠키 40개, 주스 64잔을 최대한 많은 사람에게 남김없이 똑같이 나누어 주려고 합니다. 최대 몇 명까지 나누어 줄 수 있나요?

**18** 민아와 세진이는 집 근처에 있는 공원 둘레를 일정한 빠르기로 걷고 있습니다. 민아는 6분마다, 세진이는 9분마다 공원 둘레를 한 바퀴 돕니다. 두 사람이 출발점에서 같은 방향으로 동시에 출발한다면, 출발 후 1시간 동안 출발점에서 몇 번을 다시 만나는지 구하세요.

**19** 63이 $3^\square \times 5^\star \times 7^\triangle$의 약수일 때, 자연수 $\square$, $\star$, $\triangle$ 가운데 가장 작은 값을 각각 구하세요.

**20** 43을 어떤 수로 나누었더니 나머지가 1이고, 57을 같은 수로 나누었더니 나머지가 3입니다. 나눈 수 가운데 가장 큰 수를 구하세요.

우리 생활 속에서 최대공약수와 최소공배수가 사용될 수 있는 상황을 떠올리세요.
떠올린 상황을 문제로 만들고 풀어 보세요.

**1** 어떤 상황인가요?
예) 지유가 4일마다 수영을 하고, 6일마다 줄넘기를 하는 운동 일정

**2** 어떤 수학 개념을 쓸 수 있나요?
예) 최소공배수

☐ 최대공약수　　☐ 최소공배수

**3** 문제로 만드세요.
예) 지유는 4일마다 수영을 하고, 6일마다 줄넘기를 합니다. 두 운동을 처음으로 같은 날 하게 되는 것은 며칠 후인지 구하세요.

**4** 문제에 맞는 계산식과 정답을 적으세요.

예) 수영과 줄넘기를 같이 하는 날은 4와 6의 최소공배수입니다. $4=2^2$, $6=2\times3$이므로 4와 6의 최소공배수는 $2^2\times3=12$입니다. 따라서 12일 후 수영과 줄넘기를 같이 합니다.

**5** 친구에게 이 문제를 설명할 수 있나요?

☐ 예　　　　　☐ 아니오

# 자연수란 무엇이고, 왜 생겼을까?

자연수는 물건의 개수를 세거나 순서를 나타낼 때 쓰는 수예요. 우리가 잘 아는 1, 2, 3, 4, 5, …… 들이 자연수랍니다. 자연수는 끝없이 계속 이어지기 때문에 '무한히 이어지는 수의 모임(집합)'이라고 부르기도 해요.

## 자연수는 어떻게 생겨났을까?

아주 오래전 사람들은 가축을 기르고, 나무 열매를 따고, 음식을 나누어 먹으며 살았어요. 이때 가축이 몇 마리지? 나무 열매가 몇 개지? 나누어 먹어야 할 사람 수는 몇 명이지? 같은 생각을 하게 되었고, 수를 셀 필요가 생겼죠. 그래서 사람들은 어떤 대상이나 물건을 세기 위해 자연수를 만들어 사용하기 시작했어요.

## 왜 자연수는 0이 아닌 1부터 시작할까?

여러분이 만약 원시인이었다면 가축이 없을 때는 굳이 세지 않았을 거예요. 아무것도 없으면 셀 이유가 없으니까요. 자연수는 무언가 있는 것을 셀 때 사용하는 수이므로 적어도 하나는 있어야 해요. 그래서 0이 아니라 1부터 시작하는 거예요. 가축이 한 마리 있으면 1, 그 옆에 한 마리가 있으면 2, 또 한 마리가 더 있으면 3, …… 이런 식으로 수는 자연스럽게 늘어났어요. 이렇게 1, 2, 3, …… 이라는 수가 만들어지는 과정이 아주 자연스러웠기 때문에 이 수들의 집합을 '자연수'라고 부르게 되었답니다.
실제로 아프리카 남부에서 발견된 레봄보 뼈에는 원시인들이 숫자를 새긴 흔적이 남아 있어요. 아주 오래전부터 사람들이 수를 사용했다는 증거지요.

이탈리아 수학자 주세페 페아노(1858~1932)는 자연수를 더 엄밀하게 정리했어요. 이를 '페아노 공리계'라고 해요. 공리axiom란 증명하지 않아도 옳다고 전제하는 자명한 진리이자 다른 명제들을 증명하는 데 전제가 되는 원리입니다. 쉽게 말해 공리란 설명하지 않아도 모두가 당연하다고 받아들이는 약속이에요.

페아노는 자연수를 다음과 같이 정리했어요.

① 1은 자연수이다.
② 어떤 자연수가 있다면 그다음 자연수는 꼭 하나 있다.
③ 어떤 자연수의 다음 수가 1이 될 수는 없다.
④ 서로 다른 수는 서로 다른 다음 수를 가진다.
⑤ 1에서 시작해 다음 수를 계속 만들 수 있다.

5개의 공리를 보면 자연수는 1부터 시작해 규칙적으로 끝없이 이어진다는 것을 알 수 있어요. 그래서 자연수는 수학에서 가장 기본이 되는 아주 중요한 수입니다.

# 소수는 어디에 활용될까?

소수는 수학 문제에만 나오는 특별한 수가 아니에요. 우리가 매일 사용하는 각종 비밀번호나 주민등록번호 등을 안전하게 지키는 데에도 소수가 쓰입니다. 바로 암호화 기술 덕분이에요. 비밀번호 같은 개인정보가 다른 사람에게 새지 않도록 컴퓨터에서는 정보를 암호로 바꾸는 기술을 사용해요. 이를 암호 시스템이라고 해요. 그중 가장 널리 사용되는 방식이 RSA예요. RSA는 정보를 암호화할 수 있을 뿐만 아니라, 전자서명도 할 수 있도록 개발된 최초의 암호 기술이지요.

RSA는 로널드 라이베스트Ronald Rivest, 아디 샤미르Adi Shamir, 레오나르드 애들먼 Leonard Adleman 세 사람이 만든 공개 키 암호 시스템이에요. RSA도 이 세 사람의 이름에서 각 첫 글자를 따서 만들었어요.

RSA 암호는 2개의 아주 큰 소수를 곱해 만든 수를 기반으로 해요. 큰 수를 소인수분해 하는 건 매우 어려워서 정보가 쉽게 풀리지 않아 매우 안전한 암호가 될 수 있어요. 이렇게 소수를 이용한 암호는 과거에는 주로 전쟁에서 기밀을 지킬 때 사용했고, 요즘에는 금융거래, 신용카드, 신분을 확인할 때 널리 쓰이고 있어요. 현재 암호는 2만 자리가 넘는 아주 큰 수를 사용할 만큼 기술이 발전했습니다.

그래서 전 세계의 과학자들은 더 큰 소수를 찾으려고 컴퓨터 수십 대를 연결해 계속 계산하고 있어요. 단순한 연구를 넘어 요즘에는 누가 더 큰 소수를 찾느냐가 수학자들의 스포츠처럼 여겨지기도 해요. 우리가 온라인 쇼핑을 하거나 주민등록번호와 신용카드를 안심하고 사용할 수 있는 건 이 '소수의 힘' 덕분이랍니다.

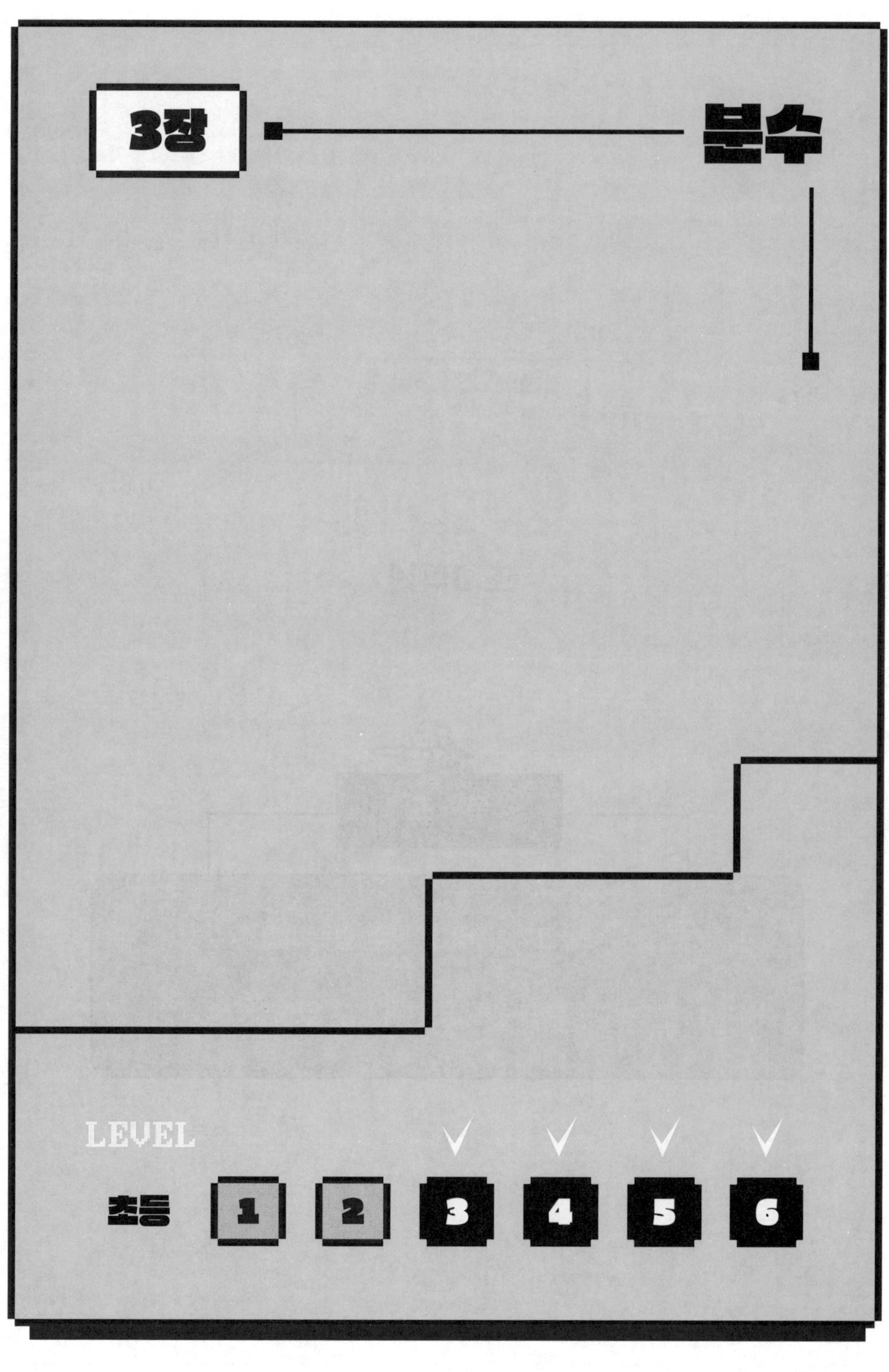

3장
분수
LEVEL
초등
1
2
3
4
5
6

# 분수의 이해

## 초 3학년

목 표

분수의 크기를 비교할 수 있습니다.

분수의 종류를 알고, 분류할 수 있습니다.

**1** 다음 물음에 답하세요.

1) 보기와 같이 주어진 분수 크기만큼 띠에 색칠하고 읽어 보세요. 그리고 각 분수에는 $\dfrac{1}{11}$이 몇 개인지 적으세요. 단 전체 길이는 모두 같습니다.

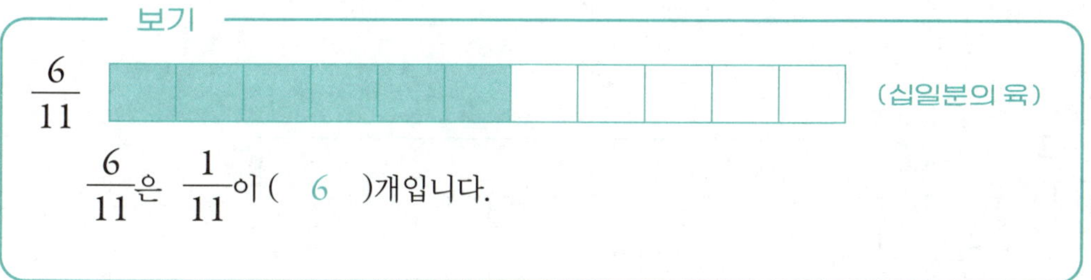


$\dfrac{6}{11}$은 $\dfrac{1}{11}$이 ( 6 )개입니다.

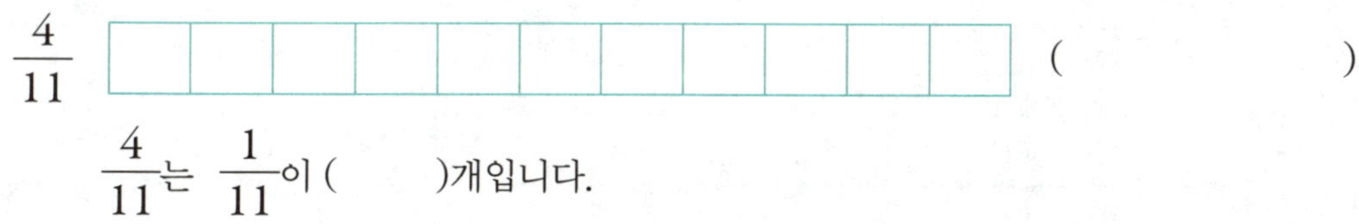

$\dfrac{4}{11}$ ( )

$\dfrac{4}{11}$는 $\dfrac{1}{11}$이 ( )개입니다.

$\dfrac{10}{11}$ ( )

$\dfrac{10}{11}$은 $\dfrac{1}{11}$이 ( )개입니다.

$\dfrac{5}{11}$ 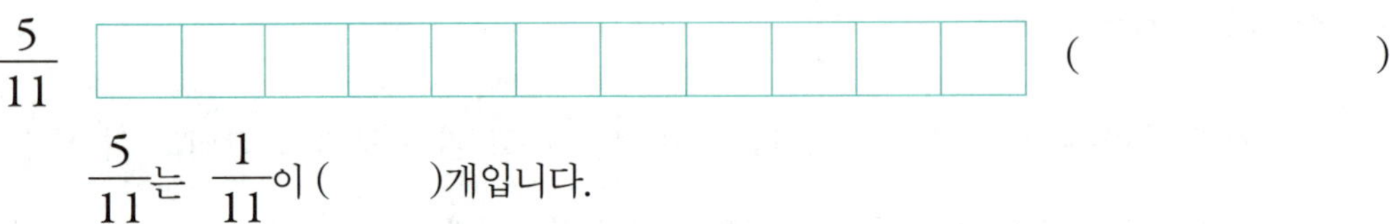 (　　　　　　)

$\dfrac{5}{11}$는 $\dfrac{1}{11}$이 (　　　)개입니다.

$\dfrac{2}{11}$ (　　　　　　)

$\dfrac{2}{11}$는 $\dfrac{1}{11}$이 (　　　)개입니다.

$\dfrac{9}{11}$ (　　　　　　)

$\dfrac{9}{11}$는 $\dfrac{1}{11}$이 (　　　)개입니다.

2) $\dfrac{6}{11}$, $\dfrac{4}{11}$, $\dfrac{10}{11}$, $\dfrac{5}{11}$, $\dfrac{2}{11}$, $\dfrac{9}{11}$ 중 가장 큰 분수와 가장 작은 분수를 적으세요.

가장 큰 분수 :

가장 작은 분수 :

**2** 다음 물음에 답하세요.

1) 주어진 분수 크기만큼 띠에 색칠하고 읽어 보세요. 단 전체 길이는 모두 같습니다.

$\dfrac{1}{2}$  (　　　　　)

$\dfrac{1}{4}$  (　　　　　)

$\dfrac{1}{6}$ (　　　　　)

$\dfrac{1}{8}$ (　　　　　)

$\dfrac{1}{10}$ (　　　　　)

2) $\dfrac{1}{2}$ , $\dfrac{1}{4}$ , $\dfrac{1}{6}$ , $\dfrac{1}{8}$ , $\dfrac{1}{10}$ 의 크기를 비교해 보세요.

$$\dfrac{1}{\square} < \dfrac{1}{\square} < \dfrac{1}{\square} < \dfrac{1}{\square} < \dfrac{1}{\square}$$

3) 주어진 분수 크기만큼 띠에 색칠하고 읽어 보세요. 단 전체 길이는 모두 같습니다.

$\dfrac{1}{2}$ (                    )

$\dfrac{2}{4}$ (                    )

$\dfrac{3}{6}$ (                    )

$\dfrac{4}{8}$ (                    )

$\dfrac{5}{10}$ (                    )

**3** 색칠한 부분을 분수로 나타내세요.

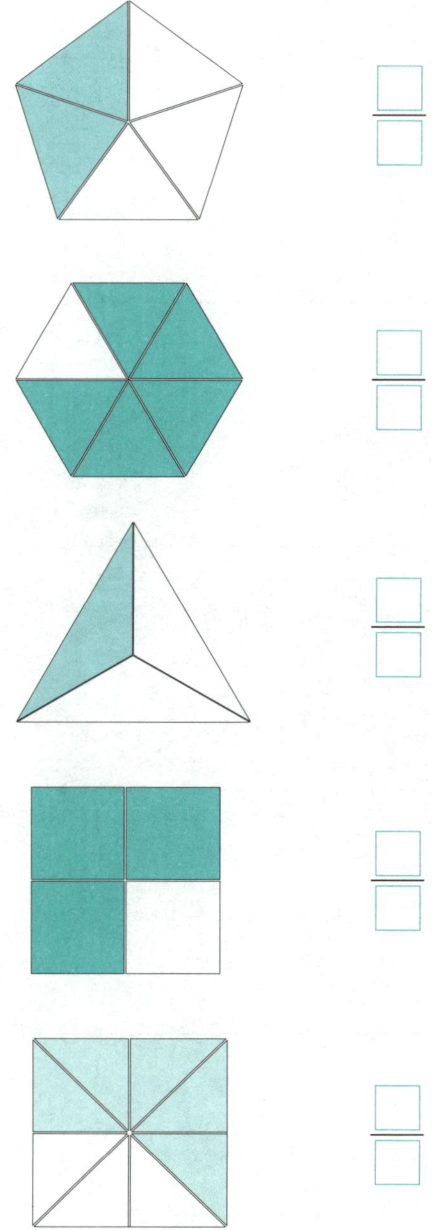

**4** □ 안에 알맞은 분수를 적으세요. 단 각 눈금 간격은 모두 같습니다.

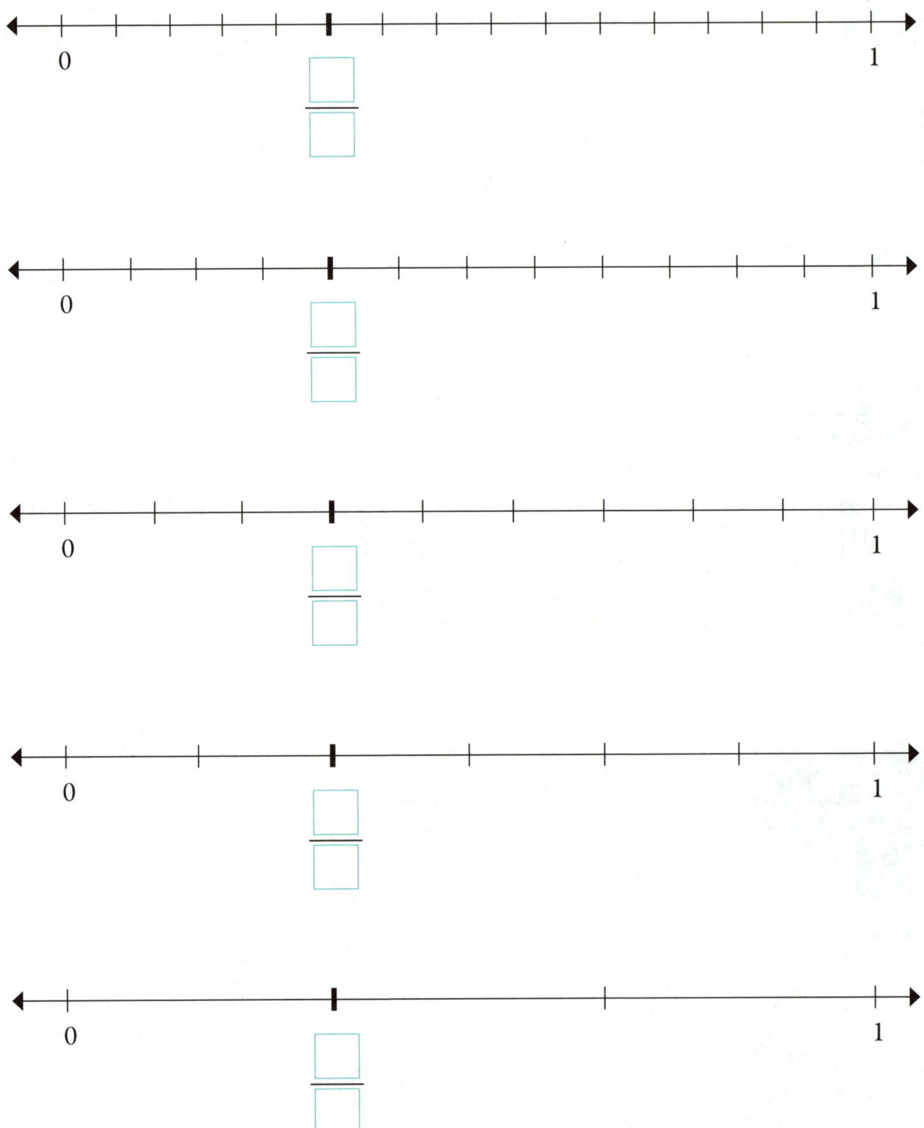

● 보기 ●

● **진분수**

$\dfrac{1}{4}, \dfrac{2}{4}, \dfrac{3}{4}$ 등과 같이 분자가 분모보다 작은 분수입니다.

특히 $\dfrac{1}{2}, \dfrac{1}{3}, \dfrac{1}{4}, \dfrac{1}{5},$ ……과 같이 분자가 1이고 분모는 양의 정수인 분수를 단위분수라고 합니다. 단위분수는 분모가 작을수록 더 커집니다.

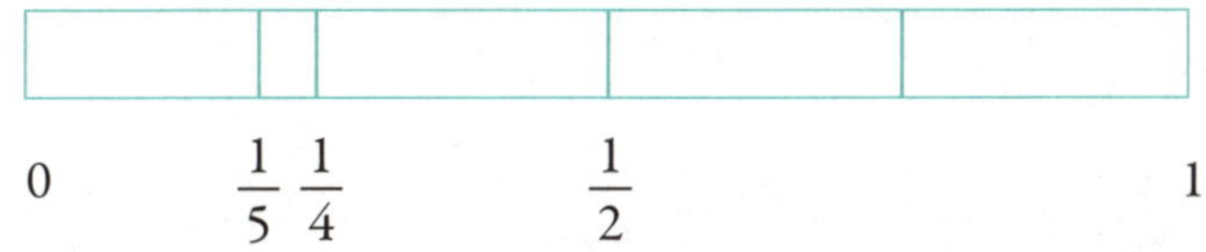

● **가분수**

$\dfrac{4}{4}, \dfrac{5}{4}, \dfrac{6}{4}$ 과 같이 분자와 분모가 같거나 분자가 분모보다 큰 분수입니다.

이때 $\dfrac{4}{4}$ 는 1과 같습니다.

● **대분수**

$1\dfrac{4}{5}=1+\dfrac{4}{5}$ 와 같이 정수와 진분수가 더해진 꼴로 나타낸 분수입니다.

**5** 다음 분수를 진분수, 가분수, 대분수로 분류하세요.

$$\frac{8}{17}, \quad 2\frac{3}{4}, \quad \frac{11}{9}, \quad \frac{7}{10}, \quad 6\frac{5}{6}, \quad \frac{27}{26}, \quad 13\frac{4}{7}, \quad \frac{31}{13}, \quad \frac{6}{19}$$

진분수 :

가분수 :

대분수 :

**6** 가분수는 대분수로, 대분수는 가분수로 나타내세요.

$\dfrac{23}{7}$ (　　　　　)　　　　　　$4\dfrac{7}{9}$ (　　　　　)

$\dfrac{25}{8}$ (　　　　　)　　　　　　$6\dfrac{9}{10}$ (　　　　　)

$\dfrac{68}{11}$ (　　　　　)　　　　　　$3\dfrac{4}{7}$ (　　　　　)

**7** 다음 카드 3장 중 2장을 골라 만들 수 있는 진분수와 가분수를 모두 적으세요.

3　4　5

진분수 :

가분수 :

**8** 다음 분수를 수직선에 나타내세요.

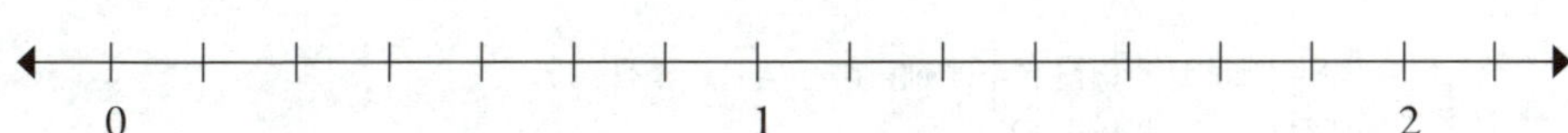

$$\frac{1}{7} , \quad 1\frac{3}{7} , \quad \frac{10}{7} , \quad \frac{5}{7} , \quad \frac{13}{7}$$

0　　　　　　　　1　　　　　　　　2

**9** 분수의 크기를 비교하여 >, =, < 가운데 알맞은 기호를 적으세요.

$\dfrac{7}{5} \bigcirc \dfrac{8}{5}$　　　　　　　　$3\dfrac{1}{11} \bigcirc 2\dfrac{10}{11}$

$\dfrac{17}{8} \bigcirc 2\dfrac{1}{8}$　　　　　　　　$3\dfrac{2}{9} \bigcirc \dfrac{30}{9}$

| | 체크 항목 | 잘했어요 | 조금 더 연습이 필요해요 | 도움이 필요해요 |
|---|---|---|---|---|
| 1 | 1번 문제의 정답률이 100%인가요? | ○ | ○ | ○ |
| 2 | 2번 문제의 정답률이 100%인가요? | ○ | ○ | ○ |
| 3 | 3번 문제의 정답률이 100%인가요? | ○ | ○ | ○ |
| 4 | 4번 문제의 정답률이 100%인가요? | ○ | ○ | ○ |
| 5 | 5번 문제의 정답률이 100%인가요? | ○ | ○ | ○ |
| 6 | 6번 문제의 정답률이 100%인가요? | ○ | ○ | ○ |
| 7 | 7번 문제에서 진분수와 가분수를 모두 만들었나요? | ○ | ○ | ○ |
| 8 | 8번 문제에서 주어진 분수에 해당하는 위치를 수직선 위에 정확하게 나타냈나요? | ○ | ○ | ○ |
| 9 | 9번 문제의 정답률이 100%인가요? | ○ | ○ | ○ |

1 이번 미션에서 가장 자신 있었던 문제는 무엇인가요? 그 문제를 어떻게 정확하게 풀었는지 쓰세요.

_______________________________________________

_______________________________________________

2 이번 미션에서 가장 어려웠던 문제는 무엇인가요? 어떤 부분에서 헷갈렸는지 또는 실수했는지 쓰세요.

_______________________________________________

_______________________________________________

3 다음에는 어떻게 하면 더 잘할 수 있을까요? 실천할 수 있는 방법을 하나만 쓰세요.

_______________________________________________

_______________________________________________

# 분모가 같은 분수의 덧셈과 뺄셈
## 초 4학년

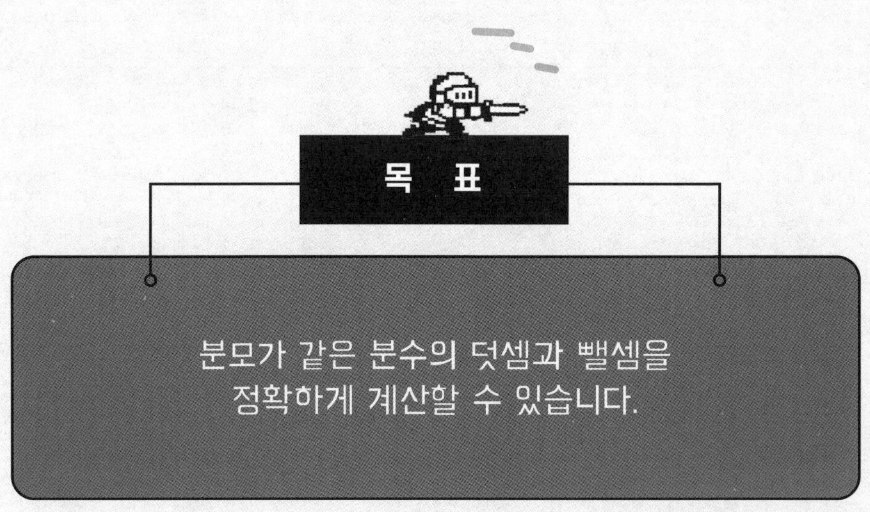

**보기**

● **분모가 같은 두 진분수의 덧셈**

예) $\dfrac{1}{4} + \dfrac{2}{4} = \dfrac{1+2}{4} = \dfrac{3}{4}$

$\dfrac{1}{4}, \dfrac{2}{4}, \dfrac{3}{4}$ 이해하기

**방법 1** 영역을 나누어 생각합니다.

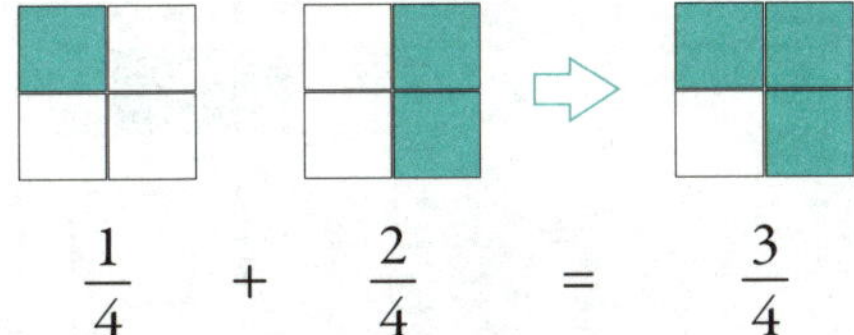

$\dfrac{1}{4}$ + $\dfrac{2}{4}$ = $\dfrac{3}{4}$

**방법 2** 수직선을 통해 길이로 구분합니다.

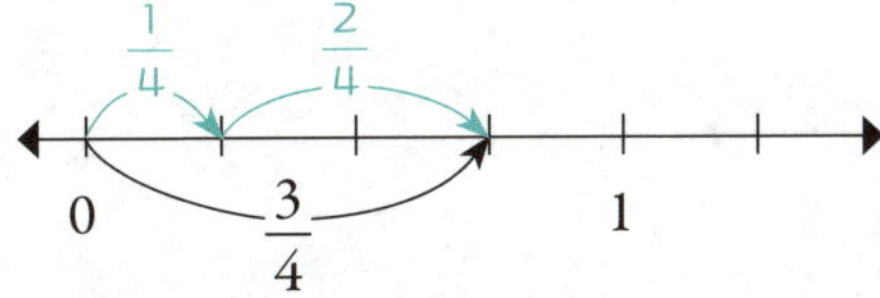

## ● 분모가 같은 두 진분수의 뺄셈

예) $\dfrac{4}{5} - \dfrac{2}{5} = \dfrac{4-2}{5} = \dfrac{2}{5}$

$\dfrac{4}{5} - \dfrac{2}{5} = \dfrac{2}{5}$ 이해하기

**방법 1** 영역을 나누어 생각합니다.

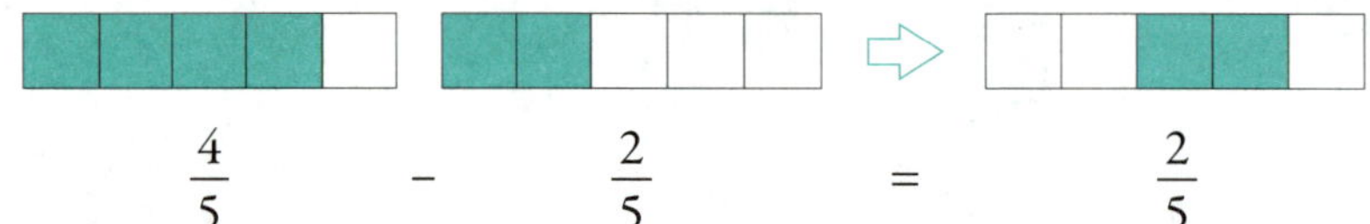


**방법 2** 수직선을 통해 길이로 구분합니다.

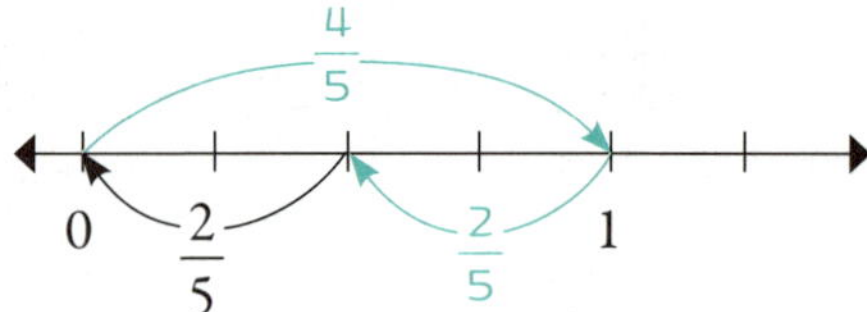


## ● 1과 진분수의 뺄셈

예) $1 - \dfrac{2}{7} = \dfrac{7}{7} - \dfrac{2}{7} = \dfrac{5}{7}$

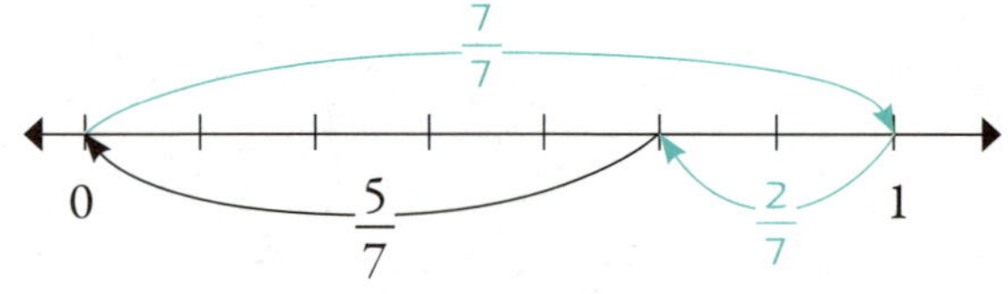

**1** 다음을 계산하세요. 계산값이 가분수이면 대분수로 적으세요.

$\dfrac{1}{5} + \dfrac{3}{5} =$ $\qquad$ $\dfrac{3}{8} + \dfrac{2}{8} =$ $\qquad$ $\dfrac{2}{7} + \dfrac{4}{7} =$

$\dfrac{5}{9} + \dfrac{2}{9} =$ $\qquad$ $\dfrac{7}{13} + \dfrac{9}{13} =$ $\qquad$ $\dfrac{5}{14} + \dfrac{6}{14} =$

$\dfrac{6}{11} + \dfrac{3}{11} =$ $\qquad$ $\dfrac{7}{17} + \dfrac{9}{17} =$ $\qquad$ $\dfrac{24}{43} + \dfrac{17}{43} =$

$\dfrac{15}{19} + \dfrac{13}{19} =$ $\qquad$ $\dfrac{5}{13} + \dfrac{8}{13} =$ $\qquad$ $\dfrac{12}{23} + \dfrac{17}{23} =$

$\dfrac{8}{25} + \dfrac{11}{25} =$ $\qquad$ $\dfrac{16}{31} + \dfrac{20}{31} =$ $\qquad$ $\dfrac{21}{29} + \dfrac{15}{29} =$

$\dfrac{7}{15} + \dfrac{4}{15} =$ $\qquad$ $\dfrac{16}{33} + \dfrac{9}{33} =$ $\qquad$ $\dfrac{14}{37} + \dfrac{17}{37} =$

$\dfrac{8}{35} + \dfrac{19}{35} =$ $\qquad$ $\dfrac{29}{77} + \dfrac{36}{77} =$ $\qquad$ $\dfrac{28}{43} + \dfrac{17}{43} =$



걸린 시간 __________ 분 틀린 개수 __________ 개

**2** 다음을 계산하세요.

$$\frac{5}{6} - \frac{4}{6} = \qquad \frac{6}{8} - \frac{3}{8} = \qquad \frac{6}{7} - \frac{6}{7} =$$

$$\frac{8}{11} - \frac{5}{11} = \qquad \frac{10}{13} - \frac{6}{13} = \qquad \frac{11}{15} - \frac{7}{15} =$$

$$\frac{15}{17} - \frac{12}{17} = \qquad \frac{17}{20} - \frac{6}{20} = \qquad \frac{14}{19} - \frac{8}{19} =$$

$$\frac{23}{27} - \frac{1}{27} = \qquad \frac{23}{31} - \frac{15}{31} = \qquad \frac{13}{25} - \frac{9}{25} =$$

$$\frac{13}{15} - \frac{7}{15} = \qquad \frac{17}{29} - \frac{9}{29} = \qquad \frac{23}{31} - \frac{17}{31} =$$

$$\frac{62}{73} - \frac{48}{73} = \qquad \frac{36}{47} - \frac{17}{47} = \qquad \frac{46}{51} - \frac{29}{51} =$$

$$\frac{11}{21} - \frac{7}{21} = \qquad \frac{62}{73} - \frac{48}{73} = \qquad \frac{53}{67} - \frac{38}{67} =$$



걸린 시간 ________ 분          틀린 개수 ________ 개

**3** 다음을 계산하세요.

$1 - \dfrac{5}{7} =$  $1 - \dfrac{5}{9} =$  $1 - \dfrac{3}{8} =$

$1 - \dfrac{7}{12} =$  $1 - \dfrac{6}{13} =$  $1 - \dfrac{8}{15} =$

$1 - \dfrac{7}{16} =$  $1 - \dfrac{11}{18} =$  $1 - \dfrac{1}{9} =$

$1 - \dfrac{2}{11} =$  $1 - \dfrac{16}{21} =$  $1 - \dfrac{26}{35} =$

$1 - \dfrac{18}{33} =$  $1 - \dfrac{27}{40} =$  $1 - \dfrac{39}{53} =$

$1 - \dfrac{6}{17} =$  $1 - \dfrac{8}{27} =$  $1 - \dfrac{37}{62} =$

$1 - \dfrac{17}{22} =$  $1 - \dfrac{28}{45} =$  $1 - \dfrac{35}{72} =$



걸린 시간 _______ 분    틀린 개수 _______ 개

**보기**

● **분모가 같은 두 대분수의 덧셈**

예) $1\dfrac{2}{3}+2\dfrac{1}{3}$

**방법 1** 자연수는 자연수끼리, 분수는 분수끼리 더하여 계산합니다.

$$1\dfrac{2}{3}+2\dfrac{1}{3}=(1+2)+\left(\dfrac{2}{3}+\dfrac{1}{3}\right)$$
$$=3+\dfrac{3}{3}$$
$$=3+1$$
$$=4$$

$1\dfrac{2}{3}$ 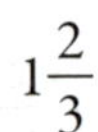

$2\dfrac{1}{3}$ 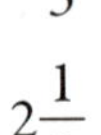

$3\dfrac{3}{3}=4$ 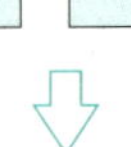

**방법 2** 대분수를 가분수로 나타내어 계산합니다.

$$1\dfrac{2}{3}+2\dfrac{1}{3}=\dfrac{5}{3}+\dfrac{7}{3}$$
$$=\dfrac{12}{3}$$
$$=4$$

$1\dfrac{2}{3}=\dfrac{5}{3}$ 

$2\dfrac{1}{3}=\dfrac{7}{3}$ 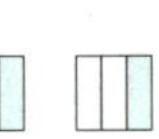

$3\dfrac{3}{3}=4$ 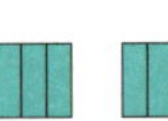

**4** 다음을 계산하세요.

$2\dfrac{1}{7}+3\dfrac{5}{7}=$     $5\dfrac{6}{11}+7\dfrac{8}{11}=$

$4\dfrac{1}{3}+5\dfrac{1}{3}=$     $5\dfrac{2}{5}+1\dfrac{3}{5}=$

$2\dfrac{1}{13}+7\dfrac{9}{13}=$     $6\dfrac{4}{7}+2\dfrac{5}{7}=$

$8\dfrac{2}{7}+9\dfrac{4}{7}=$     $15\dfrac{3}{9}+7\dfrac{5}{9}=$

$10\dfrac{5}{11}+1\dfrac{7}{11}=$     $7\dfrac{15}{23}+14\dfrac{7}{23}=$

$11\dfrac{2}{9}+6\dfrac{5}{9}=$     $4\dfrac{5}{7}+3\dfrac{4}{7}=$

## ● 분모가 같은 두 대분수의 뺄셈

예) $3\dfrac{4}{5} - 2\dfrac{1}{5}$

**방법 1** 자연수는 자연수끼리, 분수는 분수끼리 빼서 계산합니다.

$$3\dfrac{4}{5} - 2\dfrac{1}{5} = (3-2) + \left(\dfrac{4}{5} - \dfrac{1}{5}\right)$$
$$= 1 + \dfrac{3}{5}$$
$$= 1\dfrac{3}{5}$$

$3\dfrac{4}{5}$

$2\dfrac{1}{5}$

$1\dfrac{3}{5}$

**방법 2** 대분수를 가분수로 나타내어 계산합니다.

$$3\dfrac{4}{5} - 2\dfrac{1}{5} = \dfrac{19}{5} - \dfrac{11}{5}$$
$$= \dfrac{8}{5}$$
$$= 1\dfrac{3}{5}$$

$3\dfrac{4}{5} = \dfrac{19}{5}$

$2\dfrac{1}{5} = \dfrac{11}{5}$

$1\dfrac{3}{5}$

$6\dfrac{4}{5}-3\dfrac{2}{5}=$ $\qquad\qquad$ $3\dfrac{8}{9}-1\dfrac{7}{9}=$

$9\dfrac{8}{11}-6\dfrac{3}{11}=$ $\qquad\qquad$ $12\dfrac{5}{7}-8\dfrac{4}{7}=$

$15\dfrac{13}{19}-8\dfrac{7}{19}=$ $\qquad\qquad$ $7\dfrac{11}{15}-2\dfrac{7}{15}=$

$10\dfrac{7}{8}-6\dfrac{4}{8}=$ $\qquad\qquad$ $23\dfrac{7}{11}-18\dfrac{3}{11}=$

$13\dfrac{7}{17}-11\dfrac{5}{17}=$ $\qquad\qquad$ $4\dfrac{5}{13}-2\dfrac{1}{13}=$

$20\dfrac{18}{35}-8\dfrac{9}{35}=$ $\qquad\qquad$ $16\dfrac{32}{51}-11\dfrac{19}{51}=$

---

**보기**

예) $5-2\dfrac{1}{4}$

**방법 1** 자연수에서 1만큼을 가분수로 만들어서 계산합니다.

$$5-2\dfrac{1}{4}=4\dfrac{4}{4}-2\dfrac{1}{4}$$
$$=2\dfrac{3}{4}$$

$5$ 

$2\dfrac{1}{4}$ 

$2\dfrac{3}{4}$ 

**방법 2** 모두 가분수로 만들어서 계산합니다.

$$5-2\dfrac{1}{4}=\dfrac{20}{4}-\dfrac{9}{4}$$
$$=\dfrac{11}{4}$$
$$=2\dfrac{3}{4}$$

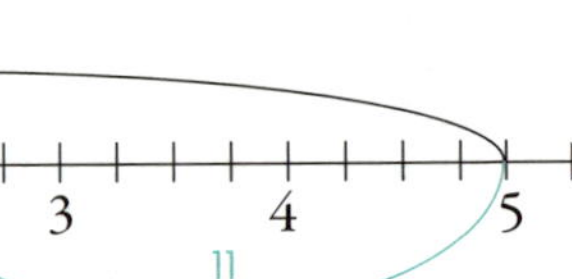

---

**6** 다음을 계산하세요.

$7-2\dfrac{5}{6}=$         $11-2\dfrac{7}{9}=$

$20-12\dfrac{7}{9}=$         $12-7\dfrac{5}{8}=$

$15 - 9\dfrac{6}{11} =$

$8 - 1\dfrac{2}{13} =$

$14 - 7\dfrac{19}{24} =$

$4 - 1\dfrac{5}{7} =$

$8 - 4\dfrac{11}{12} =$

$17 - 10\dfrac{2}{17} =$

$8 - 3\dfrac{7}{10} =$

$9 - 5\dfrac{1}{11} =$

$8 - 5\dfrac{9}{13} =$

$7 - 4\dfrac{5}{8} =$

$6 - 4\dfrac{5}{14} =$

$7 - 3\dfrac{1}{3} =$

| | 체크 항목 | 잘했어요 | 조금 더 연습이 필요해요 | 도움이 필요해요 |
|---|---|---|---|---|
| 1 | 1번 문제를 권장 시간 안에 풀었나요? | ○ | ○ | ○ |
| 2 | 1번 문제의 정답률이 100%인가요? | ○ | ○ | ○ |
| 3 | 2번 문제를 권장 시간 안에 풀었나요? | ○ | ○ | ○ |
| 4 | 2번 문제의 정답률이 100%인가요? | ○ | ○ | ○ |
| 5 | 3번 문제를 권장 시간 안에 풀었나요? | ○ | ○ | ○ |
| 6 | 3번 문제의 정답률이 100%인가요? | ○ | ○ | ○ |
| 7 | 4번 문제의 정답률이 90% 이상인가요? | ○ | ○ | ○ |
| 8 | 5번 문제의 정답률이 90% 이상인가요? | ○ | ○ | ○ |
| 9 | 6번 문제의 정답률이 90% 이상인가요? | ○ | ○ | ○ |

1 이번 미션에서 가장 자신 있었던 문제는 무엇인가요? 그 문제를 어떻게 정확하게 풀었는지 쓰세요.

2 이번 미션에서 가장 어려웠던 문제는 무엇인가요? 어떤 부분에서 헷갈렸는지 또는 실수했는지 쓰세요.

3 다음에는 어떻게 하면 더 잘할 수 있을까요? 실천할 수 있는 방법을 하나만 쓰세요.

# 약분과 통분

## 초 5학년

목 표

분모와 분자에 각각 0이 아닌 같은 수를 곱하거나
나누어도 크기가 같은 분수임을 알 수 있습니다.

두 분수를 통분하고 그 방법을 설명할 수 있습니다.

보기

**● 분모와 분자에 같은 수를 곱하여 크기가 같은 분수 만들기**

분모와 분자에 같은 수를 곱하는 것을 말합니다. 0이 아닌 같은 수를 곱하면 크기가 같은 분수가 됩니다.

$$\frac{1}{2}=\frac{1\times2}{2\times2}=\frac{1\times3}{2\times3}=\frac{1\times4}{2\times4}=\ \cdots\cdots$$

$$\frac{1}{2}=\frac{2}{4}=\frac{3}{6}=\frac{4}{8}=\ \cdots\cdots$$

**● 약분**

분모와 분자를 공약수로 나누어 간단한 분수로 만드는 것을 말합니다. 다음과 같이 약분한 분수의 크기는 모두 같습니다.

$$\frac{18}{24}=\frac{18\div2}{24\div2}=\frac{9}{12},\ \frac{18}{24}=\frac{18\div3}{24\div3}=\frac{6}{8},\ \frac{18}{24}=\frac{18\div6}{24\div6}=\frac{3}{4}$$

$$\frac{18}{24}=\frac{9}{12}=\frac{6}{8}=\frac{3}{4}$$

**● 기약분수**

분모와 분자의 공약수가 1뿐인 분수입니다.

$\dfrac{1}{2},\ \dfrac{3}{4},\ \dfrac{4}{5},\ \dfrac{5}{7},\ \cdots\cdots$와 같이 더 이상 약분할 수 없는 분수를 기약분수라고 합니다.

이 가운데 $\dfrac{1}{2},\ \dfrac{1}{3},\ \dfrac{1}{4},\ \cdots\cdots$과 같이 분자가 1이고 분모는 양의 정수인 분수를 단위분수라고 합니다.

### ● 분수의 성질

분모와 분자에 각각 0이 아닌 같은 수를 곱하면 크기가 같은 분수가 됩니다.

분모와 분자를 각각 0이 아닌 같은 수로 나누면 크기가 같은 분수가 됩니다.

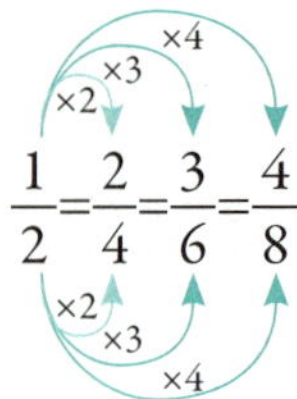

$$\frac{1}{2}=\frac{2}{4}=\frac{3}{6}=\frac{4}{8}$$

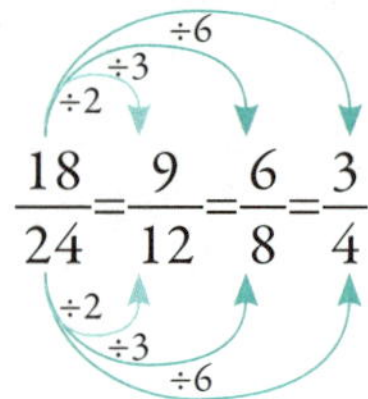

$$\frac{18}{24}=\frac{9}{12}=\frac{6}{8}=\frac{3}{4}$$

**1** 다음 분수만큼 수직선에 ●을 표시하고, 크기가 같은 분수를 적으세요.

$\dfrac{2}{5}$  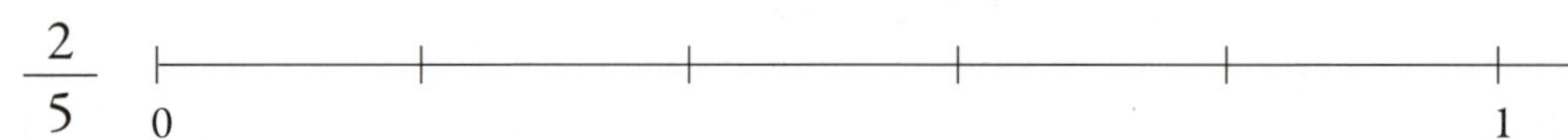

$\dfrac{5}{10}$  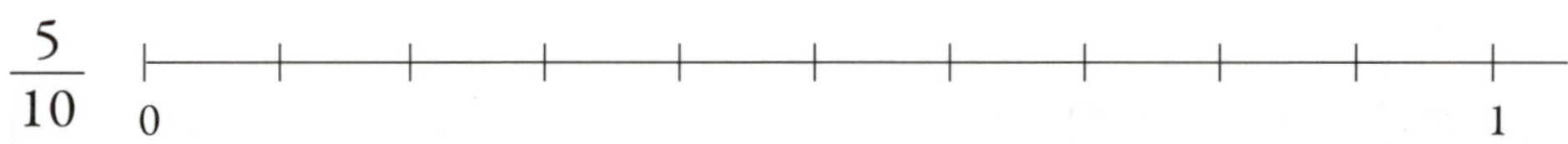

$\dfrac{8}{15}$  

$\dfrac{8}{20}$  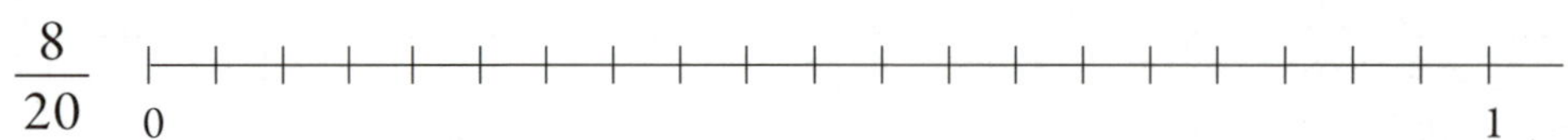

크기가 같은 분수는 ⬚ 와/과 ⬚ 입니다.

**2** 다음 그림에서 $\frac{2}{3}$와 크기가 같도록 색칠하고, $\frac{2}{3}$와 크기가 같은 분수를 적으세요.

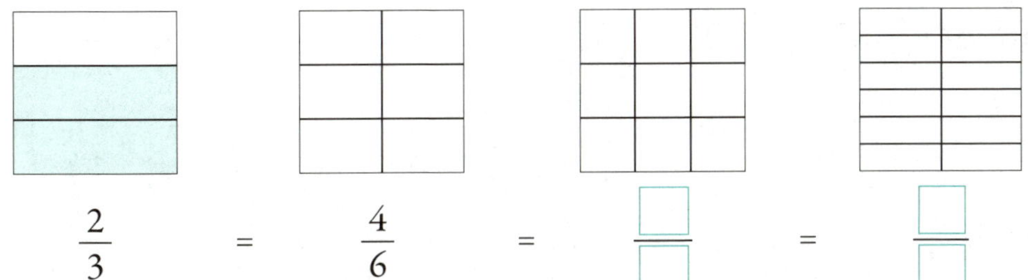

$$\frac{2}{3} \quad = \quad \frac{4}{6} \quad = \quad \frac{\square}{\square} \quad = \quad \frac{\square}{\square}$$

**3** 다음 분수와 크기가 같은 분수를 분모가 작은 것부터 차례대로 5개씩 적으세요.

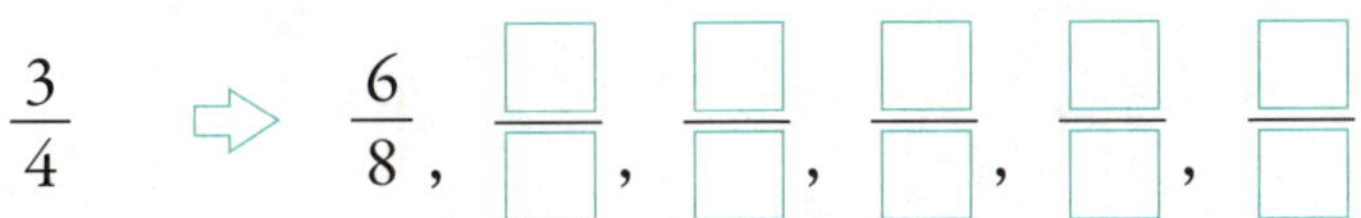

$$\frac{3}{4} \ \Rightarrow \ \frac{6}{8} \ , \ \frac{\square}{\square} \ , \ \frac{\square}{\square} \ , \ \frac{\square}{\square} \ , \ \frac{\square}{\square} \ , \ \frac{\square}{\square}$$

$$\frac{1}{6} \ \Rightarrow \ \frac{2}{12} \ , \ \frac{\square}{\square} \ , \ \frac{\square}{\square} \ , \ \frac{\square}{\square} \ , \ \frac{\square}{\square} \ , \ \frac{\square}{\square}$$

$$\frac{2}{7} \ \Rightarrow \ \frac{4}{14} \ , \ \frac{\square}{\square} \ , \ \frac{\square}{\square} \ , \ \frac{\square}{\square} \ , \ \frac{\square}{\square} \ , \ \frac{\square}{\square}$$

$$\frac{5}{8} \ \Rightarrow \ \frac{10}{16} \ , \ \frac{\square}{\square} \ , \ \frac{\square}{\square} \ , \ \frac{\square}{\square} \ , \ \frac{\square}{\square} \ , \ \frac{\square}{\square}$$

$$\frac{4}{9} \ \Rightarrow \ \frac{8}{18} \ , \ \frac{\square}{\square} \ , \ \frac{\square}{\square} \ , \ \frac{\square}{\square} \ , \ \frac{\square}{\square} \ , \ \frac{\square}{\square}$$

**4** 다음 분수를 약분하여 분모가 큰 것부터 차례대로 쓰세요.

$$\frac{24}{30} \Rightarrow \frac{\square}{\square}, \ \frac{\square}{\square}, \ \frac{\square}{\square}$$

$$\frac{27}{36} \Rightarrow \frac{\square}{\square}, \ \frac{\square}{\square}$$

$$\frac{36}{48} \Rightarrow \frac{\square}{\square}, \ \frac{\square}{\square}, \ \frac{\square}{\square}, \ \frac{\square}{\square}, \ \frac{\square}{\square}$$

$$\frac{50}{60} \Rightarrow \frac{\square}{\square}, \ \frac{\square}{\square}, \ \frac{\square}{\square}$$

$$\frac{48}{84} \Rightarrow \frac{\square}{\square}, \ \frac{\square}{\square}, \ \frac{\square}{\square}, \ \frac{\square}{\square}, \ \frac{\square}{\square}$$

**5** 다음 분수를 기약분수로 나타내세요.

$$\frac{4}{16}=\frac{\square}{\square}$$

$$\frac{6}{28}=\frac{\square}{\square}$$

$$\frac{24}{30}=\frac{\square}{\square}$$

$$\frac{27}{81}=\frac{\square}{\square}$$

$$\frac{12}{34}=\frac{\square}{\square}$$

$$\frac{14}{49}=\frac{\square}{\square}$$

$$\frac{42}{56}=\frac{\square}{\square}$$

$$\frac{49}{63}=\frac{\square}{\square}$$

$$\frac{40}{48}=\frac{\square}{\square}$$

$$\frac{32}{100}=\frac{\square}{\square}$$

## 통분



### ● 통분

분모가 서로 다른 분수의 분모를 통일하는 것을 말합니다. 통분한 분모를 공통분모라고 합니다. 분모가 다른 분수의 덧셈과 뺄셈을 할 때는 통분을 한 뒤 계산합니다.

$$\left(\frac{1}{2},\ \frac{2}{3}\right) \Rightarrow \left(\frac{1\times3}{2\times3},\ \frac{2\times2}{3\times2}\right) \Rightarrow \left(\frac{3}{6},\ \frac{4}{6}\right)$$

### ● 통분하는 방법

예) $\dfrac{1}{6},\ \dfrac{7}{10}$

방법 1 두 분모의 곱을 공통분모로 하여 통분합니다.

$$\frac{1}{6}=\frac{1\times10}{6\times10}=\frac{10}{60},\ \frac{7}{10}=\frac{7\times6}{10\times6}=\frac{42}{60}$$

방법 2 두 분모의 최소공배수를 공통분모로 하여 통분합니다.

$$\frac{1}{6}=\frac{1\times5}{6\times5}=\frac{5}{30},\ \frac{7}{10}=\frac{7\times3}{10\times3}=\frac{21}{30}$$

분모가 작을 때는 두 분모의 곱을 공통분모로, 분모가 클 때는 두 분모의 최소공배수를 공통분모로 계산하면 편리합니다.

**6** 다음 분수에서 두 분모의 곱을 공통분모로 하여 통분하세요.

$$\left(\frac{1}{2}, \frac{2}{7}\right) \Rightarrow \left(\frac{\square}{\square}, \frac{\square}{\square}\right) \qquad \left(\frac{3}{4}, \frac{2}{5}\right) \Rightarrow \left(\frac{\square}{\square}, \frac{\square}{\square}\right)$$

$$\left(\frac{5}{6}, \frac{4}{9}\right) \Rightarrow \left(\frac{\square}{\square}, \frac{\square}{\square}\right) \qquad \left(\frac{7}{8}, \frac{3}{10}\right) \Rightarrow \left(\frac{\square}{\square}, \frac{\square}{\square}\right)$$

$$\left(\frac{2}{9}, \frac{5}{12}\right) \Rightarrow \left(\frac{\square}{\square}, \frac{\square}{\square}\right) \qquad \left(\frac{1}{3}, \frac{3}{7}\right) \Rightarrow \left(\frac{\square}{\square}, \frac{\square}{\square}\right)$$

**7** 다음 분수에서 분모의 최소공배수를 공통분모로 하여 통분하세요.

$$\left(\frac{3}{8}, \frac{5}{12}\right) \Rightarrow \left(\frac{\square}{\square}, \frac{\square}{\square}\right) \qquad \left(\frac{3}{10}, \frac{7}{15}\right) \Rightarrow \left(\frac{\square}{\square}, \frac{\square}{\square}\right)$$

$$\left(\frac{5}{12}, \frac{11}{20}\right) \Rightarrow \left(\frac{\square}{\square}, \frac{\square}{\square}\right) \qquad \left(\frac{9}{16}, \frac{13}{18}\right) \Rightarrow \left(\frac{\square}{\square}, \frac{\square}{\square}\right)$$

$$\left(\frac{5}{24}, \frac{3}{32}\right) \Rightarrow \left(\frac{\square}{\square}, \frac{\square}{\square}\right) \qquad \left(\frac{2}{9}, \frac{4}{21}\right) \Rightarrow \left(\frac{\square}{\square}, \frac{\square}{\square}\right)$$

$$\frac{4}{9} \bigcirc \frac{5}{7} \qquad\qquad \frac{11}{12} \bigcirc \frac{5}{6}$$

$$\frac{3}{8} \bigcirc \frac{7}{10} \qquad\qquad \frac{11}{18} \bigcirc \frac{17}{20}$$

$$\frac{5}{8} \bigcirc \frac{11}{18} \qquad\qquad \frac{9}{14} \bigcirc \frac{11}{16}$$

$$\frac{3}{5} \bigcirc \frac{4}{7} \qquad\qquad \frac{3}{20} \bigcirc \frac{6}{25}$$

$$\frac{4}{15} \bigcirc \frac{3}{12} \qquad\qquad \frac{3}{14} \bigcirc \frac{1}{10}$$

| | 체크 항목 | 잘했어요 | 조금 더 연습이 필요해요 | 도움이 필요해요 |
|---|---|---|---|---|
| 1 | 1번 문제에서 주어진 분수를 수직선에 표시하고, 크기가 같은 분수를 정확하게 찾았나요? | ○ | ○ | ○ |
| 2 | 2번 문제에서 $\frac{2}{3}$와 같은 크기만큼 색칠하고, 크기가 같은 분수를 적었나요? | ○ | ○ | ○ |
| 3 | 3번 문제에서 주어진 분수의 크기와 같은 분수를 모두 적었나요? | ○ | ○ | ○ |
| 4 | 4번 문제에서 주어진 분수를 약분하여 크기가 같은 분수를 모두 적었나요? | ○ | ○ | ○ |
| 5 | 5번 문제에서 주어진 분수를 기약분수로 정확하게 나타냈나요? | ○ | ○ | ○ |
| 6 | 6번 문제에서 주어진 분수를 두 분모의 곱을 공통분모로 통분하여 정확하게 풀었나요? | ○ | ○ | ○ |
| 7 | 7번 문제에서 주어진 분수를 분모의 최소공배수를 공통분모로 통분하여 정확하게 풀었나요? | ○ | ○ | ○ |
| 8 | 8번 문제의 정답률이 100%인가요? | ○ | ○ | ○ |

1 이번 미션에서 가장 자신 있었던 문제는 무엇인가요? 그 문제를 어떻게 정확하게 풀었는지 쓰세요.




2 이번 미션에서 가장 어려웠던 문제는 무엇인가요? 어떤 부분에서 헷갈렸는지 또는 실수했는지 쓰세요.




3 다음에는 어떻게 하면 더 잘할 수 있을까요? 실천할 수 있는 방법을 하나만 쓰세요.

# 분모가 다른 분수의 덧셈과 뺄셈
## 초 5학년

분모가 다른 분수의 덧셈과 뺄셈을 정확하게
계산할 수 있습니다.

● **분모가 다른 두 진분수의 덧셈**

예) $\dfrac{3}{4}+\dfrac{1}{6}$

**방법 1** 두 분모의 곱을 공통분모로 하여 통분한 후 계산합니다.

$$\frac{3}{4}+\frac{1}{6}=\frac{3\times6}{4\times6}+\frac{1\times4}{6\times4}=\frac{18}{24}+\frac{4}{24}=\frac{22}{24}=\frac{11}{12}$$

이 방법은 공통분모를 구하기 쉽다는 장점이 있습니다.

**방법 2** 두 분모의 최소공배수를 공통분모로 하여 통분한 후 계산합니다.

$$\frac{3}{4}+\frac{1}{6}=\frac{3\times3}{4\times3}+\frac{1\times2}{6\times2}=\frac{9}{12}+\frac{2}{12}=\frac{11}{12}$$

이 방법은 분자끼리의 덧셈이 쉽고, 계산한 결과를 약분할 필요가 없다는 장점이 있습니다.

**1** 다음을 계산하세요. 계산값이 가분수이면 대분수로 적으세요.



$$\frac{3}{5}+\frac{2}{9}=$$
$$\frac{1}{8}+\frac{5}{12}=$$
$$\frac{1}{3}+\frac{2}{5}=$$

$$\frac{3}{5}+\frac{1}{7}=$$
$$\frac{5}{6}+\frac{2}{9}=$$
$$\frac{3}{4}+\frac{1}{6}=$$

$$\frac{5}{12}+\frac{4}{15}=$$
$$\frac{2}{11}+\frac{3}{22}=$$
$$\frac{7}{10}+\frac{9}{16}=$$

$$\frac{2}{15}+\frac{7}{18}=$$
$$\frac{5}{12}+\frac{3}{20}=$$
$$\frac{8}{9}+\frac{11}{12}=$$



걸린 시간 __________ 분          틀린 개수 __________ 개

**보기**

● **분모가 다른 두 진분수의 뺄셈**

예) $\dfrac{3}{4} - \dfrac{1}{6}$

**방법 1** 두 분모의 곱을 공통분모로 하여 통분한 후 계산합니다.

$$\dfrac{3}{4} - \dfrac{1}{6} = \dfrac{3\times6}{4\times6} - \dfrac{1\times4}{6\times4} = \dfrac{18}{24} - \dfrac{4}{24} = \dfrac{14}{24} = \dfrac{7}{12}$$

**방법 2** 두 분모의 최소공배수를 공통분모로 하여 통분한 후 계산합니다.

$$\dfrac{3}{4} - \dfrac{1}{6} = \dfrac{3\times3}{4\times3} - \dfrac{1\times2}{6\times2} = \dfrac{9}{12} - \dfrac{2}{12} = \dfrac{7}{12}$$

**2** 다음을 계산하세요.

$$\frac{3}{4} - \frac{3}{10} = \qquad \frac{4}{5} - \frac{3}{7} = \qquad \frac{7}{8} - \frac{5}{12} =$$

$$\frac{5}{8} - \frac{4}{9} = \qquad \frac{1}{2} - \frac{5}{13} = \qquad \frac{5}{12} - \frac{2}{7} =$$

$$\frac{5}{6} - \frac{3}{7} = \qquad \frac{11}{21} - \frac{3}{10} = \qquad \frac{8}{15} - \frac{5}{11} =$$

$$\frac{2}{5} - \frac{1}{13} = \qquad \frac{9}{14} - \frac{7}{12} = \qquad \frac{5}{6} - \frac{3}{8} =$$



걸린 시간 _________ 분 틀린 개수 _________ 개

**보기**

● **분모가 다른 두 대분수의 덧셈**

예) $7\dfrac{1}{2}+4\dfrac{3}{5}$

**방법 1** 자연수는 자연수끼리, 분수는 분수끼리 더해서 계산합니다.

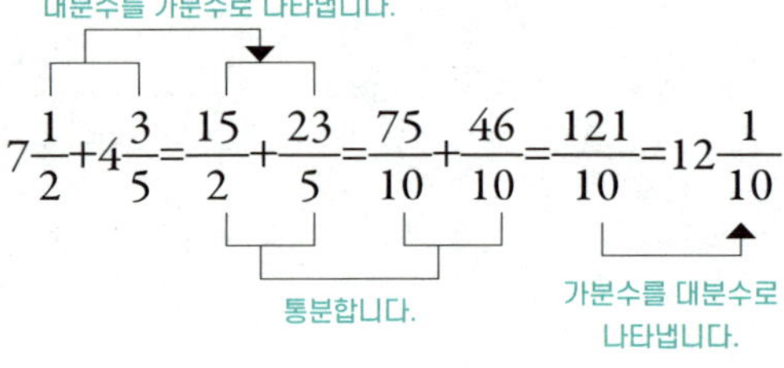

$$7\dfrac{1}{2}+4\dfrac{3}{5}=7\dfrac{5}{10}+4\dfrac{6}{10}=(7+4)+\left(\dfrac{5}{10}+\dfrac{6}{10}\right)=11+\dfrac{11}{10}=11+1\dfrac{1}{10}=12\dfrac{1}{10}$$

통분합니다.　자연수끼리 더합니다.　분수끼리 더합니다.　가분수를 대분수로 나타냅니다.

**방법 2** 대분수를 가분수로 나타내어 계산합니다.

대분수를 가분수로 나타냅니다.

$$7\dfrac{1}{2}+4\dfrac{3}{5}=\dfrac{15}{2}+\dfrac{23}{5}=\dfrac{75}{10}+\dfrac{46}{10}=\dfrac{121}{10}=12\dfrac{1}{10}$$

통분합니다.　가분수를 대분수로 나타냅니다.

**3** 다음을 계산하세요.

$$6\frac{1}{5}+2\frac{3}{11}=$$

$$1\frac{1}{2}+2\frac{4}{5}$$

$$4\frac{5}{11}+2\frac{9}{22}=$$

$$6\frac{5}{12}+8\frac{3}{14}=$$

$$10\frac{2}{5}+8\frac{1}{7}=$$

$$2\frac{3}{5}+1\frac{5}{6}=$$

$$2\frac{2}{7}+5\frac{3}{4}=$$

$$6\frac{2}{3}+1\frac{2}{5}=$$

$$9\frac{5}{7}+6\frac{2}{11}=$$

$$7\frac{3}{4}+3\frac{4}{9}=$$

보기

● **분모가 다른 두 대분수의 뺄셈**

예) $7\dfrac{1}{2}-4\dfrac{3}{5}$

**방법 1** 자연수는 자연수끼리, 분수는 분수끼리 빼서 계산합니다.

1을 받아내림합니다.

$$7\dfrac{1}{2}-4\dfrac{3}{5}=7\dfrac{5}{10}-4\dfrac{6}{10}=6\dfrac{15}{10}-4\dfrac{6}{10}=(6-4)+\left(\dfrac{15}{10}-\dfrac{6}{10}\right)=2+\dfrac{9}{10}=2\dfrac{9}{10}$$

통분합니다.    자연수끼리 뺍니다.    분수끼리 뺍니다.

**방법 2** 대분수를 가분수로 나타내어 계산합니다.

대분수를 가분수로 나타냅니다.

$$7\dfrac{1}{2}-4\dfrac{3}{5}=\dfrac{15}{2}-\dfrac{23}{5}=\dfrac{75}{10}-\dfrac{46}{10}=\dfrac{29}{10}=2\dfrac{9}{10}$$

통분합니다.    가분수를 대분수로 나타냅니다.

**4** 다음을 계산하세요.

$$4\frac{3}{5} - 1\frac{2}{7} =$$

$$8\frac{4}{9} - 3\frac{5}{12} =$$

$$10\frac{7}{11} - 8\frac{3}{5} =$$

$$32\frac{6}{11} - 28\frac{4}{9} =$$

$$9\frac{2}{3} - 2\frac{3}{7} =$$

$$20\frac{11}{16} - 15\frac{7}{18} =$$

$$6\frac{1}{2} - 4\frac{2}{7} =$$

$$3\frac{9}{10} - 1\frac{5}{8} =$$

$$6\frac{2}{7} - 3\frac{1}{5} =$$

$$4\frac{9}{15} - 3\frac{7}{12} =$$

| | 체크 항목 | 잘했어요 | 조금 더 연습이 필요해요 | 도움이 필요해요 |
|---|---|---|---|---|
| 1 | 1번 문제를 권장 시간 안에 풀었나요? | ◯ | ◯ | ◯ |
| 2 | 1번 문제의 정답률이 90% 이상인가요? | ◯ | ◯ | ◯ |
| 3 | 2번 문제를 권장 시간 안에 풀었나요? | ◯ | ◯ | ◯ |
| 4 | 2번 문제의 정답률이 90% 이상인가요? | ◯ | ◯ | ◯ |
| 5 | 3번 문제의 정답률이 90% 이상인가요? | ◯ | ◯ | ◯ |
| 6 | 4번 문제의 정답률이 90% 이상인가요? | ◯ | ◯ | ◯ |

1 이번 미션에서 가장 자신 있었던 문제는 무엇인가요? 그 문제를 어떻게 정확하게 풀었는지 쓰세요.

2 이번 미션에서 가장 어려웠던 문제는 무엇인가요? 어떤 부분에서 헷갈렸는지 또는 실수했는지 쓰세요.

3 다음에는 어떻게 하면 더 잘할 수 있을까요? 실천할 수 있는 방법을 하나만 쓰세요.

**분모가 같을 때** → 분모는 그대로 두고 분자끼리 계산

$$예) \ \frac{1}{5} + \frac{2}{5} = \frac{3}{5}$$

**분모가 다를 때**

**분모가 서로소인 경우** → 분모의 곱으로 통분하여 계산
(분모를 같게 만든 다음 분자끼리 계산)

$$예) \ \frac{1}{5} + \frac{3}{7} = \frac{1\times7}{5\times7} + \frac{3\times5}{7\times5} = \frac{7}{35} + \frac{15}{35} = \frac{22}{35}$$

**분모가 서로소가 아닌 경우** →

**방법 1** 분모의 곱으로 통분하여 계산
(계산 결과는 기약분수로 나타내기)

$$예) \ \frac{1}{4} + \frac{5}{6} = \frac{1\times6}{4\times6} + \frac{5\times4}{6\times4} = \frac{6}{24} + \frac{20}{24} = \frac{26}{24} = \frac{13}{12} = 1\frac{1}{12}$$

**방법 2** 분모의 최소공배수로 통분하여 계산

$$예) \ \frac{1}{4} + \frac{5}{6} = \frac{3}{12} + \frac{10}{12} = \frac{13}{12} = 1\frac{1}{12}$$

TIP

분모가 서로소인지 헷갈린다면, 그냥 분모끼리 곱해서 통분해도 괜찮습니다. 단 계산 결과가 기약분수가 아닐 수도 있으니 약분이 되는지 꼭 확인하세요.

# 분수의 곱셈

## 초 5학년

목 표

분수의 곱셈을 빠르고 정확하게 계산할 수 있습니다.

**보기**

● **(진분수)×(자연수)**

예) $\dfrac{1}{3} \times 6$

**방법 1** 곱셈을 한 후 약분하여 계산합니다.

$$\frac{1}{3} \times 6 = \frac{1 \times 6}{3} = \frac{\overset{2}{\cancel{6}}}{\underset{1}{\cancel{3}}} = 2$$

**방법 2** 분수의 곱셈 과정에서 분모와 자연수를 약분하여 계산합니다.

$$\frac{1}{3} \times 6 = \frac{1 \times \overset{2}{\cancel{6}}}{\underset{1}{\cancel{3}}} = 2$$

**방법 3** 약분한 후 계산합니다.

$$\frac{1}{\underset{1}{\cancel{3}}} \times \overset{2}{\cancel{6}} = 2$$

**방법 4** 곱셈식을 덧셈식으로 나타내어 계산합니다.

$$\frac{1}{3} \times 6 = \frac{1}{3} + \frac{1}{3} + \frac{1}{3} + \frac{1}{3} + \frac{1}{3} + \frac{1}{3} = \frac{6}{3} = 2$$

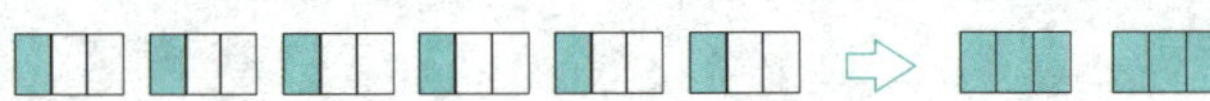

$$\frac{1}{3} \text{이 } 6\text{개} = \frac{6}{3} = 2$$

**1** 다음을 계산하세요. 계산값이 가분수인 경우 대분수로 나타내세요.

$\dfrac{1}{5}\times3=$ $\qquad$ $\dfrac{1}{3}\times2=$ $\qquad$ $\dfrac{1}{6}\times5=$

$\dfrac{2}{3}\times4=$ $\qquad$ $\dfrac{2}{7}\times3=$ $\qquad$ $\dfrac{5}{6}\times24=$

$\dfrac{3}{8}\times28=$ $\qquad$ $\dfrac{3}{4}\times16=$ $\qquad$ $\dfrac{2}{5}\times65=$

$\dfrac{2}{3}\times42=$ $\qquad$ $\dfrac{9}{14}\times24=$ $\qquad$ $\dfrac{2}{15}\times48=$



걸린 시간 _________ 분 틀린 개수 _________ 개

## ● (대분수)×(자연수)

예) $3\dfrac{1}{2}\times4$

**방법 1** 대분수를 가분수로 바꾸어 자연수와 가분수를 곱합니다.

$$3\dfrac{1}{2}\times4=\dfrac{7}{\overset{}{\underset{1}{2}}}\times\overset{2}{4}=14$$

**방법 2** 대분수를 (자연수)+(진분수)로 바꾸어 각각 자연수와 곱한 후 더합니다.

$$3\dfrac{1}{2}\times4=\left(3+\dfrac{1}{2}\right)\times4$$
$$=(3\times4)+\left(\dfrac{1}{2}\times4\right)$$
$$=12+\dfrac{4}{2}$$
$$=12+2$$
$$=14$$

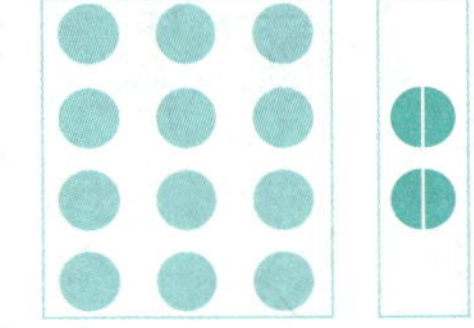

**2** 다음을 계산하세요. 계산값이 가분수인 경우 대분수로 나타내세요.

$5\dfrac{1}{3}\times6=$ $\qquad$ $8\dfrac{3}{4}\times3=$ $\qquad$ $7\dfrac{2}{5}\times3=$

$4\dfrac{5}{6}\times2=$ $\qquad$ $11\dfrac{1}{2}\times10=$ $\qquad$ $13\dfrac{3}{8}\times16=$

$9\dfrac{5}{6}\times12=$ $\qquad$ $2\dfrac{7}{9}\times63=$ $\qquad$ $5\dfrac{3}{4}\times28=$

$3\dfrac{4}{7}\times28=$ $\qquad$ $2\dfrac{9}{11}\times55=$ $\qquad$ $4\dfrac{7}{10}\times20=$

보기

● (자연수)×(진분수)

(예) $8 \times \dfrac{3}{4}$

$8 \times \dfrac{3}{4}$은 전체가 8인 것을 4등분한 것 가운데 3을 의미합니다.

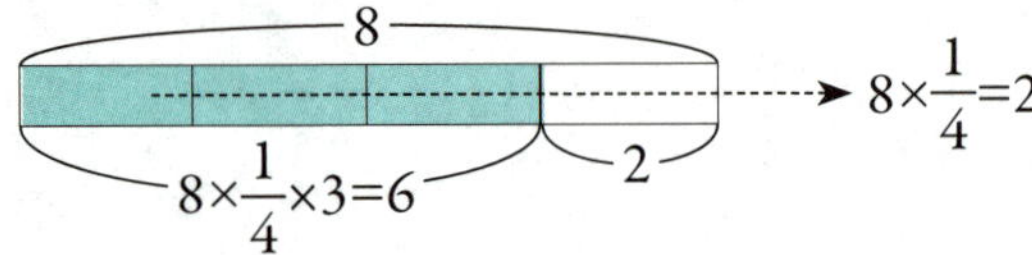

방법 1  곱셈을 한 후 약분하여 계산합니다.

$$8 \times \frac{3}{4} = \frac{8 \times 3}{4} = \frac{\overset{6}{\cancel{24}}}{\underset{1}{\cancel{4}}} = 6$$

방법 2  분수의 곱셈 과정에서 분모와 자연수를 약분하여 계산합니다.

$$8 \times \frac{3}{4} = \frac{\overset{2}{8} \times 3}{\underset{1}{\cancel{4}}} = 6$$

방법 3  약분한 후 계산합니다.

$$\overset{2}{8} \times \frac{3}{\underset{1}{\cancel{4}}} = 6$$

**3** 다음을 계산하세요. 계산값이 가분수인 경우 대분수로 나타내세요.



$$5 \times \frac{2}{3} = \qquad 7 \times \frac{3}{5} = \qquad 11 \times \frac{5}{6} =$$

$$19 \times \frac{7}{38} = \qquad 5 \times \frac{2}{3} = \qquad 9 \times \frac{2}{5} =$$

$$24 \times \frac{7}{8} = \qquad 70 \times \frac{3}{7} = \qquad 96 \times \frac{5}{6} =$$

$$121 \times \frac{9}{11} = \qquad 46 \times \frac{3}{4} = \qquad 42 \times \frac{1}{15}$$

걸린 시간 _________ 분        틀린 개수 _________ 개

**보기**

● **(자연수)×(대분수)**

예) $6 \times 3\dfrac{1}{2}$

**방법 1** 대분수를 가분수로 바꾸어 자연수와 가분수를 곱합니다.

$$\overset{3}{\cancel{6}} \times 3\dfrac{1}{\underset{1}{\cancel{2}}} = 6 \times \dfrac{7}{2} = 3 \times 7 = 21$$

**방법 2** 대분수를 (자연수)+(진분수)로 바꾸어 각각 자연수와 곱한 후 더합니다.

$$6 \times 3\dfrac{1}{2} = 6 \times \left(3 + \dfrac{1}{2}\right) = (6 \times 3) + \left(\overset{3}{\cancel{6}} \times \dfrac{1}{\underset{1}{\cancel{2}}}\right) = 18 + 3 = 21$$

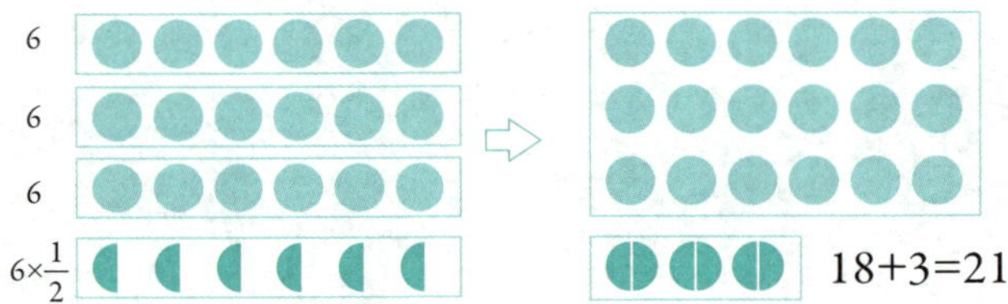


대분수는 자연수+진분수로 이루어져 있습니다. 그래서 자연수와 대분수를 곱할 때 각각 곱한 뒤에 더해도 같은 결과가 나와요. 예를 들어 $3\dfrac{1}{2}$L 주스를 6병 사면 3L짜리 6병과 $\dfrac{1}{2}$L짜리 6병으로 나눌 수 있습니다.

**4** 다음을 계산하세요. 계산값이 가분수인 경우 대분수로 나타내세요.

$15 \times 5\dfrac{2}{3} =$　　　　　$12 \times 3\dfrac{1}{4} =$　　　　　$28 \times 2\dfrac{5}{7} =$

$36 \times 2\dfrac{7}{9} =$　　　　　$42 \times 2\dfrac{5}{6} =$　　　　　$81 \times 4\dfrac{5}{9} =$

$21 \times 10\dfrac{1}{3} =$　　　　　$49 \times 9\dfrac{3}{7} =$　　　　　$90 \times 2\dfrac{7}{15} =$

$55 \times 1\dfrac{3}{5} =$　　　　　$30 \times 4\dfrac{1}{6} =$　　　　　$35 \times 7\dfrac{4}{5} =$

**보기**

● **(단위분수) × (단위분수)**

(예) $\dfrac{1}{4} \times \dfrac{1}{3} = \dfrac{1 \times 1}{4 \times 3} = \dfrac{1}{12}$

$\dfrac{1}{4} \times \dfrac{1}{3}$ 은 전체 1을 4등분한 다음 다시 3등분한 것을 의미합니다.

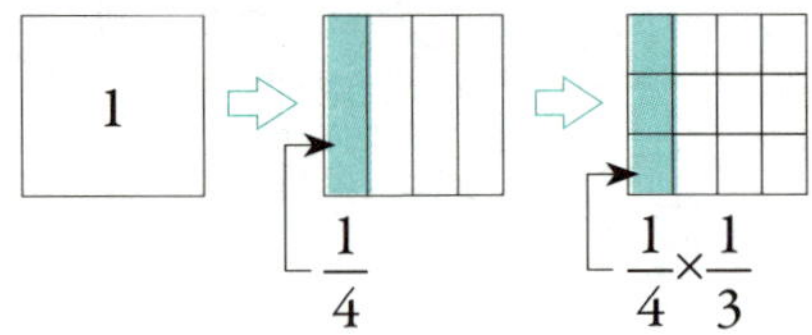

● **(진분수) × (진분수)**

(예) $\dfrac{3}{8} \times \dfrac{4}{9}$

**방법 1** 분수의 곱셈 과정에서 분모와 자연수를 약분하여 계산합니다.

$$\dfrac{3}{8} \times \dfrac{4}{9} = \dfrac{\overset{1}{3} \times \overset{1}{4}}{\underset{2}{8} \times \underset{3}{9}} = \dfrac{1}{6}$$

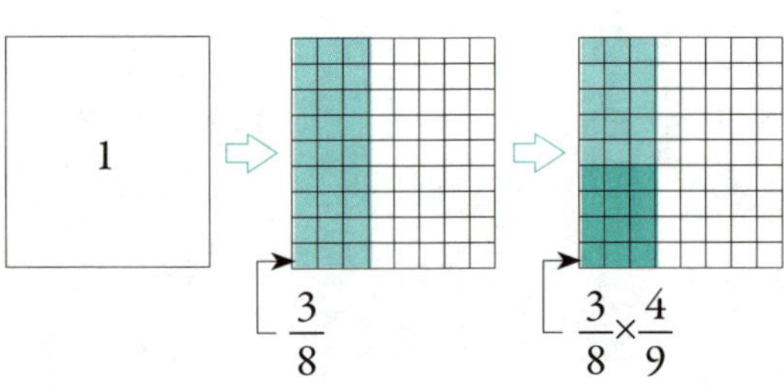

**방법 2** 약분한 후 계산합니다.

$$\dfrac{\overset{1}{3}}{\underset{2}{8}} \times \dfrac{\overset{1}{4}}{\underset{3}{9}} = \dfrac{1}{6}$$

**방법 3** 분자는 분자끼리, 분모는 분모끼리 곱하여 계산합니다.

$$\dfrac{3}{8} \times \dfrac{4}{9} = \dfrac{3 \times 4}{8 \times 9} = \dfrac{12}{72} = \dfrac{1}{6}$$

**5** 다음을 계산하세요. 계산값은 대분수 또는 기약분수로 나타내세요.



$$\frac{1}{2}\times\frac{1}{9}=$$
$$\frac{1}{3}\times\frac{1}{7}=$$
$$\frac{1}{4}\times\frac{1}{3}=$$
$$\frac{1}{9}\times\frac{1}{8}=$$

$$\frac{6}{11}\times\frac{2}{5}=$$
$$\frac{5}{7}\times\frac{9}{10}=$$
$$\frac{1}{3}\times\frac{7}{12}=$$
$$\frac{3}{4}\times\frac{5}{6}=$$

$$\frac{1}{2}\times\frac{7}{8}=$$
$$\frac{3}{5}\times\frac{2}{9}=$$
$$\frac{3}{4}\times\frac{2}{9}=$$
$$\frac{5}{12}\times\frac{8}{15}=$$

$$\frac{7}{12}\times\frac{3}{14}=$$
$$\frac{2}{5}\times\frac{3}{16}=$$
$$\frac{3}{10}\times\frac{5}{6}=$$
$$\frac{7}{8}\times\frac{3}{28}=$$



걸린 시간 __________ 분         틀린 개수 __________ 개

● **(대분수)×(대분수)**

예) $2\dfrac{1}{4}\times 3\dfrac{3}{5}$

**방법 1** 대분수를 가분수로 바꾼 후 약분하여 분자는 분자끼리, 분모는 분모끼리 곱합니다.

$$2\dfrac{1}{4}\times 3\dfrac{3}{5}=\dfrac{9}{\cancel{4}_{\,2}}\times\dfrac{\overset{9}{\cancel{18}}}{5}=\dfrac{81}{10}=8\dfrac{1}{10}$$

**방법 2** 앞의 대분수는 가분수로 바꾸고, 뒤의 대분수는 (자연수)+(진분수) 형태로 바꾸어 계산합니다.

$$2\dfrac{1}{4}\times 3\dfrac{3}{5}=2\dfrac{1}{4}\times\left(3+\dfrac{3}{5}\right)$$

$$=\left(2\dfrac{1}{4}\times 3\right)+\left(2\dfrac{1}{4}\times\dfrac{3}{5}\right)$$

$$=\left(\dfrac{9}{4}\times 3\right)+\left(\dfrac{9}{4}\times\dfrac{3}{5}\right)$$

$$=\dfrac{27}{4}+\dfrac{27}{20}$$

$$=\dfrac{135}{20}+\dfrac{27}{20}$$

$$=\dfrac{162}{20}$$

$$=\dfrac{81}{10}$$

$$=8\dfrac{1}{10}$$

**6** 다음을 계산하세요. 계산 값은 대분수 또는 기약분수로 나타내세요.

$$2\frac{5}{8}\times2\frac{2}{7}=\qquad\qquad 1\frac{5}{39}\times6\frac{1}{2}=\qquad\qquad 1\frac{7}{23}\times3\frac{5}{6}=$$

$$4\frac{4}{7}\times1\frac{1}{20}=\qquad\qquad 1\frac{4}{5}\times7\frac{2}{3}=\qquad\qquad 2\frac{1}{7}\times4\frac{1}{3}=$$

$$6\frac{2}{3}\times1\frac{4}{5}=\qquad\qquad 4\frac{2}{3}\times2\frac{5}{7}=\qquad\qquad 2\frac{7}{10}\times3\frac{5}{9}=$$

$$12\frac{1}{2}\times4\frac{2}{3}=\qquad\qquad 1\frac{4}{17}\times11\frac{1}{3}=\qquad\qquad 1\frac{5}{6}\times2\frac{13}{22}=$$

| 체크 항목 | 잘했어요 | 조금 더 연습이 필요해요 | 도움이 필요해요 |
| --- | --- | --- | --- |
| 1　1번 문제를 권장 시간 안에 풀었나요? | ○ | ○ | ○ |
| 2　1번 문제의 정답률이 90% 이상인가요? | ○ | ○ | ○ |
| 3　2번 문제의 정답률이 90% 이상인가요? | ○ | ○ | ○ |
| 4　3번 문제를 권장 시간 안에 풀었나요? | ○ | ○ | ○ |
| 5　3번 문제의 정답률이 90% 이상인가요? | ○ | ○ | ○ |
| 6　4번 문제의 정답률이 90% 이상인가요? | ○ | ○ | ○ |
| 7　5번 문제를 권장 시간 안에 풀었나요? | ○ | ○ | ○ |
| 8　5번 문제의 정답률이 90% 이상인가요? | ○ | ○ | ○ |
| 9　6번 문제의 정답률이 90% 이상인가요? | ○ | ○ | ○ |

1 이번 미션에서 가장 자신 있었던 문제는 무엇인가요? 그 문제를 어떻게 정확하게 풀었는지 쓰세요.

2 이번 미션에서 가장 어려웠던 문제는 무엇인가요? 어떤 부분에서 헷갈렸는지 또는 실수했는지 쓰세요.

3 다음에는 어떻게 하면 더 잘할 수 있을까요? 실천할 수 있는 방법을 하나만 쓰세요.

# 분수의 나눗셈

## 초 6학년

분수의 나눗셈을 빠르고 정확하게 계산할 수 있습니다.

**보기**

예) 5÷4의 몫을 분수로 나타내기

5÷4의 몫은 나누어지는 수인 5를 분자, 나누는 수인 4를 분모로 하는 분수로 나타냅니다.

$$5÷4=\frac{5}{4}=1\frac{1}{4}$$

나누어지는 수는 분자로
나누는 수는 분모로
대분수로 나타냄

**방법 1** 5개를 각각 4로 나눕니다.

$$\frac{5}{4}=1\frac{1}{4}\left(=\frac{1}{4}+\frac{1}{4}+\frac{1}{4}+\frac{1}{4}+\frac{1}{4}\right)$$

**방법 2** 1개씩 나눈 후 나머지 1개를 또 4로 나눕니다.

$$1\frac{1}{4}$$

5÷4=1…1

나머지 1을 4등분

**1** 다음 나눗셈의 몫을 분수로 나타내세요. 단 가분수는 대분수로 나타내세요.

권장 시간 : 1분 45초

| | | |
|---|---|---|
| $1 \div 4 =$ | $3 \div 4 =$ | $1 \div 7 =$ |
| $4 \div 13 =$ | $1 \div 12 =$ | $11 \div 12 =$ |
| $15 \div 17 =$ | $8 \div 21 =$ | $7 \div 4 =$ |
| $14 \div 5 =$ | $27 \div 19 =$ | $31 \div 26 =$ |
| $43 \div 21 =$ | $19 \div 17 =$ | $23 \div 19 =$ |
| $37 \div 56 =$ | $13 \div 11 =$ | $31 \div 18 =$ |
| $36 \div 47 =$ | $28 \div 15 =$ | $56 \div 27 =$ |



걸린 시간 ________ 분          틀린 개수 ________ 개

---

보기

● **분자가 자연수의 배수인 (분수)÷(자연수)**

예) $\dfrac{6}{7}\div 3$

**방법 1** 분자를 자연수로 나누어 계산합니다.

$$\dfrac{6}{7}\div 3=\dfrac{6\div 3}{7}=\dfrac{2}{7}$$

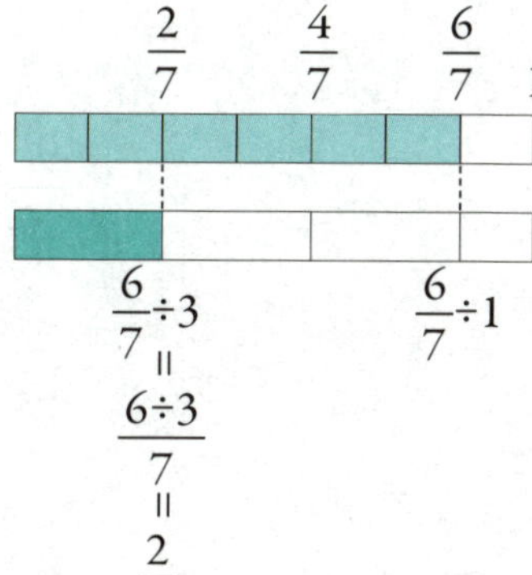

$$\dfrac{6}{7}\div 3=\dfrac{6\div 3}{7}=\dfrac{2}{7}$$

**방법 2** 분수의 곱셈으로 나타내어 계산합니다.

$$\dfrac{6}{7}\div 3=\dfrac{\overset{2}{6}}{7}\times\dfrac{1}{\underset{1}{3}}=\dfrac{2}{7}$$

**2** 다음을 계산하고, 계산값은 기약분수로 나타내세요.

$$\frac{4}{5} \div 2 = \qquad \frac{8}{15} \div 4 = \qquad \frac{15}{17} \div 5 =$$

$$\frac{14}{19} \div 7 = \qquad \frac{8}{17} \div 4 = \qquad \frac{9}{11} \div 3 =$$

$$\frac{16}{19} \div 4 = \qquad \frac{39}{41} \div 13 = \qquad \frac{15}{17} \div 3 =$$

$$\frac{24}{25} \div 8 = \qquad \frac{27}{31} \div 9 = \qquad \frac{42}{47} \div 6 =$$



걸린 시간 _________ 분         틀린 개수 _________ 개

보기

● 분자가 자연수의 배수가 아닌 (분수)÷(자연수)

예) $\dfrac{2}{5} \div 3$

방법 1 크기가 같은 분수 가운데 분자가 자연수의 배수인 수로 바꾸어 계산합니다.

$$\dfrac{2}{5} \div 3 = \dfrac{2 \times 3}{5 \times 3} \div 3$$
$$= \dfrac{6 \div 3}{15}$$
$$= \dfrac{2}{15}$$

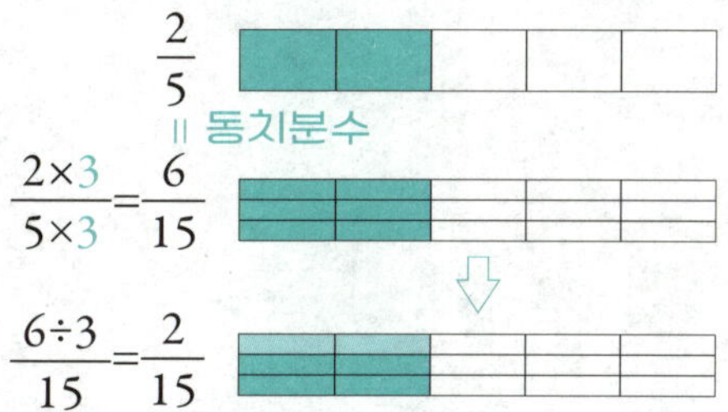


방법 2 분수의 곱셈으로 나타내어 계산합니다.

$$\dfrac{2}{5} \div 3 = \dfrac{2}{5} \times \dfrac{1}{3} = \dfrac{2}{15}$$

**3** 다음을 계산하고, 계산값은 기약분수로 나타내세요.



$$\frac{1}{4} \div 3 =$$

$$\frac{5}{6} \div 7 =$$

$$\frac{7}{9} \div 3 =$$

$$\frac{9}{11} \div 6 =$$

$$\frac{12}{13} \div 10 =$$

$$\frac{21}{23} \div 14 =$$

$$\frac{16}{29} \div 24 =$$

$$\frac{25}{29} \div 10 =$$

$$\frac{30}{31} \div 18 =$$

$$\frac{3}{5} \div 4 =$$

$$\frac{9}{14} \div 15 =$$

$$\frac{26}{27} \div 6 =$$



걸린 시간 ________ 분          틀린 개수 ________ 개

● **(대분수)÷(자연수)**

예) $1\dfrac{3}{4}÷5$

대분수를 가분수로 바꾸고, 나눗셈을
곱셈으로 나타내어 계산합니다.

$1\dfrac{3}{4}÷5=\dfrac{7}{4}\times\dfrac{1}{5}$

$\qquad\quad=\dfrac{7}{20}$

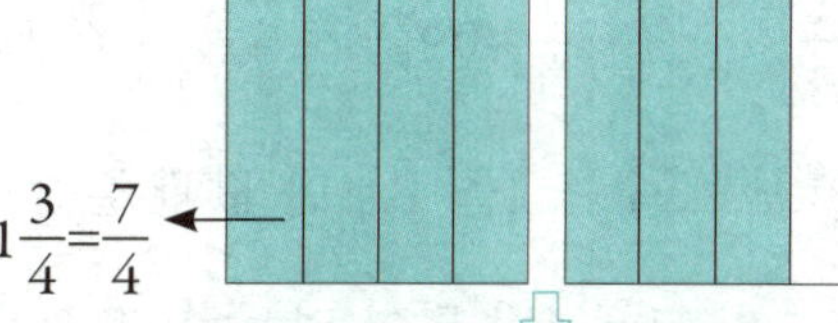


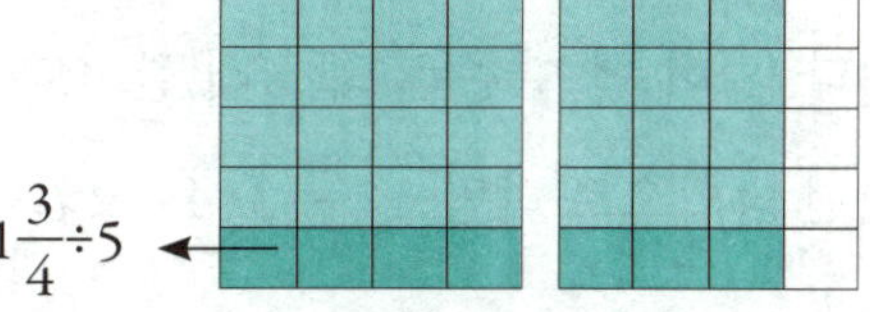


**4** 다음을 계산하고, 계산값은 대분수 또는 기약분수로 나타내세요.

$6\dfrac{4}{5}÷3=$ $\qquad\qquad$ $4\dfrac{4}{9}÷8=$ $\qquad\qquad$ $3\dfrac{4}{7}÷5=$

$1\dfrac{5}{6}÷22=$ $\qquad\qquad$ $2\dfrac{1}{12}÷15=$ $\qquad\qquad$ $1\dfrac{7}{26}÷11=$

$2\dfrac{3}{11}÷10=$ $\qquad\qquad$ $6\dfrac{3}{4}÷2=$ $\qquad\qquad$ $7\dfrac{2}{3}÷46=$

$5\dfrac{1}{3}÷18=$ $\qquad\qquad$ $8\dfrac{2}{3}÷13=$ $\qquad\qquad$ $10\dfrac{1}{5}÷3=$

**보기**

예) $1÷\dfrac{1}{4}$, $2÷\dfrac{1}{4}$, $3÷\dfrac{1}{4}$

$1-\dfrac{1}{4}-\dfrac{1}{4}-\dfrac{1}{4}-\dfrac{1}{4}=0$이므로 1을 $\dfrac{1}{4}$씩 모두 4번 덜어 낼 수 있습니다.

덜어 낸 횟수는 1을 4배 한 값과 같습니다. 따라서 $1÷\dfrac{1}{4}=1×4=4$입니다.

1을 $\dfrac{1}{4}$씩 모두 4번 덜어 낼 수 있으므로, 2는 $\dfrac{1}{4}$씩 모두 8번 덜어 낼 수 있습니다. 덜어 낸 횟수는 2를 4배 한 값과 같습니다. 따라서 $2÷\dfrac{1}{4}=2×4=8$입니다.

이런 방법으로 하면 $3÷\dfrac{1}{4}=3×4=12$입니다.

예) 길이가 8cm인 막대를 일정한 단위의 조각으로 자르기

$8÷2=4$

8cm 막대를 2cm씩 자르면 4조각이 나옵니다.

$8÷1=8$

8cm 막대를 1cm씩 자르면 8조각이 나옵니다.

$8÷\dfrac{1}{2}=8×2=16$

8cm 막대를 $\dfrac{1}{2}$cm씩 자르면 16조각이 나옵니다.

$8÷\dfrac{1}{4}=8×4=32$

8cm 막대를 $\dfrac{1}{4}$cm씩 자르면 32조각이 나옵니다.

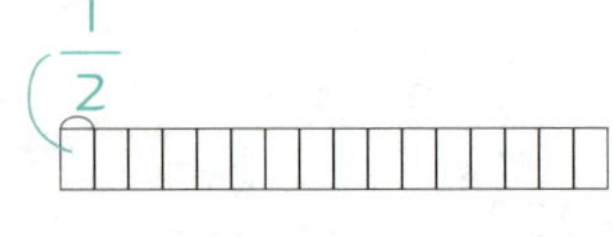
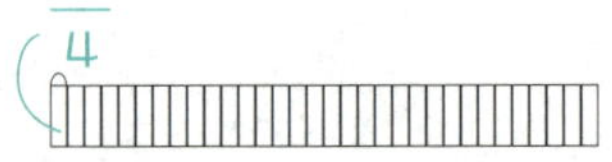

이렇게 자연수 □를 분수 $\dfrac{1}{\triangle}$로 나누면 곱셈으로 바꾸어 계산할 수 있습니다.

$$□÷\dfrac{1}{\triangle}=□×\triangle$$

**5** 다음을 계산하세요.

$3 \div \dfrac{1}{5} =$    $6 \div \dfrac{1}{7} =$    $9 \div \dfrac{1}{3} =$

$11 \div \dfrac{1}{8} =$    $13 \div \dfrac{1}{4} =$    $8 \div \dfrac{1}{10} =$

$14 \div \dfrac{1}{6} =$    $16 \div \dfrac{1}{9} =$    $20 \div \dfrac{1}{7} =$

$21 \div \dfrac{1}{6} =$    $4 \div \dfrac{1}{6} =$    $5 \div \dfrac{1}{12} =$

$7 \div \dfrac{1}{13} =$    $14 \div \dfrac{1}{2} =$    $19 \div \dfrac{1}{2} =$



걸린 시간 _________ 분    틀린 개수 _________ 개

**보기**

예) $9 \div \dfrac{3}{5}$

방법 1 9를 3으로 나눈 다음 5를 곱하여 계산합니다.

$$9 \div \dfrac{3}{5} = (9 \div 3) \times 5 = 3 \times 5 = 15$$

방법 2 분수의 곱셈으로 나타내어 계산합니다.

$$9 \div \dfrac{3}{5} = 9 \times \dfrac{5}{3} = 15$$

**6** 다음을 계산하세요.

권장 시간 : 1분 25초

$6 \div \dfrac{2}{7} =$ $\qquad$ $9 \div \dfrac{3}{5} =$ $\qquad$ $12 \div \dfrac{6}{5} =$

$14 \div \dfrac{7}{8} =$ $\qquad$ $8 \div \dfrac{2}{9} =$ $\qquad$ $20 \div \dfrac{5}{6} =$

$16 \div \dfrac{4}{5} =$ $\qquad$ $18 \div \dfrac{9}{11} =$ $\qquad$ $15 \div \dfrac{3}{5} =$

$24 \div \dfrac{6}{13} =$ $\qquad$ $30 \div \dfrac{15}{17} =$ $\qquad$ $21 \div \dfrac{7}{10} =$



걸린 시간 _______ 분          틀린 개수 _______ 개

보기

예) $\dfrac{4}{5} \div \dfrac{2}{5}$

방법 1 $\dfrac{4}{5}$에서 $\dfrac{2}{5}$를 2번 빼면 0이 됩니다. 즉 $\dfrac{4}{5}$는 $\dfrac{2}{5}$를 2번 덜어 낼 수 있습니다.

$$\dfrac{4}{5} \div \dfrac{2}{5} = \dfrac{4}{5} - \dfrac{2}{5} - \dfrac{2}{5} = 0$$

$$\dfrac{4}{5} \div \dfrac{2}{5} = 2$$

방법 2 $\dfrac{4}{5}$는 $\dfrac{2}{5}$가 2개, 즉 $\dfrac{4}{5}$는 $\dfrac{2}{5}$의 2배이므로 $\dfrac{4}{5} \div \dfrac{2}{5} = 4 \div 2 = 2$입니다.

방법 3 분수의 곱셈으로 나타내어 계산합니다.

$$\dfrac{4}{5} \div \dfrac{2}{5} = 4 \div 2 = \dfrac{4}{2} = \dfrac{4 \times 5}{2 \times 5} = \dfrac{4 \times 5}{5 \times 2} = \dfrac{4}{5} \times \dfrac{5}{2} = 2$$

간단히 하면 $\dfrac{4}{5} \div \dfrac{2}{5} = \dfrac{4}{5} \times \dfrac{5}{2} = 2$입니다.

**7** 다음을 계산하세요.

권장 시간 : 1분

$\dfrac{4}{5} \div \dfrac{1}{5} =$ $\qquad$ $\dfrac{8}{11} \div \dfrac{2}{11} =$ $\qquad$ $\dfrac{4}{7} \div \dfrac{2}{7} =$

$\dfrac{9}{13} \div \dfrac{3}{13} =$ $\qquad$ $\dfrac{12}{17} \div \dfrac{4}{17} =$ $\qquad$ $\dfrac{18}{19} \div \dfrac{9}{19} =$

$\dfrac{15}{28} \div \dfrac{5}{28} =$ $\qquad$ $\dfrac{25}{36} \div \dfrac{5}{36} =$ $\qquad$ $\dfrac{28}{32} \div \dfrac{14}{32} =$



걸린 시간 _________ 분        틀린 개수 _________ 개

## 분모가 다른 (진분수)÷(진분수)



예) $\dfrac{4}{7} \div \dfrac{2}{5}$

방법 1 분모를 통분한 후 분자끼리 나누어 계산합니다.

$$\dfrac{4}{7} \div \dfrac{2}{5} = \dfrac{4\times5}{7\times5} \div \dfrac{2\times7}{5\times7} = \dfrac{20}{35} \div \dfrac{14}{35} = 20 \div 14 = \dfrac{20}{14} = \dfrac{10}{7} = 1\dfrac{3}{7}$$

방법 2 분수의 곱셈으로 나타내어 계산합니다.

$$\dfrac{4}{7} \div \dfrac{2}{5} = \dfrac{4}{7} \times \dfrac{5}{2} = \dfrac{20}{14} = \dfrac{10}{7} = 1\dfrac{3}{7}$$

**8** 다음을 계산하세요.

권장 시간 : 2분 15초

$$\dfrac{2}{3} \div \dfrac{2}{9} = \qquad\qquad \dfrac{3}{4} \div \dfrac{2}{7} = \qquad\qquad \dfrac{8}{9} \div \dfrac{1}{6} =$$

$$\dfrac{2}{5} \div \dfrac{3}{7} = \qquad\qquad \dfrac{7}{9} \div \dfrac{14}{27} = \qquad\qquad \dfrac{9}{22} \div \dfrac{6}{11} =$$

$$\dfrac{5}{14} \div \dfrac{11}{18} = \qquad\qquad \dfrac{13}{14} \div \dfrac{39}{70} = \qquad\qquad \dfrac{8}{9} \div \dfrac{5}{6} =$$

$$\dfrac{5}{7} \div \dfrac{10}{21} = \qquad\qquad \dfrac{19}{20} \div \dfrac{38}{45} = \qquad\qquad \dfrac{25}{78} \div \dfrac{5}{13} =$$



걸린 시간 __________ 분         틀린 개수 __________ 개

**보기**

예) $2\dfrac{3}{5} \div \dfrac{1}{3}$

**방법 1** 대분수를 가분수로 바꾼 후 분모를 통분하여 분자끼리 나누어 계산합니다.

$$2\dfrac{3}{5} \div \dfrac{1}{3} = \dfrac{13}{5} \div \dfrac{1}{3} = \dfrac{39}{15} \div \dfrac{5}{15} = 39 \div 5 = \dfrac{39}{5} = 7\dfrac{4}{5}$$

**방법 2** 대분수를 가분수로 바꾼 후 분수의 곱셈으로 나타내어 계산합니다.

$$2\dfrac{3}{5} \div \dfrac{1}{3} = \dfrac{13}{5} \div \dfrac{1}{3} = \dfrac{13}{5} \times 3 = \dfrac{39}{5} = 7\dfrac{4}{5}$$

**9** 다음을 계산하세요.

$5\dfrac{1}{2} \div \dfrac{3}{4} =$  $\qquad$ $1\dfrac{2}{7} \div \dfrac{4}{21} =$  $\qquad$ $3\dfrac{2}{5} \div \dfrac{3}{10} =$

$4\dfrac{1}{3} \div \dfrac{2}{5} =$  $\qquad$ $6\dfrac{7}{8} \div \dfrac{5}{6} =$  $\qquad$ $2\dfrac{1}{4} \div \dfrac{2}{7} =$

$2\dfrac{2}{9} \div \dfrac{14}{15} =$  $\qquad$ $1\dfrac{1}{8} \div 2\dfrac{4}{7} =$  $\qquad$ $1\dfrac{2}{3} \div 2\dfrac{1}{3} =$

$2\dfrac{2}{5} \div 1\dfrac{23}{25} =$  $\qquad$ $3\dfrac{1}{7} \div 5\dfrac{1}{2} =$  $\qquad$ $5\dfrac{1}{9} \div 7\dfrac{2}{3} =$

| 번호 | 체크 항목 | 잘했어요 | 조금 더 연습이 필요해요 | 도움이 필요해요 |
|---|---|---|---|---|
| 1 | 1번 문제를 권장 시간 안에 풀었나요? | ○ | ○ | ○ |
| 2 | 1번 문제의 정답률이 100%인가요? | ○ | ○ | ○ |
| 3 | 2번 문제를 권장 시간 안에 풀었나요? | ○ | ○ | ○ |
| 4 | 2번 문제의 정답률이 90% 이상인가요? | ○ | ○ | ○ |
| 5 | 3번 문제를 권장 시간 안에 풀었나요? | ○ | ○ | ○ |
| 6 | 3번 문제의 정답률이 90% 이상인가요? | ○ | ○ | ○ |
| 7 | 4번 문제의 정답률이 90% 이상인가요? | ○ | ○ | ○ |
| 8 | 5번 문제를 권장 시간 안에 풀었나요? | ○ | ○ | ○ |
| 9 | 5번 문제의 정답률이 90% 이상인가요? | ○ | ○ | ○ |
| 10 | 6번 문제를 권장 시간 안에 풀었나요? | ○ | ○ | ○ |
| 11 | 6번 문제의 정답률이 90% 이상인가요? | ○ | ○ | ○ |
| 12 | 7번 문제를 권장 시간 안에 풀었나요? | ○ | ○ | ○ |
| 13 | 7번 문제의 정답률이 90% 이상인가요? | ○ | ○ | ○ |
| 14 | 8번 문제를 권장 시간 안에 풀었나요? | ○ | ○ | ○ |
| 15 | 8번 문제의 정답률이 90% 이상인가요? | ○ | ○ | ○ |
| 16 | 9번 문제의 정답률이 90% 이상인가요? | ○ | ○ | ○ |

1 이번 미션에서 가장 자신 있었던 문제는 무엇인가요? 그 문제를 어떻게 정확하게 풀었는지 쓰세요.

2 이번 미션에서 가장 어려웠던 문제는 무엇인가요? 어떤 부분에서 헷갈렸는지 또는 실수했는지 쓰세요.

3 다음에는 어떻게 하면 더 잘할 수 있을까요? 실천할 수 있는 방법을 하나만 쓰세요.

# 분수의 혼합계산

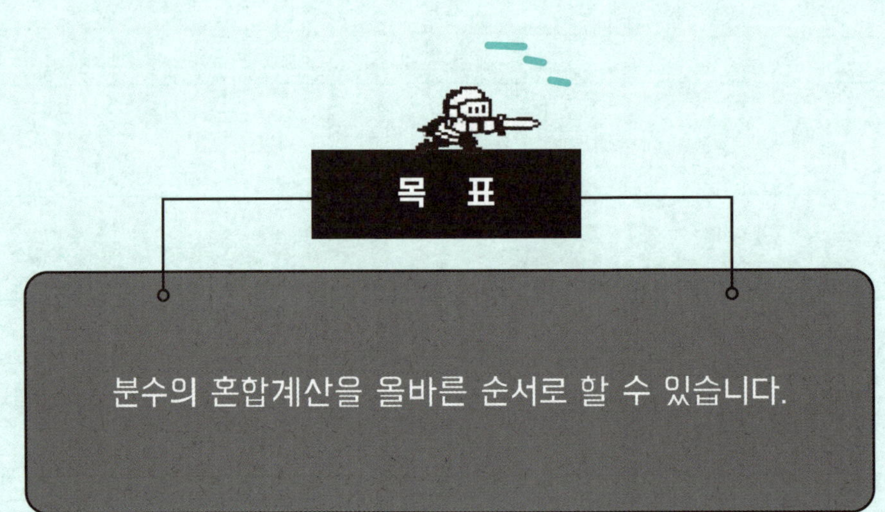

**목 표**

분수의 혼합계산을 올바른 순서로 할 수 있습니다.

보기

● **세 수의 곱셈**

(예) $\dfrac{1}{2} \times 1\dfrac{5}{6} \times \dfrac{2}{3}$

**방법 1** 두 수씩 곱하여 계산합니다. 이때 곱하는 순서를 바꾸어 곱해도 됩니다.

$$\frac{1}{2} \times 1\frac{5}{6} \times \frac{2}{3} = \left(\frac{1}{2} \times \frac{11}{6}\right) \times \frac{2}{3} = \frac{11}{12} \times \frac{2}{3} = \frac{11}{18}$$

**방법 2** 한꺼번에 계산합니다.

$$\frac{1}{2} \times 1\frac{5}{6} \times \frac{2}{3} = \frac{1}{2} \times \frac{11}{6} \times \frac{2}{3} = \frac{1 \times 11 \times 2}{2 \times 6 \times 3} = \frac{11}{18}$$

● **세 수의 나눗셈**

나눗셈을 분수의 곱셈으로 나타내어 계산합니다.

(예) $\dfrac{3}{4} \div \dfrac{7}{8} \div \dfrac{9}{10} = \dfrac{3}{4} \times \dfrac{8}{7} \times \dfrac{10}{9} = \dfrac{20}{21}$

● **세 수의 곱셈과 나눗셈**

나눗셈을 분수의 곱셈으로 나타내어 계산합니다.

(예) $\dfrac{4}{7} \div 8 \times \dfrac{1}{2}$

**방법 1** 앞에서부터 두 수씩 차례대로 계산합니다.

$$\frac{4}{7} \div 8 \times \frac{1}{2} = \frac{4}{7} \times \frac{1}{8} \times \frac{1}{2} = \frac{1}{14} \times \frac{1}{2} = \frac{1}{28}$$

**방법 2** 나눗셈을 곱셈으로 나타낸 후 한꺼번에 계산합니다.

$$\frac{4}{7} \div 8 \times \frac{1}{2} = \frac{4}{7} \times \frac{1}{8} \times \frac{1}{2} = \frac{1}{28}$$

**1** 다음을 계산하고, 계산값은 대분수 또는 기약분수로 나타내세요.

$\dfrac{3}{8}\times\dfrac{6}{15}\times\dfrac{5}{9}=$

$\dfrac{2}{3}\times\dfrac{6}{7}\times\dfrac{14}{15}=$

$\dfrac{7}{12}\times\dfrac{24}{49}\times\dfrac{9}{10}=$

$2\dfrac{5}{12}\times1\dfrac{5}{11}\times\dfrac{1}{2}=$

$\dfrac{21}{64}\times2\dfrac{2}{7}\times2\dfrac{2}{3}=$

$1\dfrac{2}{3}\times\dfrac{1}{5}\times2\dfrac{3}{4}=$

$1\dfrac{1}{17}\times\dfrac{7}{86}\times2\dfrac{5}{6}=$

$6\dfrac{2}{5}\times\dfrac{5}{6}\times3\dfrac{1}{4}=$

$\dfrac{3}{14}\div\dfrac{2}{7}\div\dfrac{5}{14}=$

$2\div\dfrac{7}{9}\div\dfrac{10}{21}=$

$\dfrac{2}{3}\div4\div\dfrac{7}{15}=$

$4\div3\dfrac{7}{9}\div1\dfrac{1}{2}=$

$3\dfrac{5}{6}\div2\dfrac{1}{3}\div\dfrac{4}{7}=$

$3\dfrac{3}{4}\div3\dfrac{3}{8}\div1\dfrac{4}{9}=$

$1\dfrac{5}{8}\div5\dfrac{1}{5}\div\dfrac{1}{6}=$

**2** 다음을 계산하고, 계산값은 대분수 또는 기약분수로 나타내세요.

$\dfrac{5}{6} \div 5 \times 12 =$

$1\dfrac{7}{12} \times 36 \div \dfrac{3}{2} =$

$1\dfrac{8}{15} \div \dfrac{2}{5} \times \dfrac{3}{46} =$

$27 \times 2\dfrac{1}{6} \div 1\dfrac{4}{5} =$

$\dfrac{4}{9} \times \dfrac{3}{14} \div \dfrac{5}{7} =$

$3 \times \dfrac{2}{7} \div \dfrac{9}{14} =$

$\dfrac{4}{9} \div \dfrac{2}{3} \times 5\dfrac{1}{3} =$

$\dfrac{2}{5} \times 3\dfrac{1}{2} \div \dfrac{7}{10} =$

$\dfrac{5}{8} \times 1\dfrac{3}{4} \div \dfrac{7}{2} =$

$3\dfrac{1}{2} \times \dfrac{5}{14} \div \dfrac{5}{9} =$

$1\dfrac{1}{4} \div 3\dfrac{1}{3} \times \dfrac{2}{9} =$

$2\dfrac{7}{9} \div 20 \times 6\dfrac{3}{4} =$

$8 \div 4\dfrac{1}{2} \times 20\dfrac{1}{4} =$

$3\dfrac{1}{3} \times 9\dfrac{1}{5} \div 3\dfrac{2}{7} =$

$4\dfrac{2}{3} \div 5\dfrac{5}{6} \times \dfrac{3}{8} =$

**보기**

분수의 덧셈, 뺄셈, 곱셈, 나눗셈 등 여러 가지 혼합계산은 다음과 같은 계산 순서를 지켜야 해요.

- 괄호가 있으면 괄호 안을 먼저 계산합니다.

- 덧셈, 뺄셈, 곱셈이 섞여 있는 식에서는 곱셈을 먼저 계산합니다.

- 덧셈, 뺄셈, 나눗셈이 섞여 있는 식에서는 나눗셈을 먼저 계산합니다.

- 덧셈, 뺄셈, 곱셈, 나눗셈이 섞여 있는 식에서는 곱셈과 나눗셈을 먼저 계산하고, 덧셈과 뺄셈을 계산합니다.

**3** 다음을 계산하여 기약분수로 나타내세요.

$$\frac{2}{5}+\frac{1}{2}\div3=$$

$$(\frac{2}{5}+\frac{1}{2})\div3=$$

$$\frac{5}{6}-\frac{1}{3}\div2=$$

$$(\frac{5}{6}-\frac{1}{3})\div2=$$

$$\frac{2}{3}\times\frac{9}{14}+1\frac{3}{7}=$$

$$\frac{2}{3}\times(\frac{9}{14}+1\frac{3}{7})=$$

$3 \div \dfrac{6}{7} \times \dfrac{8}{21} - \dfrac{1}{3} =$

$\dfrac{9}{10} \div \dfrac{3}{5} - (2 - \dfrac{1}{2}) =$

$6 - \dfrac{2}{3} \times \dfrac{3}{4} \div \dfrac{16}{3} =$

$(6 - \dfrac{2}{3}) \times \dfrac{3}{4} \div \dfrac{16}{3} =$

$5 + 4 \div \dfrac{2}{3} - \dfrac{1}{2} =$

$(5 + 4) \div \dfrac{2}{3} - \dfrac{1}{2} =$

$\dfrac{1}{3} \div (\dfrac{1}{4} - \dfrac{1}{6}) \times \dfrac{5}{8} =$

$(\dfrac{1}{3} \div \dfrac{1}{4} - \dfrac{1}{6}) \times \dfrac{5}{8} =$

| 체크 항목 | 잘했어요 | 조금 더 연습이 필요해요 | 도움이 필요해요 |
|---|---|---|---|
| 1 1번 문제의 정답률이 90% 이상인가요? | ○ | ○ | ○ |
| 2 2번 문제의 정답률이 90% 이상인가요? | ○ | ○ | ○ |
| 3 3번 문제의 정답률이 90% 이상인가요? | ○ | ○ | ○ |

1 이번 미션에서 가장 자신 있었던 문제는 무엇인가요? 그 문제를 어떻게 정확하게 풀었는지 쓰세요.

2 이번 미션에서 가장 어려웠던 문제는 무엇인가요? 어떤 부분에서 헷갈렸는지 또는 실수했는지 쓰세요.

3 다음에는 어떻게 하면 더 잘할 수 있을까요? 실천할 수 있는 방법을 하나만 쓰세요.

**1** 다음 물음에 답하세요.

1) 기약분수가 무엇인지 적으세요.

2) 기약분수의 예를 3개 들어 보세요.

3) 분모가 12인 진분수 가운데 기약분수에 ◯ 표시를 하세요.

$$\frac{1}{12}, \ \frac{2}{12}, \ \frac{3}{12}, \ \frac{4}{12}, \ \frac{5}{12}, \ \frac{6}{12}, \ \frac{7}{12}, \ \frac{8}{12}, \ \frac{9}{12}, \ \frac{10}{12}, \ \frac{11}{12}$$

4) 단위분수가 무엇인지 적으세요.

5) 단위분수의 예를 3개 들어 보세요.

**2** 수 카드 9장 가운데 2장을 골라 가장 큰 가분수를 만들고, 대분수로 나타내세요.

| 3 | 4 | 5 | 6 | 7 | 8 | 9 | 10 | 11 |
|---|---|---|---|---|---|---|----|----|

$$\frac{\square}{\square} = \square \frac{\square}{\square}$$

**3** $2\frac{3}{8}+4\frac{1}{8}$ 를 두 가지 방법으로 계산하세요.

방법 1 자연수는 자연수끼리, 분수는 분수끼리 더해서 계산합니다.

$$2\frac{3}{8}+4\frac{1}{8}=$$

방법 2 대분수를 가분수로 나타내어 계산합니다.

$$2\frac{3}{8}+4\frac{1}{8}=$$

**4** $5\frac{9}{10}-4\frac{7}{10}$ 를 두 가지 방법으로 계산하세요.

방법 1 자연수는 자연수끼리, 분수는 분수끼리 빼서 계산합니다.

$$5\frac{9}{10}-4\frac{7}{10}=$$

방법 2 대분수를 가분수로 나타내어 계산합니다.

$$5\frac{9}{10}-4\frac{7}{10}=$$

**5** 분모가 5인 두 가분수의 합이 $3\frac{4}{5}$ 인 덧셈식을 5개 적으세요(단 $\frac{5}{5}+\frac{14}{5}$ 와 $\frac{14}{5}+\frac{5}{5}$ 는 같은 덧셈식으로 생각합니다).

**6** 다음에서 알맞은 분수를 선택하여 식을 만들고 계산하세요.

$$9\frac{7}{12}, \ 11\frac{5}{12}, \ 14\frac{1}{12}, \ 10\frac{11}{12}$$

1) 합이 가장 큰 두 분수의 덧셈식을 쓰고 계산하세요. 계산값은 기약분수로 나타내세요.

2) 차가 가장 큰 두 분수의 뺄셈식을 쓰고 계산하세요. 계산값은 기약분수로 나타내세요.

**7** $\frac{24}{32}$를 약분하였더니 $\frac{3}{4}$이 되었습니다. 분모와 분자를 어떤 수로 나누나요?

**8** 어떤 두 기약분수를 통분하였더니 $\frac{8}{20}$와 $\frac{15}{20}$가 되었습니다. 통분하기 전의 두 분수를 구하세요.

**9** □ 안에 알맞은 자연수를 모두 구하세요.

$$\frac{2}{5} < \frac{3}{\square} < \frac{4}{7}$$

**10** 분모와 분자의 최소공배수는 90이고, 기약분수로 나타내면 $\dfrac{3}{5}$인 분수를 구하세요.

**11** $\dfrac{1}{6}+\dfrac{3}{8}$ 을 두 가지 방법으로 계산하세요.

 두 분모의 곱을 공통분모로 하여 통분한 후 계산합니다.
$$\dfrac{1}{6}+\dfrac{3}{8}=$$

 두 분모의 최소공배수를 공통분모로 하여 통분한 후 계산합니다.
$$\dfrac{1}{6}+\dfrac{3}{8}=$$

**12** $\dfrac{7}{9}-\dfrac{5}{12}$를 두 가지 방법으로 계산하세요

 두 분모의 곱을 공통분모로 하여 통분한 후 계산합니다.
$$\dfrac{7}{9}-\dfrac{5}{12}=$$

 두 분모의 최소공배수를 공통분모로 하여 통분한 후 계산합니다.
$$\dfrac{7}{9}-\dfrac{5}{12}=$$

**13** 숫자 카드를 한 번만 사용하여 만들 수 있는 가장 작은 대분수와 두 번째로 작은 대분수의 합은 얼마인지 구하세요.

**14** 어떤 수에서 $\dfrac{2}{11}$ 를 더해야 하는데 잘못하여 뺐더니 $\dfrac{5}{11}$ 가 되었습니다. 바르게 계산하면 얼마인지 구하세요.

**15** 다음 분수 계산에서 틀린 부분을 찾아 바르게 계산하세요.

$$5-2\frac{3}{4}=5-2+\frac{3}{4}=3\frac{3}{4}$$

**16** 민지는 휠체어를 타고 학교 정문에서 교실까지 혼자 이동하는 데 $7\dfrac{3}{5}$ 분이 걸립니다. 어느 날 친구 혜진이의 도움을 받아 $4\dfrac{1}{2}$ 분 만에 같은 거리를 이동했다면 정문에서 교실까지 이동하는 데 걸린 시간이 얼마나 빨라졌는지 구하세요.

**17** $\dfrac{1}{4}$ 이 3개인 수와 $\dfrac{1}{6}$ 이 5개인 수의 곱을 구하세요.

**18** $2\dfrac{3}{8}\times6$을 두 가지 방법으로 계산하세요.

방법 1 대분수를 가분수로 바꾸어 계산합니다.

$$2\dfrac{3}{8}\times6=$$

방법 2 대분수를 (자연수)+(진분수)로 바꾸어 각각 자연수와 곱한 후 더합니다.

$$2\dfrac{3}{8}\times6=$$

**19** 넓이가 $11\dfrac{5}{8}\ \text{cm}^2$인 사다리꼴이 있습니다. 이 사다리꼴의 윗변과 아랫변의 길이가 각각 $1\dfrac{1}{2}\ \text{cm}$, $3\dfrac{2}{3}\ \text{cm}$일 때 높이를 구하세요.

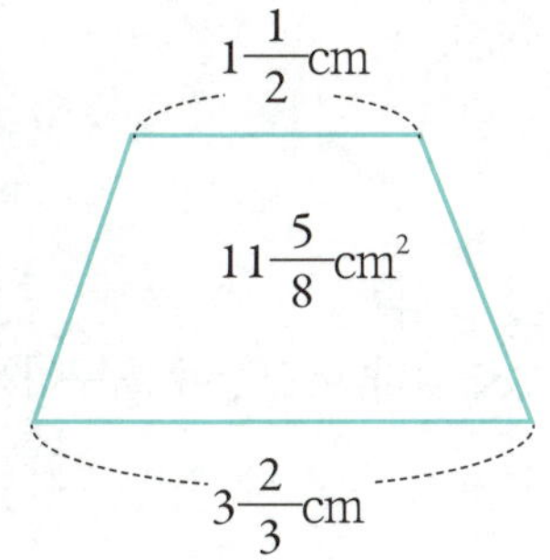


**20** 어느 영화관의 일반 시간대 관람료는 성인 1만 4,000원, 청소년 1만 1,000원입니다. 이 영화관에서는 첫 상영 시간대에 할인된 요금이 적용되며, 성인은 일반 요금의 $\dfrac{5}{7}$, 청소년은 $\dfrac{8}{11}$을 냅니다. 첫 상영 시간에 성인 2명과 청소년 1명이 영화를 보려고 할 때, 지불해야 하는 총 금액은 얼마인가요?

**1** 분모가 2보다 크고 6보다 작은 진분수 가운데 기약분수는 모두 몇 개인가요?

**2** $6-3\dfrac{1}{4}$ 를 두 가지 방법으로 계산하세요.

　방법 1 자연수에서 1만큼을 가분수로 만들어 계산합니다.

$$6-3\dfrac{1}{4}=$$

　방법 2 모두 가분수로 만들어 계산합니다.

$$6-3\dfrac{1}{4}=$$

**3** 어떤 분수의 분모와 분자를 각각 6으로 약분하였더니 $\dfrac{2}{7}$ 이 되었습니다. 어떤 분수를 구하세요.

**4** $\dfrac{2}{3}$ , $\dfrac{3}{10}$ 두 분수를 30을 공통분모로 하여 통분하세요.

**5** 혜진이와 민수는 똑같은 쿠키를 각각 전체의 $\frac{3}{5}$, $\frac{5}{8}$만큼 먹었습니다. 누가 더 많이 먹었는지 풀이 과정을 적고 설명해 보세요.

**6** $\frac{2}{7}$보다 크고 $\frac{6}{7}$보다 작은 분수 중에서 분모가 3인 기약분수를 모두 구하세요.

**7** 어떤 분수의 분모와 분자에 1을 더하고 4로 약분했더니 $\frac{5}{6}$가 되었습니다. 어떤 분수를 구하세요.

**8** $7\frac{4}{9}+1\frac{7}{8}$를 두 가지 방법으로 계산하세요.

방법 1 자연수는 자연수끼리, 분수는 분수끼리 더해서 계산합니다.

$$7\frac{4}{9}+1\frac{7}{8}=$$

방법 2 대분수를 가분수로 나타내어 계산합니다.

$$7\frac{4}{9}+1\frac{7}{8}=$$

**9** $2\frac{7}{8}-1\frac{5}{6}$ 를 두 가지 방법으로 계산하세요.

방법 1 자연수는 자연수끼리, 분수는 분수끼리 빼서 계산합니다.

$$2\frac{7}{8}-1\frac{5}{6}=$$

방법 2 대분수를 가분수로 나타내어 계산합니다.

$$2\frac{7}{8}-1\frac{5}{6}=$$

**10** 다음에서 가장 큰 수와 가장 작은 수의 차를 구하세요.

| | | | | |
|---|---|---|---|---|
| $7$ | $7\frac{2}{15}$ | $8$ | $7\frac{1}{2}$ | $8\frac{1}{3}$ |

**11** 집에서 학교로 가려고 합니다. 버스 정류장을 지나가는 길과 학교까지 바로 가는 길 가운데 어느 길로 가는 것이 얼마나 더 가까운지 구하세요.

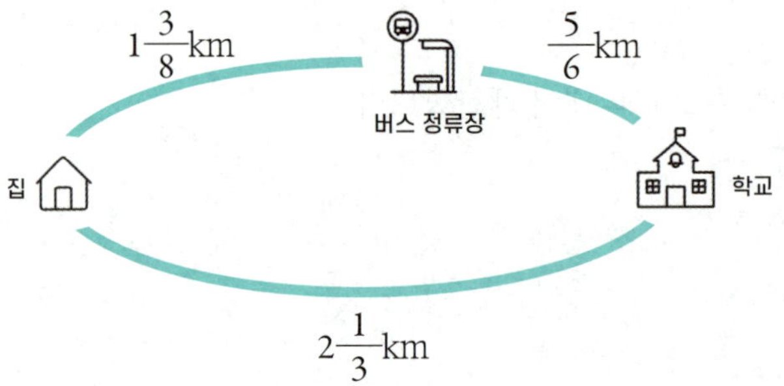

**12** 효진이는 리본끈 27m 중 $\dfrac{2}{9}$m를 사용했습니다. 효진이가 사용하고 남은 리본끈은 몇 m인지 구하세요.

**13** 다음을 계산한 값이 얼마인지 구하세요.

$$\left(1+\dfrac{2}{3}\right)\times\left(1+\dfrac{2}{5}\right)\times\left(1+\dfrac{2}{7}\right)\times\cdots\cdots\times\left(1+\dfrac{2}{15}\right)\times\left(1+\dfrac{2}{17}\right)\times\left(1+\dfrac{2}{19}\right)$$

**14** $3\dfrac{3}{8}\div\dfrac{15}{16}$를 두 가지 방법으로 계산하세요.

**방법 1** 분모를 같게 하여 계산합니다.

$$3\dfrac{3}{8}\div\dfrac{15}{16}=$$

**방법 2** 분수의 곱셈으로 나타내어 계산합니다.

$$3\dfrac{3}{8}\div\dfrac{15}{16}=$$

**15** □ 안에 알맞은 수를 구하세요.

$$\square\div\dfrac{2}{7}=1\dfrac{3}{5}$$

**16** 마름모의 한 대각선의 길이는 $1\frac{2}{7}$cm, 넓이는 $1\frac{1}{2}$cm²입니다. 마름모의 다른 대각선의 길이와 똑같은 길이로 정사각형의 한 변을 만들었을 때, 정사각형의 둘레는 얼마인지 구하세요.

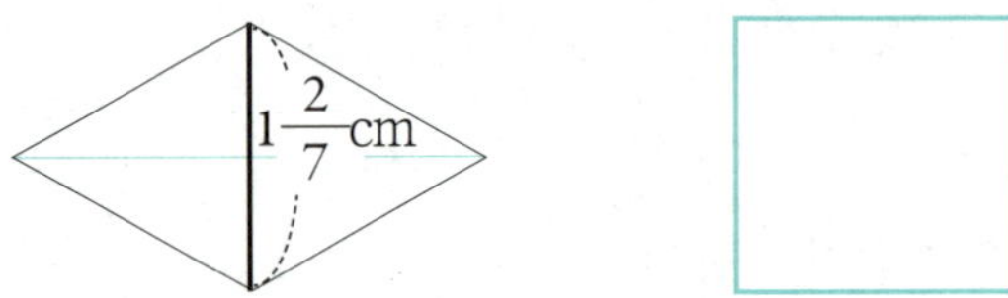


**17** 세희는 책 160쪽을 읽는 데 $1\frac{3}{5}$시간이 걸렸습니다. 그렇다면 1시간 동안 몇 쪽을 읽었는지 구하세요.

**18** 1부터 9 가운데 □ 안에 들어갈 수 있는 자연수를 모두 구하세요.

$$\square < 3\frac{1}{7} \div \frac{11}{14}$$

**19** 오디는 대개 5월 말부터 7월 초까지 수확하는 열매로, 익으면서 검은 빛을 띠는 자주색으로 변합니다. 가족끼리 오디 농장에 가서 오디를 수확한 뒤 무게를 재 보니 $3\frac{8}{9}$kg이었습니다. 수확한 오디를 우리 집과 이웃 주민 6명, 총 7명이 나누어 가지려고 합니다. 한 사람당 받을 수 있는 오디는 몇 kg인지 구하세요.

**20** 다음 물음에 답하세요.

1) 다음과 같이 $\dfrac{3}{4}$과 크기가 같은 분수가 있습니다.

$$\frac{3}{4} = \frac{6}{8} = \frac{9}{12}$$

이 분수들의 분자들끼리 더한 것을 분자로, 분모들끼리 더한 것을 분모로 하는 분수는 $\dfrac{3}{4}$과 크기가 같습니다.

$$\frac{3}{4} = \frac{6}{8} = \frac{9}{12} \Rightarrow \frac{3+6+9}{4+8+12} = \frac{18}{24} = \frac{3}{4}$$

이것을 가비의 이加比의 理라고 합니다. 가비의 이는 같은 크기의 분수에 같은 비를 더하여도 크기가 변하지 않는다는 뜻입니다.

$\dfrac{3+6+9}{4+8+12} = \dfrac{3}{4}$이 되는 이유를 생각하여 적으세요.

2) $\dfrac{2}{3} = \dfrac{4}{6} = \dfrac{6}{9} = \dfrac{8}{12} = \dfrac{10}{15}$입니다. 5개 분수의 분자들끼리 더한 것을 분자로, 분모들끼리 더한 것을 분모로 하는 분수를 계산하고, 계산값을 기약분수로 나타내세요.

우리 생활 속에서 분수 비교하기, 더하기나 빼기, 곱하기나 나누기가 쓰이는 상황을 떠올리세요. 떠오른 상황을 문제로 만들고 풀어 보세요.

**1** 어떤 상황인가요?

예) 생일파티에서 똑같은 크기의 케이크를 참석한 사람 수만큼 똑같이 나눌 때

**2** 어떤 수학 기호를 쓸 수 있나요?

예) 나누기

☐ 더하기(+)

☐ 빼기(−)

☐ 곱하기(×)

☐ 나누기(÷)

**3** 문제로 만드세요.

예) 생일파티에 케이크 2개가 있습니다. 5명이 똑같이 나누어 먹으려고 할 때, 한 사람이 받는 케이크는 전체의 몇 분의 몇인가요?

**4** 문제에 맞는 계산식과 정답을 적으세요.

예) $2 \div 5 = \dfrac{2}{5}$, 케이크 2개를 5명이 나누면 한 사람당 $\dfrac{2}{5}$개씩 받을 수 있습니다.

**5** 친구에게 이 문제를 설명할 수 있나요?

☐ 예 ☐ 아니오

# 분수란 무엇일까?

분수는 전체에 대한 부분을 나타내는 수로, $\dfrac{분자}{분모}$로 나타내요.
예를 들어

$$\dfrac{3}{7} \quad \leftarrow 분자 \\ \quad\ \ \leftarrow 분모$$

에서 아래에 있는 수 7은 전체를 몇 등분했는지를 나타내는 분모이고, 위에 있는 수 3은 그중 몇 개인지 나타내는 분자예요. 즉 전체를 7등분한 것 중 3개를 뜻하죠.
분수는 물건을 나눌 때, 길이·면적·무게 같은 양을 잴 때, 두 양을 비교할 때 등 다양한 상황에서 쓰여요.

## 전체 중 일부를 나타낼 때(전체에 대한 부분)

분수는 전체를 똑같이 나누었을 때, 그중 몇 개인지를 말할 때 사용해요. 예를 들어 $\dfrac{3}{5}$은 전체를 5개로 똑같이 나눈 것에서 3개를 말해요. 이렇게 분모는 전체를 몇 개로 나누었는지, 분자는 그중에서 몇 개인지 알려줘요. 만약 어떤 케이크를 3등분해서 그중 한 조각을 먹었다면 $\dfrac{1}{3}$을 먹은 것이고, 같은 양을 두 번 반복해서 먹었다면 $\dfrac{2}{3}$를 먹은 거예요.

## 물건을 나눌 때, 길이·면적·무게를 잴 때(분배와 측정)

분수는 어떤 것을 여러 명이 똑같이 나누거나, 길이나 면적 또는 무게 등을 잴 때도 사용해요. 예를 들어 빵 11개를 9명에게 똑같이 나누어 준다고 하면 한 사람당 $\dfrac{11}{9}$

$= 1\frac{2}{9}$, 즉 1과 $\frac{2}{9}$개씩 받을 수 있죠. 또한 어떤 막대의 길이가 1cm의 $5\frac{1}{2}$배라면 막대 길이는 $5\frac{1}{2}$cm로 나타낼 수 있어요. 이처럼 분수는 자연수만으로는 표현하기 어려운 정확한 양을 나타낼 때 유용하게 쓰여요.

## 수를 나눌 때(나눗셈의 몫)

분수는 나눗셈의 몫을 나타낼 때 사용해요. 예를 들어 2÷5는 자연수로 딱 떨어지지 않기 때문에 그 몫을 $\frac{2}{5}$로 나타낼 수 있어요. 이렇게 분수는 나눗셈의 결과를 정확하게 나타내 줍니다.

## 양을 줄이거나 늘릴 때(연산자)

분수는 양을 줄이거나 늘릴 때, 즉 축소하거나 확대할 때 사용해요. 케이크의 $\frac{2}{3}$를 먹었다면 전체 양을 3등분한 것 중 2개만큼 먹은 거예요. $\frac{5}{3}$를 먹었다면 케이크의 원래 양보다 더 많이 먹은 거죠. 이렇게 분수는 수량을 줄이거나 늘릴 때 유용한 도구랍니다.

## 두 양을 비교할 때(비율)

분수는 두 양을 비교할 때 쓰여요. $\frac{1}{2}$과 $\frac{2}{4}$를 비교해 볼까요? 두 분수는 정확하게는 다른 수예요. 왜냐하면 $\frac{1}{2}$은 2등분한 것 중의 1만큼 해당하는 값이고, $\frac{2}{4}$는 4등분한 것 중의 2만큼 해당하는 값이기 때문이죠. 그렇지만 두 양 $\frac{1}{2}$과 $\frac{2}{4}$의 상대적인 크기는 $\frac{1}{2}$과 같아요. 피자 한 판을 반으로 자른 것과 4조각 중 2조각을 자른 것은 같은 양이니까요. 다시 말해 전체 중 부분을 나타낼 때의 분수 $\frac{1}{2}$과 $\frac{2}{4}$는 다르지만, 두 양의 상대적인 크기를 나타내는 비의 의미로 보면 같은 양을 나타냅니다.

두 양의 크기를 비교하는 방법은 두 가지가 있습니다.
교실에 남학생 10명과 여학생 20명이 있다면 다음과 같이 비교할 수 있어요.

1) 두 양의 차로 비교(두 양의 차)
남학생은 여학생보다 10명이 적다
여학생은 남학생보다 10명이 많다.

2) 비율로 비교(상대적 크기)
전체를 기준으로 비교하면

남학생 비율 : $\frac{10}{30}(=\frac{1}{3})$

여학생 비율 : $\frac{20}{30}(=\frac{2}{3})$

기준을 바꿔서 비교하면
남학생을 기준으로 한 여학생 비율 : 2
여학생을 기준으로 한 남학생 비율 : $\frac{10}{20}$

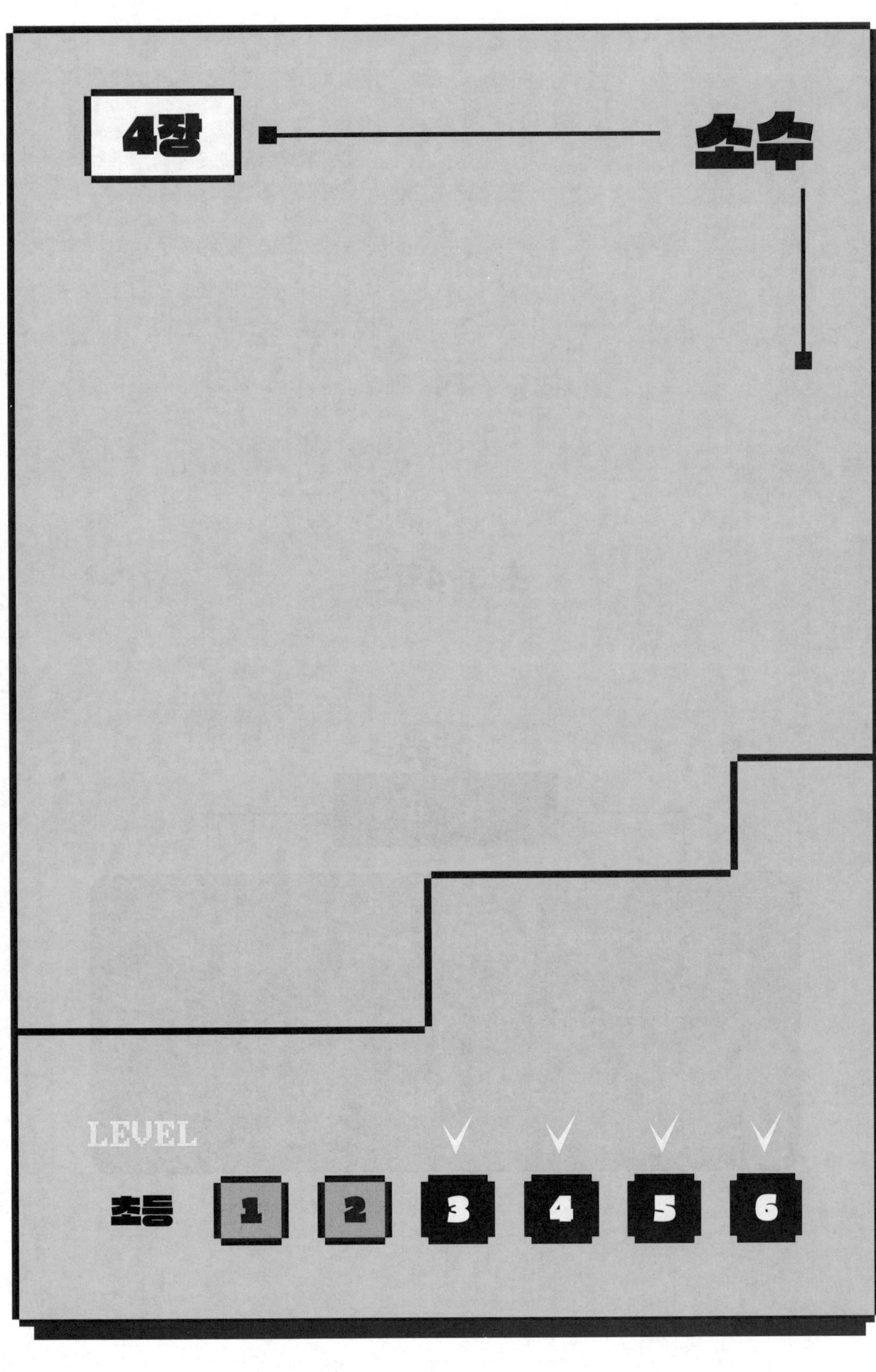

4장
소수
LEVEL
초등
1
2
3
4
5
6

# 소수 이해하기
## 초 3~4학년

목  표

분모가 10인 분수를 통하여 소수를 알 수 있습니다.

소수를 읽고 쓸 수 있습니다.

소수의 크기를 비교할 수 있습니다.

보기

● 소수

0.1, 0.2, 0.3, ……과 같은 수를 소수라 하고, '.'을 소수점이라고 합니다.

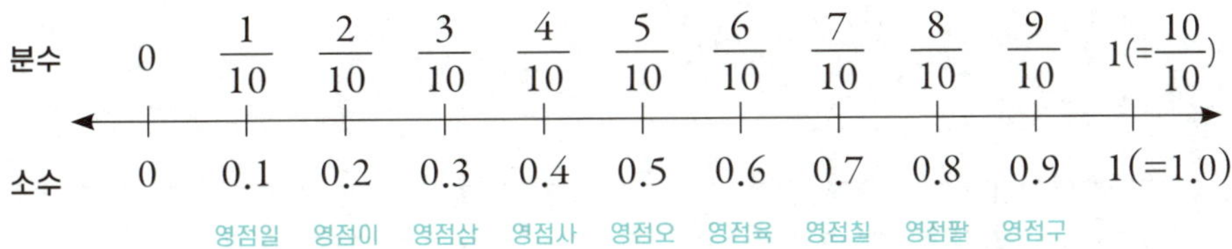


● 수직선으로 알아보기

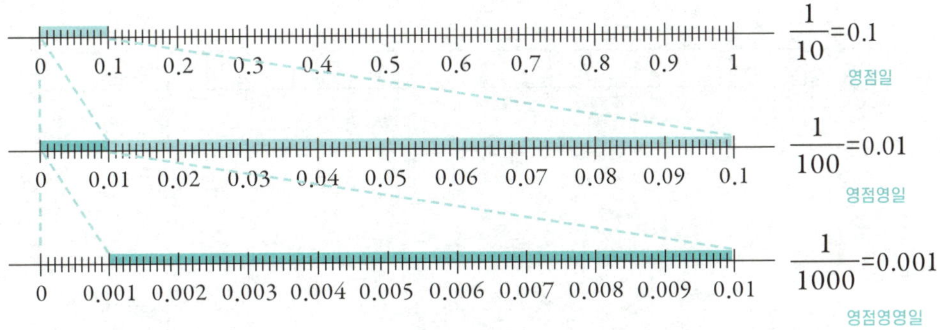


● 1, 0.1, 0.01, 0.001 사이의 관계

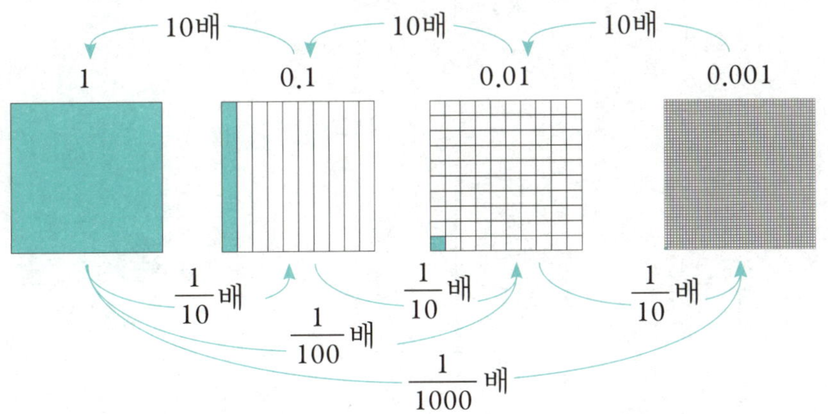

**1** 주어진 소수의 크기만큼 색칠한 다음 읽어 보세요. 그리고 소수를 분수로 나타내세요.

0.1

읽기 (　영점일　)　　　　　　$0.1=\dfrac{1}{10}$

0.3

읽기 (　　　　　)　　　　　　$0.3=\dfrac{\square}{\square}$

0.6

읽기 (　　　　　)　　　　　　$0.6=\dfrac{\square}{\square}$

0.7

읽기 (　　　　　)　　　　　　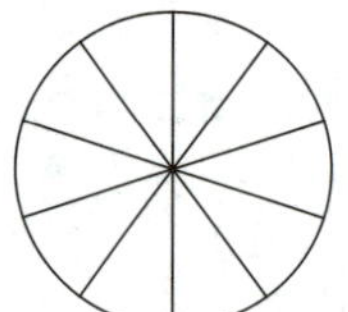　　　　　　$0.7=\dfrac{\square}{\square}$

0.8

읽기 (　　　　　)　　　　　　$0.8=\dfrac{\square}{\square}$

1.3

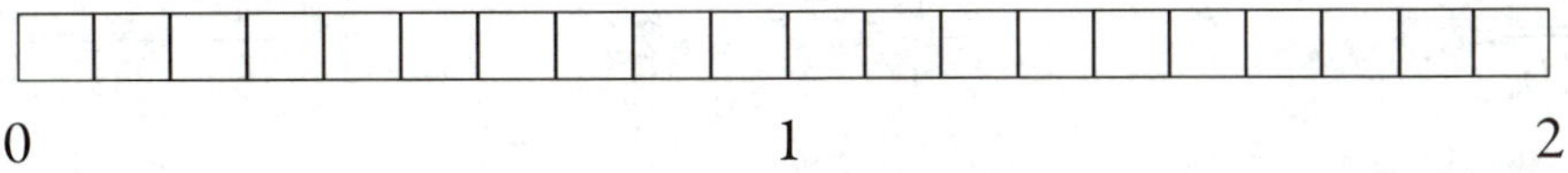

0         1         2

읽기 (　　　　　　)　　　　　　　$1.3 = \dfrac{\square}{\square}$

2.25

읽기 (　　　　　　)　　　　　　　$2.25 = \dfrac{\square}{\square}$

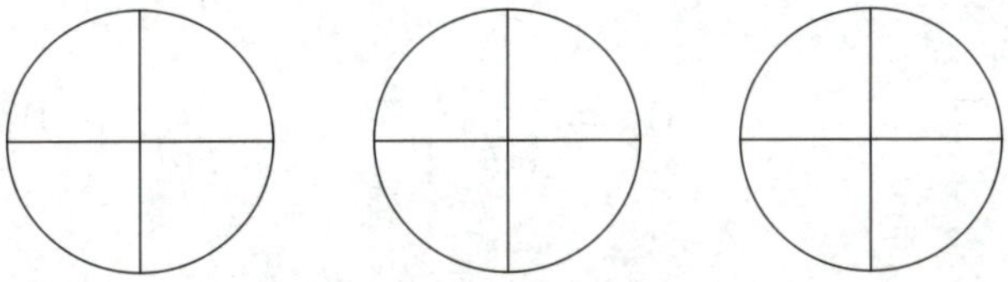

0.57

읽기 (　　　　　　)　　　　　　　$0.57 = \dfrac{\square}{\square}$

0.83

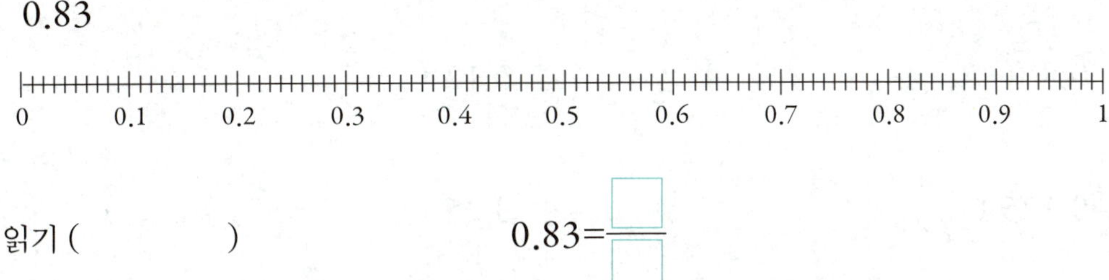

0  0.1  0.2  0.3  0.4  0.5  0.6  0.7  0.8  0.9  1

읽기 (　　　　　　)　　　　　　　$0.83 = \dfrac{\square}{\square}$

**2** □ 안에 알맞은 수를 적으세요.

$\dfrac{\boxed{\phantom{0}}}{10}=0.3$ 　　　　 $\dfrac{1}{4}=\dfrac{25}{\boxed{\phantom{0}}}=0.25$ 　　　　 $\dfrac{2}{5}=\dfrac{\boxed{\phantom{0}}}{10}=0.4$

$\dfrac{1}{2}=\dfrac{\boxed{\phantom{0}}}{10}=0.5$ 　　　　 $\dfrac{3}{15}=\dfrac{1}{\boxed{\phantom{0}}}=\dfrac{2}{\boxed{\phantom{0}}}=0.2$ 　　　　 $\dfrac{8}{20}=\dfrac{4}{\boxed{\phantom{0}}}=0.4$

$0.2=\dfrac{\boxed{\phantom{0}}}{10}=\dfrac{1}{\boxed{\phantom{0}}}$ 　　　　 $0.6=\dfrac{\boxed{\phantom{0}}}{10}=\dfrac{3}{\boxed{\phantom{0}}}$ 　　　　 $0.03=\dfrac{\boxed{\phantom{0}}}{100}$

$0.15=\dfrac{\boxed{\phantom{0}}}{100}=\dfrac{3}{\boxed{\phantom{0}}}$ 　　　　 $0.123=\dfrac{123}{\boxed{\phantom{0}}}$ 　　　　 $0.409=\dfrac{\boxed{\phantom{0}}}{1000}$


**3** 다음 소수를 기약분수로 나타내세요.

0.2 (　　　　　　　) 　　　　 0.04 (　　　　　　　)

0.35 (　　　　　　　) 　　　　 0.5 (　　　　　　　)

0.8 (　　　　　　　) 　　　　 0.12 (　　　　　　　)

0.125 (　　　　　　　) 　　　　 0.25 (　　　　　　　)

**4** □ 안에 알맞은 수를 적으세요.

0.1이 3개이면 [ ]입니다.          0.1이 59개이면 [ ]입니다.

2cm 6mm = [ ]cm          37mm = [ ]cm

200g = [ ]kg          40mL = [ ]L

**5** 분수와 소수의 크기를 비교하여 >, =, < 가운데 알맞은 기호를 적으세요.

$\dfrac{1}{4} \bigcirc 0.21$          $\dfrac{9}{50} \bigcirc 0.15$          $1.2 \bigcirc \dfrac{6}{5}$

$15.2 \bigcirc 15\dfrac{1}{2}$          $0.8 \bigcirc \dfrac{7}{8}$          $\dfrac{3}{25} \bigcirc 0.2$

$\dfrac{2}{3} \bigcirc 0.6$          $1.9 \bigcirc \dfrac{19}{11}$          $0.25 \bigcirc \dfrac{2}{7}$

$\dfrac{4}{5} \bigcirc 0.81$          $3.2 \bigcirc \dfrac{16}{5}$          $\dfrac{17}{6} \bigcirc 2.5$

| 체크 항목 | 잘했어요 | 조금 더 연습이 필요해요 | 도움이 필요해요 |
|---|---|---|---|
| 1 1번 문제의 정답률이 100%인가요? | ○ | ○ | ○ |
| 2 2번 문제의 정답률이 100%인가요? | ○ | ○ | ○ |
| 3 3번 문제에서 소수를 기약분수로 정확하게 나타냈나요? | ○ | ○ | ○ |
| 4 4번 문제에서 단위 변환을 소수로 정확하게 나타냈나요? | ○ | ○ | ○ |
| 5 5번 문제에서 분수와 소수의 크기를 비교하여 알맞은 부등호로 나타냈나요? | ○ | ○ | ○ |

1 이번 미션에서 가장 자신 있었던 문제는 무엇인가요? 그 문제를 어떻게 정확하게 풀었는지 쓰세요.

2 이번 미션에서 가장 어려웠던 문제는 무엇인가요? 어떤 부분에서 헷갈렸는지 또는 실수했는지 쓰세요.

3 다음에는 어떻게 하면 더 잘할 수 있을까요? 실천할 수 있는 방법을 하나만 쓰세요.

# 소수의 덧셈과 뺄셈

## 초 4학년

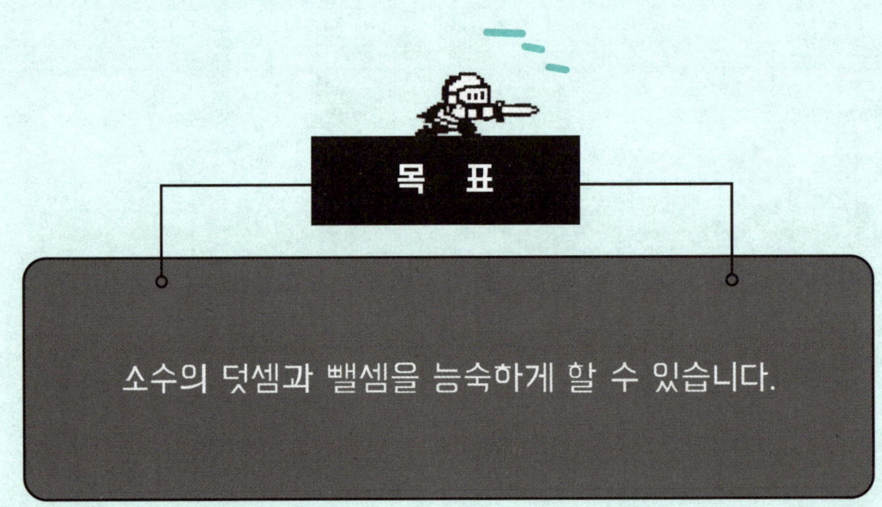

● **소수 한 자리 수, 두 자리 수, 세 자리 수의 덧셈**

소수의 덧셈은 아래와 같이 계산합니다.

$$0.7 + 1.9 = 2.6 \qquad 2.68 + 1.93 = 4.61 \qquad 0.639 + 0.537 = 1.176$$

● **0.7+1.9=2.6 이해하기**

방법 1 영역을 나누어 생각합니다.

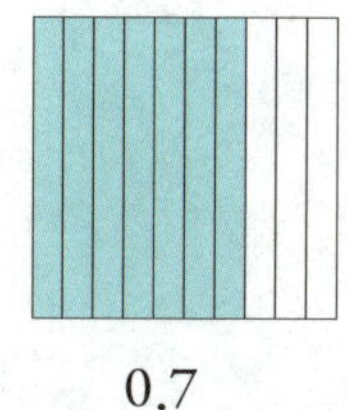

0.7   1.9

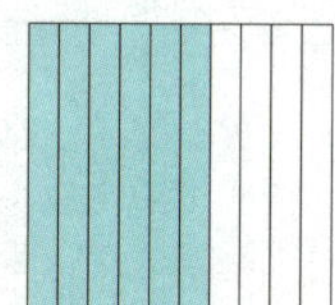

2.6

방법 2 수직선을 통하여 길이로 구분합니다.

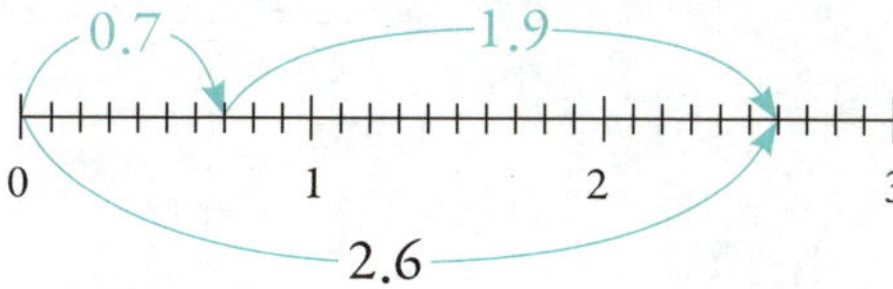

**1** 다음을 계산하세요.

$$\begin{array}{r} 0.2 \\ +\ 0.3 \\ \hline \end{array} \qquad \begin{array}{r} 0.7 \\ +\ 0.9 \\ \hline \end{array} \qquad \begin{array}{r} 1.4 \\ +\ 0.5 \\ \hline \end{array}$$

$$\begin{array}{r} 0.6 \\ +\ 5.2 \\ \hline \end{array} \qquad \begin{array}{r} 4.1 \\ +\ 3.8 \\ \hline \end{array} \qquad \begin{array}{r} 5.3 \\ +\ 1.4 \\ \hline \end{array}$$

$$\begin{array}{r} 5.6 \\ +\ 1.5 \\ \hline \end{array} \qquad \begin{array}{r} 4.5 \\ +\ 7.8 \\ \hline \end{array} \qquad \begin{array}{r} 6.8 \\ +\ 3.4 \\ \hline \end{array}$$

$$\begin{array}{r} 2.4 \\ +\ 5.7 \\ \hline \end{array} \qquad \begin{array}{r} 8.7 \\ +\ 5.3 \\ \hline \end{array} \qquad \begin{array}{r} 6.4 \\ +\ 5.9 \\ \hline \end{array}$$

$$\begin{array}{r} 0.07 \\ +\ 1.02 \\ \hline \end{array} \qquad \begin{array}{r} 0.13 \\ +\ 2.45 \\ \hline \end{array} \qquad \begin{array}{r} 4.23 \\ +\ 1.65 \\ \hline \end{array}$$

$$\begin{array}{r} 2.14 \\ +\ 4.37 \\ \hline \end{array} \qquad \begin{array}{r} 7.95 \\ +\ 5.36 \\ \hline \end{array} \qquad \begin{array}{r} 5.16 \\ +\ 7.88 \\ \hline \end{array}$$

$$\begin{array}{r} 12 \\ +\ \ 8.03 \\ \hline \end{array} \qquad \begin{array}{r} 9.58 \\ +\ 6 \\ \hline \end{array} \qquad \begin{array}{r} 6.3 \\ +\ 3.92 \\ \hline \end{array}$$

$$\begin{array}{r} 3.4 \\ +\ 1.98 \\ \hline \end{array} \qquad \begin{array}{r} 5.92 \\ +\ 4.16 \\ \hline \end{array} \qquad \begin{array}{r} 12.35 \\ +\ \ 7.09 \\ \hline \end{array}$$

$$\begin{array}{r} 8.57 \\ +\ 0.16 \\ \hline \end{array} \qquad \begin{array}{r} 12.68 \\ +\ 37.5 \\ \hline \end{array} \qquad \begin{array}{r} 0.316 \\ +\ 0.728 \\ \hline \end{array}$$

$$\begin{array}{r} 2.658 \\ +\ 6.129 \\ \hline \end{array} \qquad \begin{array}{r} 7.384 \\ +\ 5.217 \\ \hline \end{array} \qquad \begin{array}{r} 11.096 \\ +\ 27.375 \\ \hline \end{array}$$

**2** 다음을 계산하세요.

0.4+0.3=                    3.2+4.1=

0.6+0.8=                    0.7+0.9=

4.6+8.7=                    7.4+5.8=

12+2.49=                    6.23+9=

2.7+5.31=                   2.49+3.4=

3.9+38.5=                   25.5+3.6=

8.61+1.67=                  7.18+5.06=

• 보기 •

● **소수 한 자리 수, 두 자리 수, 세 자리 수의 뺄셈**

$$
\begin{array}{r}
\overset{0\;\;10}{\cancel{1}.2} \\
-\;0.3 \\
\hline
0.9
\end{array}
\qquad
\begin{array}{r}
\overset{6\;\;14\;\;10}{0.7\,5\,2} \\
+\;0.4\,6\,8 \\
\hline
0.2\,8\,4
\end{array}
\qquad
\begin{array}{r}
\overset{2\;\;13\;\;10}{3.4} \\
+\;1.7\,2 \\
\hline
1.6\,8
\end{array}
$$

● **1.2-0.3=0.9 이해하기**

**방법 1** 영역을 나누어 생각합니다.

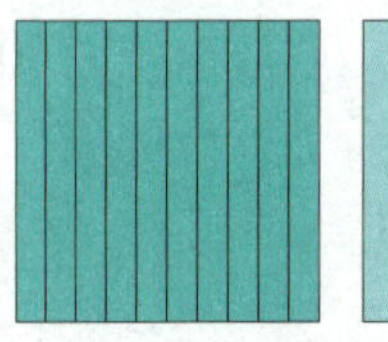
1.2

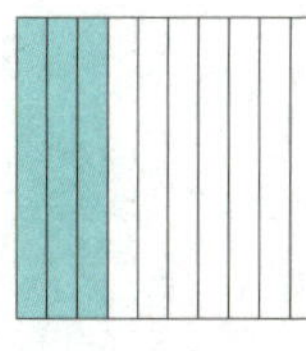
0.3

0.9

**방법 2** 수직선을 통하여 길이로 구분합니다.

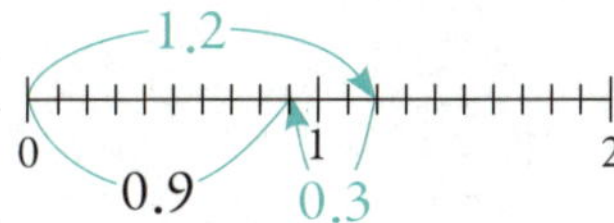

**3** 다음을 계산하세요.

$$\begin{array}{r} 0.8 \\ -\ 0.2 \\ \hline \end{array} \qquad \begin{array}{r} 0.7 \\ -\ 0.4 \\ \hline \end{array} \qquad \begin{array}{r} 1.6 \\ -\ 0.3 \\ \hline \end{array}$$

$$\begin{array}{r} 1.4 \\ -\ 0.6 \\ \hline \end{array} \qquad \begin{array}{r} 7.2 \\ -\ 5.3 \\ \hline \end{array} \qquad \begin{array}{r} 2.1 \\ -\ 0.8 \\ \hline \end{array}$$

$$\begin{array}{r} 3.2 \\ -\ 1.5 \\ \hline \end{array} \qquad \begin{array}{r} 13.4 \\ -\ 9.7 \\ \hline \end{array} \qquad \begin{array}{r} 21.7 \\ -\ 12.8 \\ \hline \end{array}$$

$$\begin{array}{r} 1.04 \\ -\ 0.8 \\ \hline \end{array} \qquad \begin{array}{r} 5.12 \\ -\ 3.9 \\ \hline \end{array} \qquad \begin{array}{r} 6.13 \\ -\ 5.8 \\ \hline \end{array}$$

$$\begin{array}{r} 7.46 \\ -\ 3.25 \\ \hline \end{array} \qquad \begin{array}{r} 7.49 \\ -\ 5.09 \\ \hline \end{array} \qquad \begin{array}{r} 8.2 \\ -\ 1.46 \\ \hline \end{array}$$

| | | |
|---|---|---|
| 5.3<br>− 1.62 | 4.1<br>− 2.83 | 13.25<br>− 7.49 |
| 11<br>− 8.32 | 9.6<br>− 6.42 | 25.3<br>− 9.76 |
| 0.749<br>− 0.216 | 6.789<br>− 3.548 | 11.574<br>− 9.361 |
| 6.802<br>− 6.498 | 5.23<br>− 4.159 | 15<br>− 9.263 |
| 11.31<br>− 5.627 | 7.162<br>− 5.89 | 16.02<br>− 11.142 |

3.5-1.4=                    7.9-2.6=

1.2-0.6=                    3.4-2.8=

5.1-3.7=                    11.7-10.8=

5.78-3.62=                  13.25-4.98=

12.86-12=                   7.26-1.9=

25.12-23.86=               16.02-3.95=

9-2.39=                     4.31-2.38=

| | 체크 항목 | 잘했어요 | 조금 더 연습이 필요해요 | 도움이 필요해요 |
|---|---|---|---|---|
| 1 | 1번 문제의 정답률이 90% 이상인가요? | ○ | ○ | ○ |
| 2 | 2번 문제의 정답률이 90% 이상인가요? | ○ | ○ | ○ |
| 3 | 3번 문제의 정답률이 90% 이상인가요? | ○ | ○ | ○ |
| 4 | 4번 문제의 정답률이 90% 이상인가요? | ○ | ○ | ○ |

1 이번 미션에서 가장 자신 있었던 문제는 무엇인가요? 그 문제를 어떻게 정확하게 풀었는지 쓰세요.

2 이번 미션에서 가장 어려웠던 문제는 무엇인가요? 어떤 부분에서 헷갈렸는지 또는 실수했는지 쓰세요.

3 다음에는 어떻게 하면 더 잘할 수 있을까요? 실천할 수 있는 방법을 하나만 쓰세요.

# 소수의 곱셈
## 초 5학년

소수의 곱셈을 능숙하게 할 수 있습니다.

**보기**

● **(소수)×(자연수)**

예) $0.7×4$

**방법 1** 소수의 덧셈으로 계산합니다.

$$0.7×4=0.7+0.7+0.7+0.7=2.8$$

**방법 2** 0.1의 개수로 계산합니다.

0.7은 0.1이 7개인 수이므로 $0.7×4=0.1×7×4=0.1×28$입니다.

따라서 $0.7×4$는 0.1이 모두 28개이므로 2.8입니다.

**방법 3** 분수의 곱셈으로 바꾼 후 계산합니다.

$$0.7×4=\frac{7}{10}×4=\frac{28}{10}=2.8$$

**방법 4** 자연수의 곱셈과 같이 계산한 후 소수점의 자리를 맞추어 찍습니다.

$$\frac{1}{10}배 \quad 7×4=28 \quad \frac{1}{10}배$$
$$0.7×4=2.8$$

$$\begin{array}{r} 0.7 \\ ×\quad 4 \\ \hline 2.8 \end{array} \quad \text{소수 한 자리 수}$$

● **(자연수)×(소수)**

예) $4×0.7$

**방법 1** 분수의 곱셈으로 바꾼 후 계산합니다.

$$4×0.7=4×\frac{7}{10}=\frac{4×7}{10}=\frac{28}{10}=2.8$$

**방법 2** 자연수의 곱셈과 같이 계산한 후 소수점의 자리를 맞추어 찍습니다.

$$\frac{1}{10}배 \quad 4×7=28 \quad \frac{1}{10}배$$
$$4×0.7=2.8$$

$$\begin{array}{r} 4 \\ ×\ 0.7 \\ \hline 2.8 \end{array} \quad \text{소수 한 자리 수}$$

곱하는 수가 $\frac{1}{10}$배가 되면 계산 결과도 $\frac{1}{10}$배가 됩니다.

**● (소수)×(자연수)와 (자연수)×(소수) 값 비교**

두 수의 순서를 바꾸어 곱해도 계산 결과는 같습니다.

예) $0.7×4=4×0.7=2.8$

**1** 다음을 계산하세요.

| | |
|---|---|
| $0.6×8=$ | $9.4×6=$ |
| $4.21×6=$ | $0.89×7=$ |
| $6.39×8=$ | $1.05×20=$ |
| $3.04×50=$ | $0.425×80=$ |
| $12×0.5=$ | $8×1.7=$ |
| $5×1.03=$ | $8×0.73=$ |
| $9×3.52=$ | $6×5.89=$ |
| $36×0.04=$ | $100×27=$ |

---

**보기**

예) 2.3×6.7

**방법 1** 소수를 분수의 곱셈으로 바꾼 후 계산합니다.

$$2.3 \times 6.7 = \frac{23}{10} \times \frac{67}{10} = \frac{1541}{100} = 15.41$$

**방법 2** 자연수의 곱셈과 같이 계산한 후 소수점의 자리를 맞추어 찍습니다.

곱해지는 수와 곱하는 수가 각각 $\frac{1}{10}$배가 되면 계산 결과는 $\frac{1}{100}$배가 됩니다.

$$23 \times 67 = 1541$$

$\frac{1}{10}$배, $\frac{1}{100}$배

$$2.3 \times 6.7 = 15.41$$

소수 한 자리 수    소수 두 자리 수

$$\begin{array}{r} 2.3 \leftarrow \text{소수 한 자리 수} \\ \times\ 6.7 \leftarrow \text{소수 한 자리 수} \\ \hline 161 \\ 138\phantom{0} \\ \hline 15.41 \leftarrow \text{소수 두 자리 수} \end{array}$$

---

**2** 다음을 계산하세요.

| | | |
|---|---|---|
| 0.4×0.6= | 0.5×0.7= | 0.2×0.9= |
| 1.1×1.1= | 1.2×1.2= | 1.3×1.3= |
| 1.4×1.4= | 1.5×1.5= | 2.3×0.4= |
| 3.5×2.3= | 4.1×2.7= | 0.2×0.35= |
| 0.6×0.25= | 0.73×0.8= | 0.69×0.2= |

보기

● (소수)×(자연수)

곱의 소수점은 처음 소수점의 자리에서 곱하는 수의 0의 개수만큼 오른쪽으로 옮겨서 찍습니다.

예) 3.12×1=3.12

3.12×10=31.2

3.12×100=312

3.12×1000=3120

● (자연수)×(소수)

곱의 소수점은 처음 소수점의 자리에서 곱하는 수의 소수점 아래 자리 수만큼 왼쪽으로 옮겨서 찍습니다.

예) 312×0.1=31.2

312×0.01=3.12

312×0.001=0.312

● (소수)×(소수)

곱하는 두 수의 소수점 아래 자리 수를 더한 것과 곱의 소수점 아래 자리 수가 같습니다.

예) 0.7×0.6=0.42

0.7×0.06=0.042

0.07×0.6=0.042

0.07×0.06=0.0042

**3** 곱의 소수점 위치를 생각하며 빈칸에 알맞은 수를 적으세요.

$0.291 \times 10 =$ 

$0.291 \times 100 =$ 

$0.291 \times 1000 =$ 

$0.291 \times 10000 =$ 

$1025 \times 0.1 =$ 

$1025 \times 0.01 =$ 

$1025 \times 0.001 =$ 

$1025 \times 0.0001 =$ 

$11 \times 12 =$ 

$1.1 \times 12 =$ 

$11 \times 1.2 =$ 

$1.1 \times 1.2 =$

| | 체크 항목 | 잘했어요 | 조금 더 연습이 필요해요 | 도움이 필요해요 |
|---|---|---|---|---|
| 1 | 1번 문제의 정답률이 90% 이상인가요? | ○ | ○ | ○ |
| 2 | 2번 문제의 정답률이 90% 이상인가요? | ○ | ○ | ○ |
| 3 | 3번 문제에서 곱셈 결과를 정확하게 적었나요? | ○ | ○ | ○ |

1 이번 미션에서 가장 자신 있었던 문제는 무엇인가요? 그 문제를 어떻게 정확하게 풀었는지 쓰세요.

2 이번 미션에서 가장 어려웠던 문제는 무엇인가요? 어떤 부분에서 헷갈렸는지 또는 실수했는지 쓰세요.

3 다음에는 어떻게 하면 더 잘할 수 있을까요? 실천할 수 있는 방법을 하나만 쓰세요.

# 소수의 나눗셈

## 초 6학년

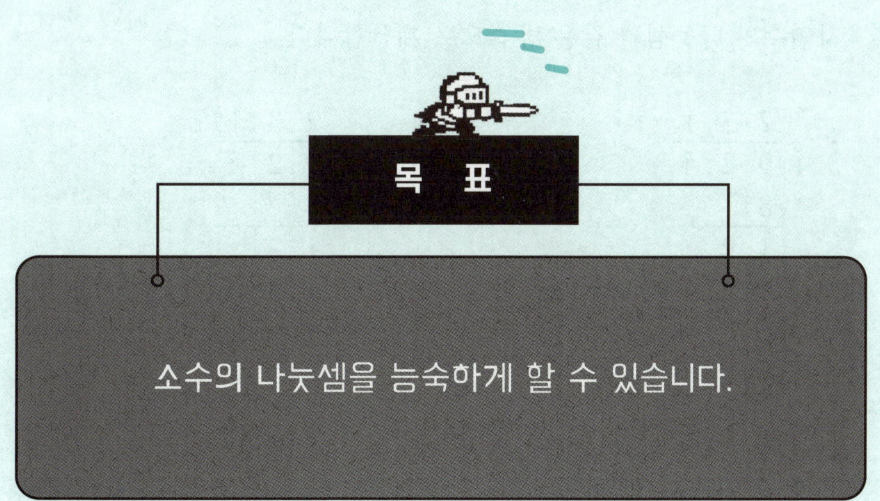

**보기**

예) $92.4÷4$, $9.24÷4$

**방법 1** $924÷4$, $92.4÷4$, $9.24÷4$를 비교하여 계산합니다.

$$924÷4=231$$
$$92.4÷4=23.1$$
$$9.24÷4=2.31$$

**방법 2** 분수의 나눗셈으로 바꾼 후 계산합니다.

$$92.4÷4=\frac{924}{10}÷4=\frac{924÷4}{10}=\frac{231}{10}=23.1$$

$$9.24÷4=\frac{924}{100}÷4=\frac{924÷4}{100}=\frac{231}{100}=2.31$$

**방법 3** 자연수의 나눗셈과 같은 방법으로 계산합니다.

$$\begin{array}{r} 23.1 \\ 4\overline{)92.4} \\ 8\phantom{2.4} \\ \hline 12\phantom{.4} \\ 12\phantom{.4} \\ \hline 4 \\ 4 \\ \hline 0 \end{array} \qquad \begin{array}{r} 2.31 \\ 4\overline{)9.24} \\ 8\phantom{.24} \\ \hline 12\phantom{4} \\ 12\phantom{4} \\ \hline 4 \\ 4 \\ \hline 0 \end{array}$$

**1** 다음을 계산하세요.

$$7\overline{)63.7} \qquad 6\overline{)89.4} \qquad 4\overline{)26.8} \qquad 8\overline{)45.6}$$

$$7\overline{)137.2} \qquad 9\overline{)461.7} \qquad 5\overline{)18.05} \qquad 3\overline{)23.76}$$

**2** 다음을 계산하세요.

$49.2 \div 4 =$ $\qquad\qquad$ $14.5 \div 5 =$

$89.2 \div 2 =$ $\qquad\qquad$ $1.96 \div 7 =$

$26.34 \div 3 =$ $\qquad\qquad$ $7.32 \div 6 =$

**보기**

예) $4 \div 5$

**방법 1** $40 \div 5$를 이용하여 $4 \div 5$를 계산합니다.

$$\frac{1}{10}\text{배} \begin{array}{c} 40 \div 5 = 8 \\ \downarrow \\ 4 \div 5 = 0.8 \end{array} \frac{1}{10}\text{배}$$

**방법 2** $4 \div 5$의 몫을 분수로 나타낸 후 소수로 나타냅니다.

$$4 \div 5 = \frac{4}{5} = \frac{80}{100} = 0.8$$

**방법 3** 세로로 계산합니다.

$$5 \overline{\smash{)}\begin{array}{c} 0.8 \\ 4 \\ \underline{4\ 0} \\ 0 \end{array}}$$

**3** 다음 나눗셈의 몫을 소수로 나타내세요.

$8 \div 5 =$ $\qquad\qquad\qquad$ $3 \div 4 =$

$17 \div 4 =$ $\qquad\qquad\qquad$ $52 \div 8 =$

$99 \div 6 =$ $\qquad\qquad\qquad$ $102 \div 8 =$

$42 \div 12 =$ $\qquad\qquad\qquad$ $51 \div 15 =$

**보기**

예) 3.6÷0.6

방법 1 분수의 나눗셈으로 바꾼 후 계산합니다.

$$3.6÷0.6=\frac{36}{10}÷\frac{6}{10}=36÷6=6$$

방법 2 소수점을 옮겨 세로로 계산합니다.

$$0.6\overline{)3.6}$$

**4** 다음을 계산하세요.

0.8÷0.4=              5.6÷0.8=

26.1÷2.9=             49.4÷2.6=

32.4÷0.6=             62.1÷2.7=

2.7÷0.6=              13.2÷0.5=

---

**보기**

예) 2.03÷0.29

**방법 1** 분수의 나눗셈으로 바꾼 후 계산합니다.

$$2.03 \div 0.29 = \frac{203}{100} \div \frac{29}{100} = 203 \div 29 = 7$$

**방법 2** 소수점을 옮겨 세로로 계산합니다.

$$
\begin{array}{r}
7 \\
0.29{\overline{\smash{\big)}\,2.03\phantom{0}}} \\
\underline{2\ 0\ 3} \\
0
\end{array}
$$

---

**5** 다음을 계산하세요.

1.86÷0.31=                    6.75÷0.75=

1.96÷0.56=                    8.61÷6.15=

0.69÷0.46=                    5.01÷10.02=

24.92÷3.56=                    8.24÷1.03=

---

**보기**

예) $24.12 \div 3.6$

**방법 1** 분수의 나눗셈으로 바꾼 후 계산합니다.

$$24.12 \div 3.6 = \frac{241.2}{10} \div \frac{36}{10} = 241.2 \div 36 = 6.7$$

$$24.12 \div 3.6 = \frac{2412}{100} \div \frac{360}{100} = 2412 \div 360 = 6.7$$

**방법 2** 소수점을 옮겨 세로로 계산합니다.

$$\begin{array}{r} 6.7 \\ 3.6\overline{)24.12} \\ 216 \\ \hline 252 \\ 252 \\ \hline 0 \end{array}$$

---

**6** 다음을 계산하세요.

$2.73 \div 2.1 =$

$20.28 \div 3.9 =$

$34.84 \div 1.3 =$

$8.04 \div 6.7 =$

$95.12 \div 0.8 =$

**보기**

예) $30.784 \div 4.16$

**방법 1** 분수의 나눗셈으로 바꾼 후 계산합니다.

$$30.784 \div 4.16 = \frac{3078.4}{100} \div \frac{416}{100} = 3078.4 \div 416 = 7.4$$

$$30.784 \div 4.16 = \frac{30784}{1000} \div \frac{4160}{1000} = 30784 \div 4160 = 7.4$$

**방법 2** 소수점을 옮겨 세로로 계산합니다.

$$\begin{array}{r} 7.4 \\ 4.16\,)\overline{30.78\,4} \\ 2912\phantom{0} \\ \hline 1664 \\ 1664 \\ \hline 0 \end{array}$$

**7** 다음을 계산하세요.

$1.645 \div 0.47 =$

$10.941 \div 5.21 =$

$2.465 \div 1.45 =$

$9.345 \div 6.23 =$

$8.136 \div 6.78 =$

보기

예) 48÷3.2

방법 1 분수의 나눗셈으로 바꾼 후 계산합니다.

$$48÷3.2=\frac{480}{10}÷\frac{32}{10}=480÷32=15$$

방법 2 소수점을 옮겨 세로로 계산합니다.

$$\begin{array}{r} 1\,5 \\ 3.2\,)\overline{4\,8.\,0} \\ 3\,2 \\ \hline 1\,6\,0 \\ 1\,6\,0 \\ \hline 0 \end{array}$$

**8** 다음을 계산하세요.

36÷1.5=

91÷3.5=

30÷2.5=

112÷5.6=

29÷5.8=

78÷31.2=

**보기**

예) 15.3÷5의 몫을 일의 자리까지 나타내기

방법 1 뺄셈으로 계산합니다.

15.3−5−5−5=0.3

15.3에서 5를 3번 덜어 내면 0.3이 남습니다.

15.3÷5=3 ⋯ 0.3

방법 2 세로로 계산합니다.

15.3÷5=3 ⋯ 0.3

검산 : 5×3+0.3=15.3

$$\begin{array}{r} 3 \\ 5\,\overline{)\,1\,5.3} \\ 1\,5 \\ \hline 0.3 \end{array}$$

**9** 다음과 같이 나눗셈의 몫과 나머지를 구하되, 몫은 일의 자리까지 계산하세요.

12.7÷5

몫 : 2  나머지 : 2.7

16.8÷8

몫 :

나머지 :

39.8÷7

몫 :

나머지 :

12.6÷7

몫 :

나머지 :

13.5÷2

몫 :

나머지 :

9.6÷8

몫 :

나머지 :


10.2÷5

몫 :

나머지 :


52.7÷9

몫 :

나머지 :


100.5÷3

몫 :

나머지 :


120.7÷2

몫 :

나머지 :


20.5÷4

몫 :

나머지 :


46.8÷6

몫 :

나머지 :


81.5÷7

몫 :

나머지 :


65.8÷5

몫 :

나머지 :


214.5÷3

몫 :

나머지 :

---

보기

예) $3.7 \div 6$

**방법 1** 몫을 반올림하여 소수 첫째 자리까지 나타냅니다.

소수 둘째 자리에서 반올림합니다.

$3.7 \div 6 = 0.61\cdots \Rightarrow 0.6$

**방법 2** 몫을 반올림하여 소수 둘째 자리까지 나타냅니다.

소수 셋째 자리에서 반올림합니다.

$3.7 \div 6 = 0.616\cdots \Rightarrow 0.62$

---

**10** 몫을 반올림하여 소수 첫째 자리까지 나타내세요.

$8.2 \div 9 =$ $\qquad$ $13.5 \div 6 =$

$3.7 \div 4 =$ $\qquad$ $4.6 \div 8 =$

$7.8 \div 5 =$ $\qquad$ $6.5 \div 2 =$

$20.6 \div 8 =$ $\qquad$ $13.4 \div 4 =$

**11** 몫을 반올림하여 소수 둘째 자리까지 나타내세요.

$5.7 \div 8 =$                    $2.3 \div 7 =$

$9.7 \div 6 =$                    $31.5 \div 8 =$

$7.9 \div 4 =$                    $21.7 \div 4 =$

$8.47 \div 6 =$                   $9.8 \div 8 =$

$64.8 \div 7 =$                   $8.97 \div 6 =$

$17.13 \div 7 =$                  $15.29 \div 2 =$

| 체크 항목 | 잘했어요 | 조금 더 연습이 필요해요 | 도움이 필요해요 |
|---|---|---|---|
| 1 1번 문제의 정답률이 90% 이상인가요? | ◯ | ◯ | ◯ |
| 2 2번 문제의 정답률이 90% 이상인가요? | ◯ | ◯ | ◯ |
| 3 3번 문제의 정답률이 90% 이상인가요? | ◯ | ◯ | ◯ |
| 4 4번 문제의 정답률이 90% 이상인가요? | ◯ | ◯ | ◯ |
| 5 5번 문제의 정답률이 90% 이상인가요? | ◯ | ◯ | ◯ |
| 6 6번 문제의 정답률이 90% 이상인가요? | ◯ | ◯ | ◯ |
| 7 7번 문제의 정답률이 90% 이상인가요? | ◯ | ◯ | ◯ |
| 8 8번 문제의 정답률이 90% 이상인가요? | ◯ | ◯ | ◯ |
| 9 9번 문제의 정답률이 90% 이상인가요? | ◯ | ◯ | ◯ |
| 10 10번 문제의 정답률이 90% 이상인가요? | ◯ | ◯ | ◯ |
| 11 11번 문제의 정답률이 90% 이상인가요? | ◯ | ◯ | ◯ |

1 이번 미션에서 가장 자신 있었던 문제는 무엇인가요? 그 문제를 어떻게 정확하게 풀었는지 쓰세요.

______________________________________________

______________________________________________

2 이번 미션에서 가장 어려웠던 문제는 무엇인가요? 어떤 부분에서 헷갈렸는지 또는 실수했는지 쓰세요.

______________________________________________

______________________________________________

3 다음에는 어떻게 하면 더 잘할 수 있을까요? 실천할 수 있는 방법을 하나만 쓰세요.

______________________________________________

______________________________________________

# 분수와 소수의 혼합계산
## 초 6학년, 심화 계산

분수와 소수의 혼합계산을 올바른 순서로
할 수 있습니다.

> **보기**
>
> 소수의 덧셈, 뺄셈, 곱셈, 나눗셈 등이 섞여 있는 혼합계산은 다음과 같이 계산 순서를 지켜야 합니다.
>
> - 괄호가 있으면 괄호 안을 먼저 계산합니다.
> - 덧셈, 뺄셈, 곱셈이 섞여 있는 식에서는 곱셈을 먼저 계산합니다.
> - 덧셈, 뺄셈, 나눗셈이 섞여 있는 식에서는 나눗셈을 먼저 계산합니다.
> - 덧셈, 뺄셈, 곱셈, 나눗셈이 섞여 있는 식에서는 곱셈과 나눗셈을 먼저 계산하고, 덧셈과 뺄셈을 계산합니다.

**1** 다음을 계산하세요.

$6 \div 0.2 \times 0.7 =$

$2.4 \times 0.5 \div 0.1 =$

$1.2 \div 0.3 + 2.5 =$

$9.8 - 10.5 \div 5 =$

$4.3 \times (13.2 - 5.2) =$

$(10.1 - 1.4) \div 0.3 =$

$12.6 \div 0.7 \times (2.6 - 2.3) =$

**2** 다음 두 식을 계산하고 크기를 비교하여 부등호로 나타내세요.

$7+0.1\times1.3=$

$(7+0.1)\times1.3=$

⇨ $7+0.1\times1.3$ ◯ $(7+0.1)\times1.3$

---

$12.3-8.1\div3=$

$(12.3-8.1)\div3=$

⇨ $12.3-8.1\div3$ ◯ $(12.3-8.1)\div3$

---

$5.76\div0.2+2.68=$

$5.76\div(0.2+2.68)=$

⇨ $5.76\div0.2+2.68$ ◯ $5.76\div(0.2+2.68)$

보기

● **괄호가 없는 분수와 소수의 혼합계산**

예) $3.5 - \dfrac{1}{2} \div \dfrac{3}{4} + \dfrac{1}{3}$

방법 소수를 분수로 바꾸어서 계산합니다.

$$
\begin{aligned}
3.5 - \frac{1}{2} \div \frac{3}{4} + \frac{1}{3} &= \frac{7}{2} - \frac{1}{2} \div \frac{3}{4} + \frac{1}{3} \\
&= \frac{7}{2} - \frac{1}{2} \times \frac{4}{3} + \frac{1}{3} \\
&= \frac{7}{2} - \frac{2}{3} + \frac{1}{3} \\
&= \frac{21}{6} - \frac{4}{6} + \frac{2}{6} \\
&= \frac{19}{6} \\
&= 3\frac{1}{6}
\end{aligned}
$$

● **괄호가 있는 분수와 소수의 혼합계산**

예) $\left(3.5 - \dfrac{1}{2}\right) \div \dfrac{3}{4} + \dfrac{1}{3}$

방법 소수를 분수로 바꾸어서 계산합니다.

$$
\begin{aligned}
\left(3.5 - \frac{1}{2}\right) \div \frac{3}{4} + \frac{1}{3} &= \left(\frac{7}{2} - \frac{1}{2}\right) \div \frac{3}{4} + \frac{1}{3} \\
&= \frac{6}{2} \times \frac{4}{3} + \frac{1}{3} \\
&= 4 + \frac{1}{3} \\
&= 4\frac{1}{3}
\end{aligned}
$$

**※주의할 점**

- 괄호가 있는 식을 계산할 때에는 ( ) 안을 가장 먼저 계산합니다.
- 곱셈, 나눗셈을 덧셈, 뺄셈보다 먼저 계산합니다.
- 곱셈과 나눗셈, 덧셈과 뺄셈끼리는 앞에서부터 차례로 계산합니다.

**3** 다음을 계산하세요.

$1\dfrac{2}{5}+2.3=$

$6\dfrac{1}{3}-4.5=$

$4\dfrac{1}{2}+9.7=$

$3.6-2\dfrac{3}{5}=$

$\dfrac{1}{4}+0.45=$

$2\dfrac{3}{5}-1.4=$

$1\dfrac{1}{5}-0.5+\dfrac{1}{4}=$

$1.6-\dfrac{1}{4}+0.9=$

$1\dfrac{3}{4}-0.6+\dfrac{2}{5}=$

$2.8+3.5-4\dfrac{1}{2}=$

**4** 다음을 계산하세요.

$\dfrac{4}{7}\times 1.4=$

$6.4\times\dfrac{5}{8}=$

$1.2\div\dfrac{4}{5}=$

$4.9\div\dfrac{7}{8}=$

$2\dfrac{1}{5}\div 4.4=$

$1\dfrac{3}{4}\times 0.8\div\dfrac{1}{2}=$

$0.68\div 10.2\times\dfrac{3}{10}=$

$7.2\times\dfrac{7}{12}\div 0.14=$

$\dfrac{11}{12}\div 12.1\times 6.6=$

$0.3\times 1.4\div\dfrac{1}{2}=$

| | 체크 항목 | 잘했어요 | 조금 더 연습이 필요해요 | 도움이 필요해요 |
| --- | --- | --- | --- | --- |
| 1 | 1번 문제의 정답률이 90% 이상인가요? | ○ | ○ | ○ |
| 2 | 2번 문제에서 괄호가 없는 식과 괄호가 있는 식을 정확히 계산하고, 두 식의 크기를 알맞은 부등호로 나타냈나요? | ○ | ○ | ○ |
| 3 | 3번 문제의 정답률이 90% 이상인가요? | ○ | ○ | ○ |
| 4 | 4번 문제의 정답률이 90% 이상인가요? | ○ | ○ | ○ |

1 이번 미션에서 가장 자신 있었던 문제는 무엇인가요? 그 문제를 어떻게 정확하게 풀었는지 쓰세요.

2 이번 미션에서 가장 어려웠던 문제는 무엇인가요? 어떤 부분에서 헷갈렸는지 또는 실수했는지 쓰세요.

3 다음에는 어떻게 하면 더 잘할 수 있을까요? 실천할 수 있는 방법을 하나만 쓰세요.

**1** □ 안에 알맞은 수를 적으세요.

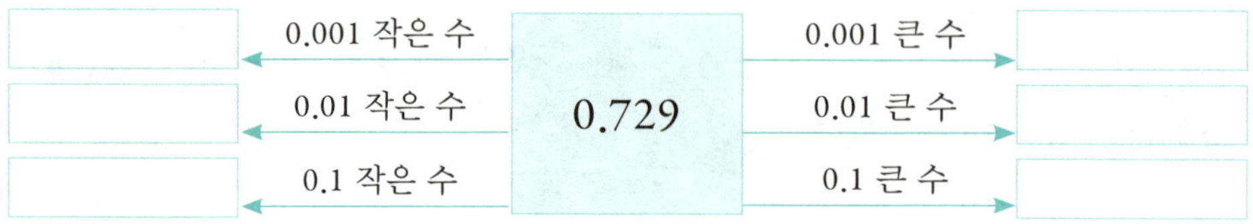

| | 0.001 작은 수 | 0.729 | 0.001 큰 수 | |
|---|---|---|---|---|
| | 0.01 작은 수 | | 0.01 큰 수 | |
| | 0.1 작은 수 | | 0.1 큰 수 | |

**2** 다음을 기약분수로 나타내세요.

0.01이 40개인 수

**3** 가장 큰 수와 가장 작은 수의 차를 구하세요.

| 8.9 | 8.09 | 80.9 | 89 | 9 |
|---|---|---|---|---|

**4** 1부터 9까지의 자연수 가운데 □ 안에 공통으로 들어갈 수 있는 수를 모두 적으세요.

0.4 < 0.□

1.□ ≤ 1.7

**5** 하은이의 학교에서 피아노 학원까지의 거리는 700m이고, 피아노 학원에서 아이스크림 가게까지의 거리는 200m입니다. 아이스크림 가게에서 집까지의 거리는 1.1km입니다. 하은이가 학교에서 피아노학원, 아이스크림 가게를 지나 집까지 온 거리는 모두 몇 km인지 구하세요.

**6** 13.2에서 어떤 수를 더해야 하는데, 잘못하여 뺐더니 6.19가 되었습니다. 바르게 계산한 값을 구하세요.

**7** 빈칸에 알맞은 수를 적으세요.

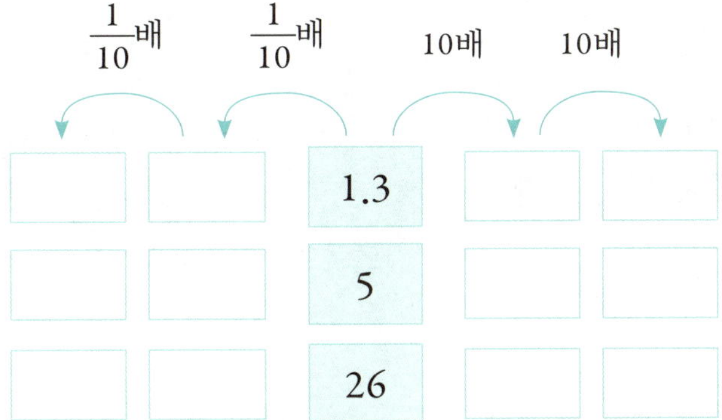


**8** 403의 0.02배인 수와 15의 $\frac{1}{10}$인 수의 차를 구하세요.

**9** 1.3×2.5를 두 가지 방법으로 계산하세요.

방법 1 소수를 분수의 곱셈으로 바꾸어 계산합니다.

$$1.3 \times 2.5 =$$

방법 2 자연수의 곱셈과 같이 계산한 후 소수점의 자리를 맞추어 찍습니다.

|   |   | 1 . | 3 |
|---|---|-----|---|
| × |   | 2 . | 5 |
|   |   |     |   |
|   |   |     |   |
|   |   |     |   |

**10** 상윤이의 몸무게는 41.2kg이고, 상윤이의 동생은 상윤이 몸무게의 0.6배입니다. 상윤이 동생의 몸무게는 몇 kg인지 구하세요.

**11** □ 안에 들어갈 수 있는 가장 작은 자연수를 구하세요.

$$6 \times 5.13 < \square$$

**12** ㉠에 들어갈 알맞은 수를 구하세요.

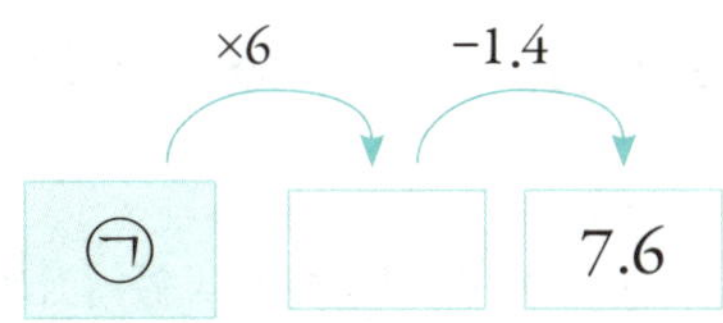


**13** 다음과 같이 약속할 때 15●2.3의 값을 구하세요.

$$가 ● 나 = 0.3 × 가 − 나 + 0.1$$

**14** 다음 정사각형의 넓이를 구하세요.

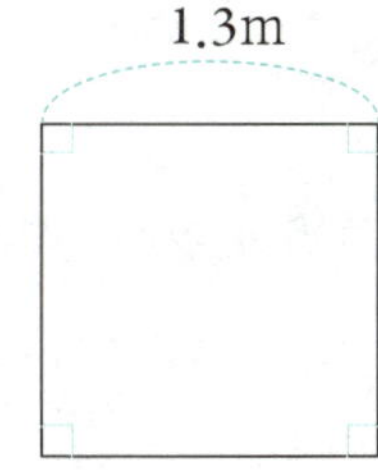


**15** 수직선에서 눈금 한 칸의 크기는 모두 같습니다. 눈금 한 칸의 크기를 구하세요.

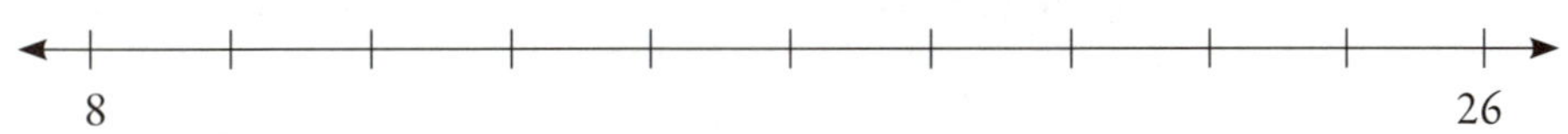

**16** 217÷7을 이용하여 21.7÷0.7과 2.17÷0.07을 계산하세요.

　1) 21.7과 0.7을 각각 몇 배 하면 217÷7로 바꿀 수 있나요?

　2) 2.17과 0.07을 각각 몇 배 하면 217÷7로 바꿀 수 있나요?

　3) 217÷7, 21.7÷0.7, 2.17÷0.07의 몫을 비교하면 어떤가요?

　4) 나누어지는 수와 나누는 수에 똑같이 10배 또는 100배 하면 몫은 어떻게 되나요?


**17** 어떤 수에 8을 나누면 1.6이 됩니다. 어떤 수에 30을 곱하면 얼마가 되는지 구하세요.


**18** 넓이가 25.72m$^2$인 마름모를 다음 그림과 같이 4등분했습니다. 색칠한 부분의 넓이는 몇 m$^2$인지 구하세요.

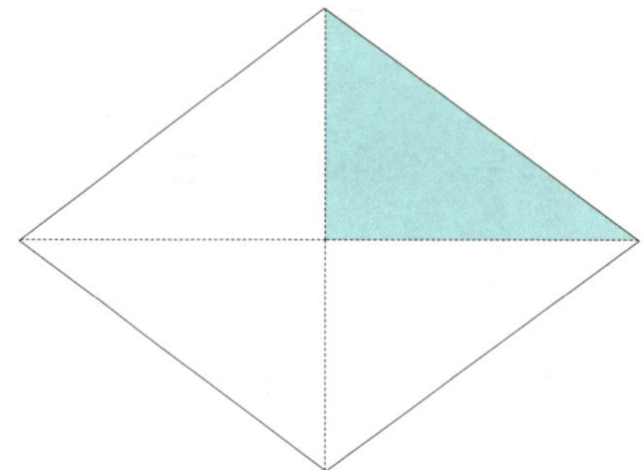

**19** 종이 꽃가루를 만들기 위해 종이띠를 0.3cm씩 자르려고 합니다. 종이띠 13.8cm로 종이 꽃가루를 몇 개 만들 수 있는지 식을 쓰고 답을 구하세요.

**20** 2023년 7월에 에버랜드에서 태어난 루이바오와 후이바오는 출생 당시 180g과 140g으로 태어났습니다. 현재 몸무게가 두 판다 모두 70kg이라고 한다면, 태어났을 때보다 몇 배 정도 증가했나요? 값이 자연수가 아닐 경우, 소수 둘째 자리에서 반올림하여 소수 첫째 자리까지 구하세요.

루이바오 : __________배

후이바오 : __________배

**1** 0.001이 57개, 0.01이 29개, 0.1이 8개인 소수 세 자리 수를 적으세요.

**2** 분수와 소수의 크기를 비교하여 큰 수부터 차례로 적으세요.

$$0.7 \qquad \frac{3}{4} \qquad 1.3 \qquad 1\frac{1}{3} \qquad \frac{8}{9}$$

**3** 다음 수 가운데 1에 가장 가까운 수를 고르세요.

$$0.91 \qquad 1\frac{1}{5} \qquad 1.1 \qquad \frac{9}{10} \qquad 1.15 \qquad \frac{99}{100}$$

**4** 4장의 카드를 한 번씩 모두 사용하여 소수를 만들려고 합니다. 만들 수 있는 가장 큰 소수 두 자리 수와 가장 작은 소수 한 자리 수의 합은 얼마인지 구하세요.

$$\boxed{3} \quad \boxed{6} \quad \boxed{8} \quad \boxed{.}$$

**5** 1부터 9까지의 수 가운데 □ 안에 들어갈 수 있는 가장 큰 수는 얼마인지 구하세요.

$$4.\boxed{\phantom{0}} < 7.3-2.45$$

**6** ㉠~㉣을 길이가 큰 수부터 차례대로 적으세요.

㉠ 3cm 7mm   ㉡ 3mm   ㉢ 3.7mm   ㉣ 37cm

**7** ㉠이 나타내는 수는 ㉡이 나타내는 수의 몇 배인지 적으세요.

$$34.5\underset{㉠}{7}\underset{㉡}{3}$$

**8** ㉠−㉡−㉢의 값을 구하세요.

㉠ 10이 2개, 1이 1개, 0.1이 3개, 0.01이 5개인 수

㉡ 10.6의 $\dfrac{1}{10}$배인 수

㉢ $\dfrac{1}{100}$이 152개인 수

**9** 계산 결과가 같은 것을 찾아 기호를 적으세요.

<table>
<tr><td>㉠ 590×0.01</td><td>㉡ 0.59×100</td><td>㉢ 59×0.1</td></tr>
<tr><td>㉣ 5.9×100</td><td>㉤ 0.059×10</td><td></td></tr>
</table>

**10** □ 안에 알맞은 수를 적으세요.

1) □ ×9=3.33

2) 11× □ =13.2

**11** 어느 문구점에서는 구매한 금액의 0.02배만큼 포인트를 적립해 줍니다. 민지는 이 문구점에서 필기도구와 리코더 등을 사고 25,300원을 냈습니다. 이때 민지가 적립을 받은 포인트는 몇 점인지 구하세요.

**12** 넓이가 62.3cm²인 사다리꼴의 윗변과 아랫변의 길이가 각각 7.6cm, 10.2cm일 때, 높이를 구하세요.

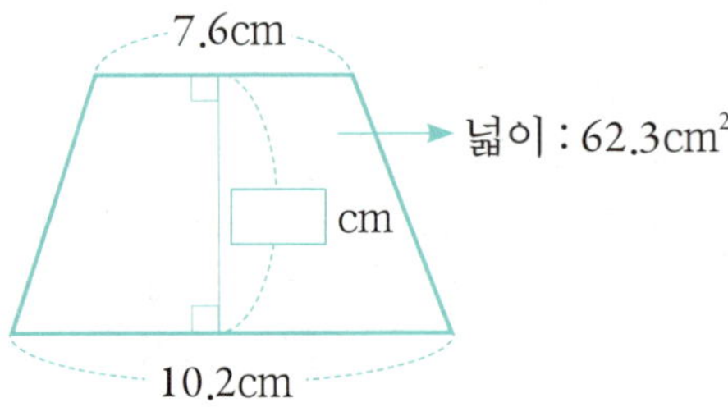

**13** 7.8÷1.5를 두 가지 방법으로 계산하세요.

방법 1 분수의 나눗셈으로 바꾼 후 계산합니다.

7.8÷1.5=

방법 2 소수점을 옮겨 세로로 계산합니다.

$$1.5 \overline{)\,7.8\phantom{000}}$$

**14** ㉠의 몫은 ㉡의 몫의 몇 배인지 구하세요.

㉠ 76÷40　　　㉡ 76÷0.4

**15** 어떤 수에 3.1을 빼야 할 것을 잘못하여 곱했더니 37.2가 되었습니다. 바르게 계산한 값을 구하세요.

**16** ㉠◎㉡=1-㉠÷㉡라고 약속할 때 2.75◎5를 계산하세요.

**17** 분수와 소수를 다음 규칙에 따라 늘어놓았습니다. 규칙에 알맞도록 ㉠과 ㉡에 알맞은 수를 적으세요.

$$\frac{1}{5} \rightarrow 0.5 \rightarrow \frac{4}{5} \rightarrow 1.1 \rightarrow \boxed{㉠} \rightarrow \boxed{㉡}$$

**18** 서민이와 혜진이는 똑같은 수학 문제집을 풀고 있습니다. 서민이는 전체 문제의 $\frac{5}{11}$를 풀었고, 혜진이는 $\frac{9}{11}$를 풀었습니다. 서민이가 풀어야 하는 문제 양은 혜진이가 풀어야 하는 문제 양의 몇 배인지 구하세요.

**19** 13÷21의 몫을 소수로 나타내려고 합니다. 소수 13번째 자리 숫자를 구하세요.

**20** 다음은 괄호, 덧셈, 뺄셈, 곱셈, 나눗셈이 섞여 있는 혼합계산을 할 때의 순서입니다.
계산 순서를 잘 보고 다음 식을 계산하세요.

① 괄호가 있으면 괄호 안을 먼저 계산합니다.

괄호는 소괄호(  ) → 중괄호{  } → 대괄호[  ] 순으로 계산합니다.

② 곱셈과 나눗셈을 왼쪽에서 오른쪽 방향으로 계산합니다.

③ 덧셈과 뺄셈을 왼쪽에서 오른쪽 방향으로 계산합니다.

$$0.8\times\left[\left\{0.9\div\left(2.4-1\frac{1}{5}\right)\right\}+\frac{3}{10}\right]=0.8\times\left[\left\{0.9\div(2.4-1.2)\right\}+\frac{3}{10}\right]$$

$$=0.8\times\left[\{0.9\div1.2\}+\frac{3}{10}\right]$$

$$=0.8\times\left[\frac{3}{4}+\frac{3}{10}\right]$$

$$=0.8\times\left[\frac{15}{20}+\frac{6}{20}\right]$$

$$=\frac{8}{10}\times\frac{21}{20}$$

$$=\frac{21}{25}$$

1) $\left\{2.13\times1\frac{1}{3}-\left(0.29-\frac{1}{4}\right)\right\}\div\frac{4}{5}=$

2) $\left[19.01-\left\{\left(3\frac{4}{5}+3.4\right)\div\frac{2}{5}\right\}\right]-\frac{1}{2}=$

우리 생활 속에서 소수가 쓰이는 상황을 떠올리세요.

떠올린 상황을 문제로 만들고 풀어 보세요.

> ### 소수는 이런 상황에서 자주 사용돼요.
>
> - 체중이나 키를 나타낼 때(예: 50.5kg, 160.3cm)
> - 체온, 기온을 표시할 때(예: 36.7℃, 25.5℃)
> - 야구 타율과 같은 스포츠 성공률이나 점수를 나타낼 때(예: 타율 0.320)
> - 은행 이자율을 계산할 때(예: 연 3.5%)
> - 한 달 휴대폰 요금을 계산할 때(예: 4만 5,000원 → 4.5만 원)
> - 건강 수치(혈당, 콜레스테롤 등)를 측정할 때(예: 혈당 95.3mg/dL)
> - 연료나 주유량을 잴 때(예: 1L에 1,690.5원)
> - 물건의 크기나 무게를 잴 때(예: 사과 한 개 0.2kg)

**1** 어떤 상황인가요?

　예) 사과 1개의 무게 0.2kg

**2** 문제로 만드세요.

　예) 사과 1개의 무게가 0.2kg입니다. 사과 12개의 무게는 몇 kg일까요?

**3** 문제에 맞는 계산식과 정답을 적으세요.

예) 0.2×12=2.4, 2.4(kg)


**4** 친구에게 이 문제를 설명할 수 있나요?

☐ 예　　　　☐ 아니오

# 소수란 무엇일까?

소수는 1보다 작은 수나 분수처럼 나누어진 수를 간단하게 나타낼 때 사용하는 수입니다. 예를 들어 1을 10으로 나누면 $\frac{1}{10}$이 되죠. 소수로는 0.1이라고 써요. 1÷100 =0.01, 1÷1000=0.001처럼 더 작게 나눈 것도 소수로 나타낼 수 있어요. 이렇게 나눈 수를 소수점으로 간단히 나타낸 수를 소수라고 합니다.

소수점 오른쪽 숫자들은 자리마다 10배씩 작아져요. 0.521의 경우

첫째 자리 : 0.5 → $5 \times \frac{1}{10}$

둘째 자리 : 0.02 → $2 \times \frac{1}{100}$

셋째 자리 : 0.001 → $1 \times \frac{1}{1000}$

따라서 $0.521 = \frac{5}{10} + \frac{2}{100} + \frac{1}{1000}$처럼 각 자리의 값을 더한 것이라고 생각할 수 있어요.

그렇다면 소수는 꼭 1보다 작을까요? 아니에요. 0.2, 0.19, 0.00058처럼 1보다 작은 소수도 있고, 3.12, 15.8, 100.09처럼 1보다 큰 수도 소수랍니다.

소수는 우리 주변 곳곳에서 자주 쓰여요. 키(147.6cm), 체온(36.5℃), 무게(13.2kg), 땅의 면적(152.36ha) 등을 잴 때 소수가 필요하죠. 왜냐하면 이러한 경우는 소수로 나타내야 조금이라도 더 정확하게 표현할 수 있기 때문이에요. 길이가 3m라고 하는 것보다 3.06m라고 하면 훨씬 정확한 것처럼 말이죠.

또한 소수는 단위를 바꿀 때 꼭 필요해요. 예를 들어 10cm=0.1m, 600g=0.6kg으로 나타낼 수 있어요. 이렇게 단위를 바꾸거나 더 작게 나눌 때 소수로 표현하면 계산과 비교가 쉬워져요.

## 측정수

소수는 길이, 부피, 무게, 시간 등을 정밀하게 잴 때 사용해요. 자의 눈금이 1cm씩 나뉘어 있다면, 그 사이를 10등분하면 0.1cm 단위까지 측정할 수 있어요. 0.65cm 는 0.1cm가 6개, 0.01cm가 5개 있는 거리이므로 6×0.1+5×0.01=0.65로 나타낼 수 있습니다. 이렇게 단위를 나눠서 소수로 표시하면 훨씬 더 정확하게 측정할 수 있습니다.

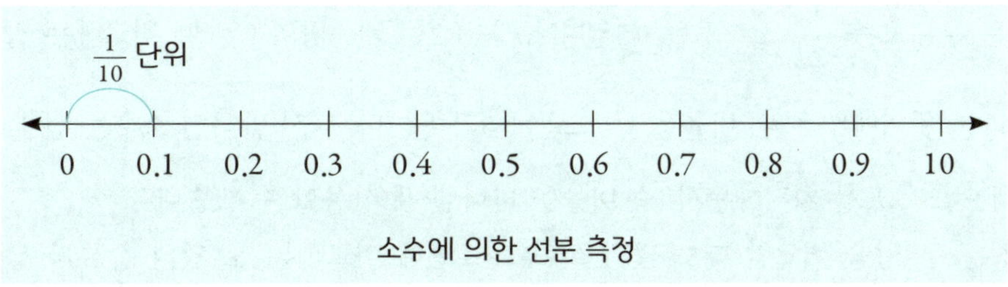

소수에 의한 선분 측정

## 십진법과 자릿값

소수도 자연수처럼 십진법을 따릅니다. 숫자가 왼쪽으로 가면 10배씩 커지고, 오른쪽으로 가면 $\frac{1}{10}$씩 줄어들지요. 0.65는 0.1 자리에 6, 0.01 자리에 5가 있다는 뜻이에요. 따라서 0.65=6×0.1+5×0.01로 나타낼 수 있어요.

## 분수

소수는 분수로도 나타낼 수 있어요. 1을 10등분해서 그중 한 칸을 수로 나타낸다면 분수로는 $\frac{1}{10}$, 소수로는 0.1입니다. 또한 $\frac{1}{10}$은 $\frac{1}{100}$이 10개로 이루어져 있으므로 $\frac{1}{10}=\frac{10}{100}$이에요. 이러한 관계를 생각해 보면 0.65는 $\frac{1}{100}$ 단위가 65번 포함된다고 할 수 있어요. 따라서 소수 0.65는 분수로 $\dfrac{65}{100}$와 같습니다. 이처럼 소수와 분수는 서로 바꾸어 쓸 수 있습니다.

## 비율(비)

소수는 '비'의 의미를 갖습니다. 비는 어떤 수가 다른 수의 몇 배인지를 나타내는 관계를 나타낸 것으로 기호 : 로 나타내요. 비는 분수 또는 소수로 나타낼 수 있어요. 1:2는 분수로는 $\dfrac{1}{2}$, 소수로는 0.5입니다. 즉 1:2는 기준량이 2일 때 비교하는 양이 1이라는 뜻이에요. 이때 비율은 $\dfrac{1}{2}$ 또는 0.5가 됩니다. 다시 말하면 소수는 전체 가운데 어느 정도를 차지하는지, 즉 비율을 나타낼 때 사용할 수 있습니다.

소수는 두 양을 비교할 때도 많이 쓰여요. 그런데 비교하는 두 양의 종류가 같을 때도 있고 다를 때도 있죠. 먼저 종류가 같은 경우의 예를 들어 볼게요. 3m:8m는 8m를 1m 단위로 8등분한 것의 3개로 이루어진다는 것을 뜻해요. 이 비의 값은 3÷8=0.375로 나타낼 수 있습니다.

종류가 다른 경우의 예를 들어 볼게요. 3km:8분은 8분 동안 3km를 이동했다는 것을 뜻해요. 이는 단위시간인 1분당 이동 거리가 $\dfrac{3}{8}$km라는 말이고, 소수로 바꾸면 0.375km/min로 나타낼 수 있습니다.

## 단위 조절

소수는 어떤 수를 더 크게 하거나 작게 할 때 사용해요. 0.4는 10을 4만큼 줄인 값이고, 100을 40만큼 줄인 값과도 같아요. 그래서 '단위를 조절하는 수'라고 부르기도 합니다. 또한 소수는 분수로 나타낼 수 있으므로 분수의 계산 규칙을 잘 이해하면 소수를 더욱 쉽게 다룰 수 있어요. 한 예로 0.1은 1의 $\dfrac{1}{10}$, 0.01은 1의 $\dfrac{1}{100}$로 나타낼 수 있답니다.

# 중등 수학 완성을 위한 초등 연산 정복

자연수·분수·소수 필수 연산 점검

1판 1쇄 인쇄 | 2026년 3월 16일
1판 1쇄 발행 | 2026년 3월 23일

지은이 | 권윤정

펴낸이 | 박남주
편집자 | 박지연
디자인 | 남희정
펴낸곳 | 플루토

인쇄소 | 명지북프린팅
지업사 | 페이퍼링크

출판등록 | 2014년 9월 11일 제2014-61호
주소 | 07803 서울특별시 강서구 마곡동 797 에이스타워마곡 1204호
전화 | 070-4234-5134
팩스 | 0303-3441-5134
전자우편 | theplutobooker@gmail.com

ISBN 979-11-88569-98-4 63410

- 책값은 뒤표지에 있습니다.
- 잘못된 책은 구입하신 곳에서 교환해드립니다.

**MISSION 1** 세 자리 수 이하의 덧셈과 뺄셈

### p.13 1

| + | 2 | 7 | 4 | 0 | 8 | 3 | 6 | 9 | 5 | 1 |
|---|---|---|---|---|---|---|---|---|---|---|
| 2 | 4 | 9 | 6 | 2 | 10 | 5 | 8 | 11 | 7 | 3 |
| 5 | 7 | 12 | 9 | 5 | 13 | 8 | 11 | 14 | 10 | 6 |
| 7 | 9 | 14 | 11 | 7 | 15 | 10 | 13 | 16 | 12 | 8 |
| 9 | 11 | 16 | 13 | 9 | 17 | 12 | 15 | 18 | 14 | 10 |
| 3 | 5 | 10 | 7 | 3 | 11 | 6 | 9 | 12 | 8 | 4 |

| − | 12 | 10 | 15 | 17 | 14 | 19 | 11 | 18 | 16 | 13 |
|---|----|----|----|----|----|----|----|----|----|----|
| 3 | 9 | 7 | 12 | 14 | 11 | 16 | 8 | 15 | 13 | 10 |
| 1 | 11 | 9 | 14 | 16 | 13 | 18 | 10 | 17 | 15 | 12 |
| 6 | 6 | 4 | 9 | 11 | 8 | 13 | 5 | 12 | 10 | 7 |
| 4 | 8 | 6 | 11 | 13 | 10 | 15 | 7 | 14 | 12 | 9 |
| 8 | 4 | 2 | 7 | 9 | 6 | 11 | 3 | 10 | 8 | 5 |

### p.14 2

| + | 4 | 1 | 6 | 8 | 2 | 7 | 3 | 9 | 0 | 5 |
|---|---|---|---|---|---|---|---|---|---|---|
| 0 | 4 | 1 | 6 | 8 | 2 | 7 | 3 | 9 | 0 | 5 |
| 4 | 8 | 5 | 10 | 12 | 6 | 11 | 7 | 13 | 4 | 9 |
| 8 | 12 | 9 | 14 | 16 | 10 | 15 | 11 | 17 | 8 | 13 |
| 1 | 5 | 2 | 7 | 9 | 3 | 8 | 4 | 10 | 1 | 6 |
| 6 | 10 | 7 | 12 | 14 | 8 | 13 | 9 | 15 | 6 | 11 |

| − | 13 | 16 | 11 | 19 | 15 | 10 | 17 | 12 | 18 | 14 |
|---|----|----|----|----|----|----|----|----|----|----|
| 5 | 8 | 11 | 6 | 14 | 10 | 5 | 12 | 7 | 13 | 9 |
| 3 | 10 | 13 | 8 | 16 | 12 | 7 | 14 | 9 | 15 | 11 |
| 2 | 11 | 14 | 9 | 17 | 13 | 8 | 15 | 10 | 16 | 12 |
| 7 | 6 | 9 | 4 | 12 | 8 | 3 | 10 | 5 | 11 | 7 |
| 9 | 4 | 7 | 2 | 10 | 6 | 1 | 8 | 3 | 9 | 5 |

### p.15 3

| | |
|---|---|
| 6 | 2 |
| 8 | 1 |
| 7 | 5 |
| 9 | 3 |
| 4 | 8 |
| 1 | 2 |
| 7 | 8 |
| 4 | 9 |
| 1 | 6 |
| 5 | 3 |

### p.16 4

| | | | | |
|---|---|---|---|---|
| 36 | 29 | 19 | 58 | 88 |
| 49 | 79 | 69 | 97 | 89 |
| 59 | 19 | 27 | 25 | 17 |
| 21 | 36 | 53 | 13 | 84 |
| 53 | 22 | 71 | 81 | 30 |
| 43 | 51 | 43 | 72 | 65 |

### p.17 5

| | | | | |
|---|---|---|---|---|
| 59 | 85 | 87 | 89 | 67 |
| 39 | 97 | 79 | 68 | 99 |
| 48 | 95 | 59 | 87 | 75 |
| 13 | 51 | 3 | 72 | 16 |
| 30 | 13 | 22 | 41 | 11 |
| 11 | 10 | 21 | 42 | 15 |

### p.18 6

| | | |
|---|---|---|
| 38 | 69 | 39 |
| 66 | 29 | 77 |
| 78 | 97 | 98 |
| 85 | 76 | 68 |
| 29 | 98 | 69 |
| 61 | 42 | 71 |
| 84 | 23 | 82 |
| 41 | 52 | 60 |
| 43 | 83 | 92 |
| 34 | 62 | 32 |

### p.19 7

| | | |
|---|---|---|
| 39 | 86 | 86 |
| 89 | 95 | 59 |
| 75 | 88 | 98 |
| 58 | 79 | 77 |
| 73 | 77 | 79 |
| 26 | 12 | 25 |
| 45 | 12 | 71 |
| 30 | 45 | 12 |
| 41 | 14 | 12 |
| 14 | 51 | 21 |

### p.20 8

| | | | | |
|---|---|---|---|---|
| 43 | 71 | 61 | 80 | 81 |
| 63 | 74 | 51 | 75 | 51 |
| 76 | 92 | 92 | 91 | 98 |
| 138 | 157 | 107 | 122 | 143 |
| 103 | 111 | 171 | 141 | 143 |

### p.21 9

| | | | | |
|---|---|---|---|---|
| 8 | 41 | 46 | 29 | 13 |
| 18 | 45 | 66 | 5 | 33 |
| 56 | 64 | 27 | 16 | 39 |
| 15 | 7 | 57 | 24 | 4 |
| 38 | 52 | 9 | 29 | 75 |

### p.22 10

| | | |
|---|---|---|
| 34 | 53 | 57 |
| 43 | 72 | 81 |
| 45 | 22 | 67 |
| 33 | 14 | 28 |
| 25 | 80 | 93 |
| 52 | 32 | 74 |
| 33 | 62 | 21 |
| 9 | 87 | 76 |
| 17 | 35 | 67 |
| 26 | 42 | 85 |

### p.23 11

| | | |
|---|---|---|
| 72 | 45 | 96 |
| 53 | 73 | 93 |
| 84 | 71 | 92 |
| 72 | 85 | 60 |
| 47 | 83 | 75 |
| 74 | 96 | 81 |
| 67 | 63 | 71 |
| 74 | 95 | 62 |
| 80 | 77 | 73 |
| 61 | 74 | 93 |

### p.24 12

| | | |
|---|---|---|
| 117 | 139 | 129 |
| 108 | 117 | 146 |
| 138 | 147 | 129 |
| 118 | 107 | 119 |
| 147 | 156 | 138 |
| 109 | 128 | 176 |
| 102 | 131 | 134 |
| 125 | 123 | 112 |
| 155 | 112 | 111 |
| 165 | 113 | 103 |

### p.25 13

| | | |
|---|---|---|
| 188 | 115 | 123 |
| 110 | 103 | 172 |
| 151 | 171 | 106 |
| 130 | 143 | 123 |
| 116 | 126 | 127 |
| 174 | 145 | 163 |
| 156 | 127 | 152 |
| 124 | 161 | 183 |

### p.26 14

| | | |
|---|---|---|
| 28 | 14 | 6 |
| 16 | 57 | 17 |
| 19 | 38 | 7 |
| 4 | 15 | 36 |
| 55 | 47 | 29 |
| 26 | 4 | 28 |
| 38 | 14 | 17 |
| 17 | 15 | 57 |

## p.27 **15**

| | | | |
|---|---|---|---|
| 488 | 278 | 357 | 197 |
| 313 | 124 | 225 | 721 |
| 789 | 688 | 399 | 646 |
| 143 | 222 | 308 | 254 |

## p.28 **16**

| | | |
|---|---|---|
| 731 | 317 | 413 |
| 611 | 514 | 732 |
| 441 | 862 | 315 |
| 246 | 179 | 647 |
| 363 | 409 | 265 |

## p.29 **17**

| | | |
|---|---|---|
| 770 | 600 | 1102 |
| 741 | 708 | 733 |
| 426 | 831 | 807 |
| 770 | 600 | 715 |
| 441 | 802 | 625 |

## p.30 **18**

| | | |
|---|---|---|
| 209 | 67 | 258 |
| 489 | 112 | 442 |
| 288 | 163 | 209 |
| 268 | 164 | 157 |
| 438 | 478 | 447 |

## MISSION 2 다양한 방법의 덧셈과 뺄셈

### p.35 **1** 예시 답안

35+8

방법 1 35+8=35+5+3=40+3=43

방법 2 35+8=33+2+8=33+10=43

방법 3 35+8=35+10-2=45-2=43

75+9

방법 1 75+9=75+5+4=80+4=84

방법 2 75+9=74+1+9=74+10=84

방법 3 75+9=75+10-1=85-1=84

87+6

방법 1 87+6=87+3+3=90+3=93

방법 2 87+6=83+4+6=83+10=93

방법 3 87+6=90-3+6=90+6-3=96-3=93

67+5

방법 1 67+5=67+3+2=70+2=72

방법 2 67+5=62+5+5=62+10=72

방법 3 67+5=70+5-3=75-3=72

46+7

방법 1 46+7=45+1+5+2=45+5+1+2=50+3=53

방법 2 46+7=46+4+3=50+3=53

방법 3 46+7=3+43+7=3+50=53

49+8

방법 1 49+8=49+1+7=50+7=57

방법 2 49+8=47+2+8=47+10=57

방법 3 49+8=50+8-1=58-1=57

### p.36 **2** 예시 답안

53-8

방법 1 53-8=53-3-5=50-5=45

방법 2 53-8=53-10+2=43+2=45

방법 3 53-8=40+13-8=40+5=45

65-8

방법 1 65-8=65-5-3=60-3=57

방법 2 65-8=50+15-8=50+7=57

방법 3 65-8=65-10+2=55+2=57

31−9

방법 1 31−9=31−10+1=21+1=22

방법 2 31−9=31−1−8=30−8=22

방법 3 31−9=20+11−9=20+2=22


72−3

방법 1 72−3=72−2−1=70−1=69

방법 2 72−3=60+12−3=60+9=69

방법 3 72−3=70+2−2−1=70−1=69


33−4

방법 1 33−4=33−3−1=30−1=29

방법 2 33−4=33−10+6=23+6=29

방법 3 33−4=23+10−4=23+6=29


42−6

방법 1 42−6=42−2−4=40−4=36

방법 2 42−6=42−10+4=32+4=36

방법 3 42−6=32+10−6=32+4=36


## p.37 3 예시 답안

53+19

방법 1 53+19=50+10+3+9=60+12=72

방법 2 53+19=53+7+12=60+12=72

방법 3 53+19=53+20−1=73−1=72


48+37

방법 1 48+37=40+30+8+7=70+15=85

방법 2 48+37=50+40−2−3=90−2−3=85

방법 3 48+37=48+2+35=50+35=85


26+34

방법 1 26+34=26+4+30=30+30=60

방법 2 26+34=20+30+6+4=50+10=60

방법 3 26+34=30−4+34=30+34−4=64−4=60


17+65

방법 1 17+65=17+3+62=20+62=82

방법 2 17+65=20−3+65=20+65−3=85−3=82

방법 3 17+65=15+2+65=15+65+2=80+2=82


18+29

방법 1 18+29=18+2+27=20+27=47

방법 2 18+29=17+1+29=17+30=47

방법 3 18+29=20+30−2−1=50−2−1=47


36+47

방법 1 36+47=36+4+43=40+43=83

방법 2 36+47=33+3+47=33+50=83

방법 3 36+47=36+50−3=86−3=83


## p.38 4 예시 답안

75−58

방법 1 75−58=75−55−3=20−3=17

방법 2 75−58=60+15−50−8=60−50+15−8=10+7=17

방법 3 75−58=75−60+2=15+2=17


93−46

방법 1 93−46=93−43−3=50−3=47

방법 2 93−46=80+13−40−6=80−40+13−6=40+7=47

방법 3 93−46=93−50+4=43+4=47


81−65

방법 1 81−65=81−61−4=20−4=16

방법 2 81−65=70+11−60−5=70−60+11−5=10+6=16

방법 3 81−65=81−70+5=11+5=16


72−15

방법 1 72−15=72−12−3=60−3=57

방법 2 72−15=60+12−10−5=60−10+12−5=50+7= 57

방법 3 72−15=72−20+5=52+5=57


36−18

방법 1 36−18=36−16−2=20−2=18

방법 2 36−18=36−20+2=16+2=18

방법 3 36−18=20+16−10−8=20−10+16−8=10+8=18


87−29

방법 1 87−29=87−27−2=60−2=58

방법 2 87−29=87−30+1=57+1=58

방법 3 87−29=70+17−20−9=70−20+17−9=50+8=58

58+67

방법 1 58+67=58+2+65=60+65=125

방법 2 58+67=60-2+70-3=60+70-2-3=130-2-3=125

방법 3 58+67=50+60+8+7=110+15=125

89+45

방법 1 89+45=89+1+44=90+44=90+10+34=100+34=134

방법 2 89+45=90-1+40+5=90+40+5-1=130+4=134

방법 3 89+45=80+40+9+5=120+14=134

57+59

방법 1 57+59=50+50+7+9=100+16=116

방법 2 57+59=57+3+56=60+56=116

방법 3 57+59=60-3+60-1=60+60-3-1=120-3-1=116

**p.40 6 예시 답안**

237+561

방법 1 237+561=200+30+7+500+60+1=200+500+30+60+7+1=700+90+8=798

방법 2 237+561=230+560+7+1=790+8=798

방법 3 237+561=200+500+37+61=700+98=798

324+672

방법 1 324+672=300+20+4+600+70+2=900+90+6=996

방법 2 324+672=320+4+670+2=990+6=996

방법 3 324+672=300+24+600+72=900+96=996

435+162

방법 1 435+162=400+30+5+100+60+2=500+90+7=597

방법 2 435+162=430+5+160+2=590+7=597

방법 3 435+162=400+35+100+62=500+97=597

**p.41 7 예시 답안**

337+219

방법 1 337+219=300+30+7+200+10+9=500+40+16=540+16=556

방법 2 337+219=330+7+210+9=330+210+7+9=540+16=556

방법 3 337+219=330+7+220-1=330+220+7-1=550+6=556

92+38

방법 1 92+38=90+30+2+8=120+10=130

방법 2 92+38=100-8+40-2=100+40-8-2=140-8-2=130

방법 3 92+38=92+40-2=132-2=130

47+96

방법 1 47+96=47+3+93=50+93=143

방법 2 47+96=47+100-4=147-4=143

방법 3 47+96=40+90+7+6=130+13=143

56+69

방법 1 56+69=50+6+60+9=50+60+6+9=110+15=125

방법 2 56+69=56+70-1=126-1=125

방법 3 56+69=56+4+65=60+65=125

724+163

방법 1 724+163=700+20+4+100+60+3=800+80+7=887

방법 2 724+163=720+4+160+3=880+7=887

방법 3 724+163=700+100+24+63=800+87=887

371+215

방법 1 371+215=300+70+1+200+10+5=500+80+6=586

방법 2 371+215=370+1+210+5=580+6=586

방법 3 371+215=300+200+71+15=500+86=586

612+380

방법 1 612+380=600+10+2+300+80=900+90+2=992

방법 2 612+380=610+2+380=990+2=992

방법 3 612+380=600+300+12+80=900+92=992

563+398

방법 1 563+398=500+60+3+300+90+8=800+150+11=950+11=961

방법 2 563+398=500+63+400-2=500+400+63-2=900+61=961

방법 3 563+398=510+53+390+8=510+390+53+8=900+61=961

580+246

방법 1 580+246=500+80+200+40+6=700+120+6=820+6
=826

방법 2 580+246=500+80+200+46=700+126=826

방법 3 580+246=600-20+200+46=600+200+46-20=800
+26=826


582+349

방법 1 582+349=500+80+2+300+40+9=800+120+11=92
0+11=931

방법 2 582+349=550+32+350-1=550+350+32-1=900+31
=931

방법 3 582+349=560+22+340+9=560+340+22+9=900+31
=931


388+629

방법 1 388+629=300+80+8+600+20+9=300+600+80
+20+8+9=900+100+17=1000+17=1017

방법 2 388+629=380+8+620+9=1000+17=1017

방법 3 388+629=370+18+630-1=370+630+18-1
=1000+17=1017


949+285

방법 1 949+285=900+40+9+200+80+5=900+200+40
+80+9+5=1100+120+14=1220+14=1234

방법 2 949+285=900+50-1+200+50+35=900+200+
50+50+35-1=1100+100+34=1200+34=1234

방법 3 949+285=900+49+100+185=900+100+49+
185=1000+50-1+185=1000+235-1=1235-1
=1234


## p.42 8 예시 답안

382-147

방법 1 382-147=300-100+82-47=200+70+12-40-7=200
+70-40+12-7=200+30+5=235

방법 2 382-147=370+12-140-7=370-140+12-7=230+5
=235

방법 3 382-147=380+2-150+3=230+5=235


418-253

방법 1 418-253=410+8-250-3=410-250+8-3=160+5
=165

방법 2 418-253=300+118-200-53=300-200+118-53
=100+65=165

방법 3 418-253=300-200+110-50+8-3=100+60+5=165


714-386

방법 1 714-386=710+4-390+4=320+8=328

방법 2 714-386=600+114-300-86=600-300+114-86
=300+100-80+14-6=300+20+8=328

방법 3 714-386=700+14-400+14=700-400+14+14=300+28
=328


925-679

방법 1 925-679=800+110+15-600-70-9=800-600
+110-70+15-9=200+40+6=246

방법 2 925-679=900+25-680+1=900-680+25+1
=220+26=246

방법 3 925-679=920+5-680+1=920-680+5+1
=240+6=246


624-185

방법 1 624-185=610+14-180-5=610-180+14-5
=430+9=439

방법 2 624-185=500+124-100-85=500-100+124
-85=400+39=439

방법 3 624-185=624-200+15=424+15=439


739-372

방법 1 739-372=730+9-370-2=730-370+9-2=360
+7=367

방법 2 739-372=600+139-300-72=600-300+139
-72=300+67=367

방법 3 739-372=740-1-400+28=740-400+28-1
=340+27=367

## p.46 1

| × | 4 | 1 | 6 | 3 | 0 | 2 | 9 | 7 | 5 | 8 |
|---|---|---|---|---|---|---|---|---|---|---|
| 3 | 12 | 3 | 18 | 9 | 0 | 6 | 27 | 21 | 15 | 24 |
| 5 | 20 | 5 | 30 | 15 | 0 | 10 | 45 | 35 | 25 | 40 |
| 1 | 4 | 1 | 6 | 3 | 0 | 2 | 9 | 7 | 5 | 8 |
| 8 | 32 | 8 | 48 | 24 | 0 | 16 | 72 | 56 | 40 | 64 |
| 7 | 28 | 7 | 42 | 21 | 0 | 14 | 63 | 49 | 35 | 56 |
| 4 | 16 | 4 | 24 | 12 | 0 | 8 | 36 | 28 | 20 | 32 |
| 6 | 24 | 6 | 36 | 18 | 0 | 12 | 54 | 42 | 30 | 48 |
| 0 | 0 | 0 | 0 | 0 | 0 | 0 | 0 | 0 | 0 | 0 |
| 9 | 36 | 9 | 54 | 27 | 0 | 18 | 81 | 63 | 45 | 72 |
| 2 | 8 | 2 | 12 | 6 | 0 | 4 | 18 | 14 | 10 | 16 |

## p.47 2

| × | 3 | 5 | 9 | 1 | 0 | 8 | 4 | 7 | 6 | 2 |
|---|---|---|---|---|---|---|---|---|---|---|
| 5 | 15 | 25 | 45 | 5 | 0 | 40 | 20 | 35 | 30 | 10 |
| 2 | 6 | 10 | 18 | 2 | 0 | 16 | 8 | 14 | 12 | 4 |
| 0 | 0 | 0 | 0 | 0 | 0 | 0 | 0 | 0 | 0 | 0 |
| 8 | 24 | 40 | 72 | 8 | 0 | 64 | 32 | 56 | 48 | 16 |
| 3 | 9 | 15 | 27 | 3 | 0 | 24 | 12 | 21 | 18 | 6 |
| 9 | 27 | 45 | 81 | 9 | 0 | 72 | 36 | 63 | 54 | 18 |
| 6 | 18 | 30 | 54 | 6 | 0 | 48 | 24 | 42 | 36 | 12 |
| 7 | 21 | 35 | 63 | 7 | 0 | 56 | 28 | 49 | 42 | 14 |
| 4 | 12 | 20 | 36 | 4 | 0 | 32 | 16 | 28 | 24 | 8 |
| 1 | 3 | 5 | 9 | 1 | 0 | 8 | 4 | 7 | 6 | 2 |

## p.48 3

| | | |
|---|---|---|
| 9 | 8 | 7 |
| 8 | 7 | 4 |
| 5 | 9 | 7 |
| 4 | 9 | 6 |
| 4 | 9 | 5 |
| 4 | 2 | 6 |
| 8 | 3 | 4 |
| 6 | 3 | 7 |
| 6 | 8 | 9 |
| 3 | 7 | 6 |
| 17 | 79 | 12 |
| 10 | 2 | 11 |

## p.49 4

| | | |
|---|---|---|
| 120 | 86 | 69 |
| 48 | 354 | 75 |
| 92 | 234 | 208 |
| 266 | 891 | 270 |
| 304 | 368 | 115 |

## p.50 5

| | | |
|---|---|---|
| 62 | 69 | 86 |
| 84 | 80 | 84 |
| 186 | 288 | 106 |
| 470 | 152 | 174 |
| 322 | 558 | 492 |
| 96 | 68 | 48 |
| 85 | 87 | 96 |
| 305 | 287 | 249 |
| 468 | 438 | 348 |
| 584 | 315 | 130 |

## p.51 6

| | | |
|---|---|---|
| 492 | 858 | 2968 |
| 2090 | 1848 | 1584 |
| 2130 | 2046 | 1298 |
| 1668 | 2555 | 2862 |
| 2520 | 952 | 1518 |
| 6336 | 1770 | 1452 |
| 3620 | 7524 | 1354 |

```
      6 2            3 5            2 4
  ×   1 3        ×   2 7        ×   1 6
    1 8 6          2 4 5          1 4 4
    6 2            7 0            2 4
    8 0 6          9 4 5          3 8 4


      6 5            3 5            8 2
  ×   1 9        ×   8 6        ×   7 0
    5 8 5          2 1 0              0
    6 5          2 8 0          5 7 4
  1 2 3 5        3 0 1 0        5 7 4 0


      9 5            5 3            8 1
  ×   2 7        ×   3 1        ×   3 2
    6 6 5            5 3          1 6 2
  1 9 0          1 5 9          2 4 3
  2 5 6 5        1 6 4 3        2 5 9 2
```



```
    1 8 2              6 1 2
  ×     8 0        ×       5 3
          0          1 8 3 6
  1 4 5 6          3 0 6 0
  1 4 5 6 0        3 2 4 3 6


    2 5 3              8 2 1
  ×     3 1        ×       3 2
    2 5 3            1 6 4 2
  7 5 9            2 4 6 3
  7 8 4 3          2 6 2 7 2


    2 1 7              1 6 2
  ×     5 4        ×       4 8
    8 6 8            1 2 9 6
  1 0 8 5            6 4 8
  1 1 7 1 8          7 7 7 6
```

p.54

$$\begin{array}{r} 495 \\ \times\ 27 \\ \hline 3465 \\ 990\phantom{0} \\ \hline 13365 \end{array}$$

$$\begin{array}{r} 473 \\ \times\ 69 \\ \hline 4257 \\ 2838\phantom{0} \\ \hline 32637 \end{array}$$

$$\begin{array}{r} 146 \\ \times\ 75 \\ \hline 730 \\ 1022\phantom{0} \\ \hline 10950 \end{array}$$

$$\begin{array}{r} 423 \\ \times\ 68 \\ \hline 3384 \\ 2538\phantom{0} \\ \hline 28764 \end{array}$$

$$\begin{array}{r} 328 \\ \times\ 15 \\ \hline 1640 \\ 328\phantom{0} \\ \hline 4920 \end{array}$$

$$\begin{array}{r} 531 \\ \times\ 24 \\ \hline 2124 \\ 1062\phantom{0} \\ \hline 12744 \end{array}$$

**MISSION 4** 나눗셈

p.58 **1**

| | | |
|---|---|---|
| 5 | 3 | 2 |
| 7 | 7 | 6 |
| 4 | 4 | 7 |
| 5 | 5 | 9 |
| 9 | 7 | 9 |
| 3 | 7 | 6 |
| 5 | 6 | 3 |
| 2 | 7 | 8 |
| 9 | 5 | 9 |
| 1 | 2 | 8 |

p.59 **2**

$$\begin{array}{r} 13 \\ 6\overline{)78} \\ \underline{6}\phantom{0} \\ 18 \\ \underline{18} \\ 0 \end{array}$$

$$\begin{array}{r} 12 \\ 8\overline{)97} \\ \underline{8}\phantom{0} \\ 17 \\ \underline{16} \\ 1 \end{array}$$

$$\begin{array}{r} 16 \\ 4\overline{)67} \\ 4 \\ \hline 27 \\ 24 \\ \hline 3 \end{array} \qquad \begin{array}{r} 32 \\ 3\overline{)96} \\ 9 \\ \hline 6 \\ 6 \\ \hline 0 \end{array} \qquad \begin{array}{r} 12 \\ 7\overline{)89} \\ 7 \\ \hline 19 \\ 14 \\ \hline 5 \end{array}$$

$$\begin{array}{r} 8 \\ 9\overline{)75} \\ 72 \\ \hline 3 \end{array} \qquad \begin{array}{r} 7 \\ 5\overline{)39} \\ 35 \\ \hline 4 \end{array} \qquad \begin{array}{r} 12 \\ 6\overline{)72} \\ 6 \\ \hline 12 \\ 12 \\ \hline 0 \end{array}$$

## p.60 3

| 나눗셈 | 몫 | 나머지 | 나눗셈 | 몫 | 나머지 |
|---|---|---|---|---|---|
| 39÷5 | 7 | 4 | 11÷2 | 5 | 1 |
| 24÷7 | 3 | 3 | 41÷8 | 5 | 1 |
| 83÷9 | 9 | 2 | 38÷4 | 9 | 2 |
| 17÷6 | 2 | 5 | 29÷4 | 7 | 1 |
| 76÷8 | 9 | 4 | 48÷3 | 16 | 0 |
| 69÷5 | 13 | 4 | 30÷8 | 3 | 6 |
| 28÷7 | 4 | 0 | 51÷6 | 8 | 3 |
| 28÷3 | 9 | 1 | 66÷8 | 8 | 2 |
| 45÷6 | 7 | 3 | 19÷4 | 4 | 3 |
| 20÷6 | 3 | 2 | 55÷9 | 6 | 1 |
| 34÷7 | 4 | 6 | 20÷8 | 2 | 4 |
| 61÷2 | 30 | 1 | 35÷3 | 11 | 2 |
| 72÷9 | 8 | 0 | 60÷5 | 12 | 0 |
| 21÷4 | 5 | 1 | 39÷7 | 5 | 4 |
| 42÷6 | 7 | 0 | 33÷8 | 4 | 1 |
| 15÷2 | 7 | 1 | 23÷7 | 3 | 2 |
| 65÷9 | 7 | 2 | 40÷5 | 8 | 0 |
| 77÷7 | 11 | 0 | 51÷6 | 8 | 3 |
| 34÷5 | 6 | 4 | 58÷8 | 7 | 2 |
| 26÷3 | 8 | 2 | 47÷7 | 6 | 5 |

## p.61 4

$$35 \cdots 1 \qquad \begin{array}{r} 35 \\ 7\overline{)246} \\ 21 \\ \hline 36 \\ 35 \\ \hline 1 \end{array}$$

$$14 \cdots 2 \qquad \begin{array}{r} 14 \\ 7\overline{)100} \\ 7 \\ \hline 30 \\ 28 \\ \hline 2 \end{array}$$

검산 : 7×35+1=246     검산 : 7×14+2=100

$28 \cdots 7$

$$\begin{array}{r} 28 \\ 8\,)\overline{231} \\ 16 \\ \hline 71 \\ 64 \\ \hline 7 \end{array}$$

$14 \cdots 6$

$$\begin{array}{r} 14 \\ 9\,)\overline{132} \\ 9 \\ \hline 42 \\ 36 \\ \hline 6 \end{array}$$

$84 \cdots 5$

$$\begin{array}{r} 84 \\ 7\,)\overline{593} \\ 56 \\ \hline 33 \\ 28 \\ \hline 5 \end{array}$$

검산 : 8×28+7=231

검산 : 9×14+6=132

검산 : 7×84+5=593

## p.62 5

$$\begin{array}{r} 67 \\ 4\,)\overline{268} \\ 24 \\ \hline 28 \\ 28 \\ \hline 0 \end{array}$$

$$\begin{array}{r} 50 \\ 2\,)\overline{101} \\ 10 \\ \hline 1 \end{array}$$

$$\begin{array}{r} 101 \\ 5\,)\overline{507} \\ 5 \\ \hline 7 \\ 5 \\ \hline 2 \end{array}$$

$$\begin{array}{r} 41 \\ 3\,)\overline{125} \\ 12 \\ \hline 5 \\ 3 \\ \hline 2 \end{array}$$

$$\begin{array}{r} 57 \\ 4\,)\overline{231} \\ 20 \\ \hline 31 \\ 28 \\ \hline 3 \end{array}$$

$$\begin{array}{r} 77 \\ 5\,)\overline{386} \\ 35 \\ \hline 36 \\ 35 \\ \hline 1 \end{array}$$

$$\begin{array}{r} 29 \\ 8\,)\overline{234} \\ 16 \\ \hline 74 \\ 72 \\ \hline 2 \end{array}$$

$$\begin{array}{r} 139 \\ 5\,)\overline{698} \\ 5 \\ \hline 19 \\ 15 \\ \hline 48 \\ 45 \\ \hline 3 \end{array}$$

$$\begin{array}{r} 90 \\ 9\,)\overline{818} \\ 81 \\ \hline 8 \end{array}$$

$$\begin{array}{r} 62 \\ 8\,)\overline{497} \\ 48 \\ \hline 17 \\ 16 \\ \hline 1 \end{array}$$

$$\begin{array}{r} 39 \\ 6\,)\overline{239} \\ 18 \\ \hline 59 \\ 54 \\ \hline 5 \end{array}$$

$$\begin{array}{r} 27 \\ 7\,)\overline{195} \\ 14 \\ \hline 55 \\ 49 \\ \hline 6 \end{array}$$

$$\begin{array}{r} 158 \\ 3\,)\overline{476} \\ 3 \\ \hline 17 \\ 15 \\ \hline 26 \\ 24 \\ \hline 2 \end{array}$$

$$\begin{array}{r} 113 \\ 7\,)\overline{793} \\ 7 \\ \hline 9 \\ 7 \\ \hline 23 \\ 21 \\ \hline 2 \end{array}$$

$$\begin{array}{r} 293 \\ 2\,)\overline{587} \\ 4 \\ \hline 18 \\ 18 \\ \hline 7 \\ 6 \\ \hline 1 \end{array}$$

**p.63 6**

4 ··· 11

$$21\overline{)95}$$
$$84$$
$$11$$

검산 : 21×4+11=95

6 ··· 2

$$16\overline{)98}$$
$$96$$
$$2$$

검산 : 16×6+2=98

4

$$17\overline{)68}$$
$$68$$
$$0$$

검산 : 17×4=68

**p.64**

4 ··· 3

$$23\overline{)95}$$
$$92$$
$$3$$

검산 : 23×4+3=95

3 ··· 8

$$27\overline{)89}$$
$$81$$
$$8$$

검산 : 27×3+8=89

4 ··· 4

$$19\overline{)80}$$
$$76$$
$$4$$

검산 : 19×4+4=80

3 ··· 9

$$18\overline{)63}$$
$$54$$
$$9$$

검산 : 18×3+9=63

2 ··· 7

$$22\overline{)51}$$
$$44$$
$$7$$

검산 : 22×2+7=51

3 ··· 7

$$24\overline{)79}$$
$$72$$
$$7$$

검산 : 24×3+7=79

**p.65 7**

$$70\overline{)90}$$  1
$$70$$
$$20$$

$$14\overline{)99}$$  7
$$98$$
$$1$$

$$26\overline{)70}$$  2
$$52$$
$$18$$

$$16\overline{)71}$$  4
$$64$$
$$7$$

$$23\overline{)86}$$  3
$$69$$
$$17$$

$$17\overline{)69}$$  4
$$68$$
$$1$$

$$12\overline{)84}$$  7
$$84$$
$$0$$

$$29\overline{)91}$$  3
$$87$$
$$4$$

$$13\overline{)72}$$  5
$$65$$
$$7$$

$$32\overline{)58}$$  1
$$32$$
$$26$$

$$13\overline{)31}$$  2
$$26$$
$$5$$

$$24\overline{)65}$$  2
$$48$$
$$17$$

$$11\overline{)87}$$  7
$$77$$
$$10$$

$$15\overline{)49}$$  3
$$45$$
$$5$$

$$15\overline{)94}$$  6
$$90$$
$$4$$

**p.66 8**

6 … 24

$$\begin{array}{r} 6 \\ 27{\overline{\smash{\big)}\,186}} \\ \underline{162} \\ 24 \end{array}$$

검산 : 27×6+24=186

43

$$\begin{array}{r} 43 \\ 18{\overline{\smash{\big)}\,774}} \\ \underline{72} \\ 54 \\ \underline{54} \\ 0 \end{array}$$

검산 : 18×43=774

**p.67**

23

$$\begin{array}{r} 23 \\ 32{\overline{\smash{\big)}\,736}} \\ \underline{64} \\ 96 \\ \underline{96} \\ 0 \end{array}$$

검산 : 32×23=736

26 … 16

$$\begin{array}{r} 26 \\ 34{\overline{\smash{\big)}\,900}} \\ \underline{68} \\ 220 \\ \underline{204} \\ 16 \end{array}$$

검산 : 34×26+16=900

27 … 4

$$\begin{array}{r} 27 \\ 11{\overline{\smash{\big)}\,301}} \\ \underline{22} \\ 81 \\ \underline{77} \\ 4 \end{array}$$

검산 : 11×27+4=301

11 … 37

$$\begin{array}{r} 11 \\ 72{\overline{\smash{\big)}\,829}} \\ \underline{72} \\ 109 \\ \underline{72} \\ 37 \end{array}$$

검산 : 72×11+37=829

**p.68 9**

$$\begin{array}{r} 7 \\ 70{\overline{\smash{\big)}\,490}} \\ \underline{490} \\ 0 \end{array}$$

$$\begin{array}{r} 9 \\ 60{\overline{\smash{\big)}\,598}} \\ \underline{540} \\ 58 \end{array}$$

$$\begin{array}{r} 7 \\ 24{\overline{\smash{\big)}\,168}} \\ \underline{168} \\ 0 \end{array}$$

$$\begin{array}{r} 22 \\ 14{\overline{\smash{\big)}\,312}} \\ \underline{28} \\ 32 \\ \underline{28} \\ 4 \end{array}$$

$$\begin{array}{r} 23 \\ 32{\overline{\smash{\big)}\,736}} \\ \underline{64} \\ 96 \\ \underline{96} \\ 0 \end{array}$$

$$\begin{array}{r} 10 \\ 10{\overline{\smash{\big)}\,102}} \\ \underline{10} \\ 2 \end{array}$$

$$\begin{array}{r} 6 \\ 27{\overline{\smash{\big)}\,186}} \\ \underline{162} \\ 24 \end{array}$$

$$\begin{array}{r} 8 \\ 29{\overline{\smash{\big)}\,232}} \\ \underline{232} \\ 0 \end{array}$$

$$\begin{array}{r} 9 \\ 47{\overline{\smash{\big)}\,423}} \\ \underline{423} \\ 0 \end{array}$$

$$\begin{array}{r} 27 \\ 11{\overline{\smash{\big)}\,301}} \\ \underline{22} \\ 81 \\ \underline{77} \\ 4 \end{array}$$

$$\begin{array}{r} 8 \\ 69{\overline{\smash{\big)}\,552}} \\ \underline{552} \\ 0 \end{array}$$

$$\begin{array}{r} 23 \\ 12{\overline{\smash{\big)}\,276}} \\ \underline{24} \\ 36 \\ \underline{36} \\ 0 \end{array}$$

$$\begin{array}{r} 6 \\ 57{\overline{\smash{\big)}\,349}} \\ \underline{342} \\ 7 \end{array}$$

$$\begin{array}{r} 7 \\ 82{\overline{\smash{\big)}\,574}} \\ \underline{574} \\ 0 \end{array}$$

$$\begin{array}{r} 11 \\ 72{\overline{\smash{\big)}\,829}} \\ \underline{72} \\ 109 \\ \underline{72} \\ 37 \end{array}$$

**p.72 1**

92

16

5

43

**p.74 2**

6

4

1

**p.75**

9

2

3

117

8

8

455

**p.78 4**

3

33

4

29

25

41

6

**p.73**

65

202

318

73

1

235

136

23

**p.77 3**

363

32

43

7

102

58

70

**p.79 5**

5

20

15

22

141

76

93

**Level Up**  문제

## 1회

**1** 답 : 154(쪽)
풀이 : 34+25+29+36+30=154

**2** 답 : 오후 2시 15분
풀이 : 11시 40분+2시간 35분=오후 2시 15분

**3** 답 : 29(살)
풀이 : 42-13=29


**4** 답 : 850(원)
풀이 : 3000-900-450-800=2100-450-800=1650-800=850


**5** 답 : 48(kg)
풀이 : 4×12=48


**6** 답 : 15(개)
풀이 : 사탕 4봉지의 개수는 30×4=120개, 120÷8=15


**7** 답 : 1) 5(상자)  2) 답 : 320,000(원)
풀이 1) 80÷16=5
2) 64000×5=320000


**8** 답 : 5050
풀이 : 1+2+3+4+5+ …… +96+97+98+99+100과 반대 순서인 100+99+98+97+96+ …… +5+4+3+2+1를 더하면
다음과 같습니다.

$$
\begin{array}{r}
1 + 2 + 3 + 4 + 5 + \cdots +96+97+98+99+100 \\
+ \quad 100+99+98+97+96+ \cdots + 5 + 4 + 3 + 2 + 1 \\
\hline
101+101+101+101+101+ \cdots +101+101+101+101+101
\end{array}
$$

첫 번째 수 1과 마지막 수 100의 합은 101이고, 두 번째 수 2와 뒤에서 두 번째 수 99의 합도 101입니다. 이런 식
으로 연속된 수의 개수만큼 더해 주면 (1+100)×100이 됩니다.
(1+100)×100=(1+2+3+4+5+ …… +96+97+98+99+100)+(100+99+98+97+96+ …… +5+4+3+2+1)이므로
1+2+3+4+5+ …… +96+97+98+99+100=101×100÷2=10100÷2=5050


**9** 답 : 1) 4, 9  2) 6, 8  3) 3, 3  4) 5, 1(각 답의 순서는 위 칸, 아래 칸)
풀이 : 1) 일의 자리에서 □+6=10이므로 □=4, 십의 자리에서 1+3+□=13이므로 □=9
2) 일의 자리에서 5+□=13이므로 □=8, 십의 자리에서 1+□+4=11이므로 □=6
3) 일의 자리에서 10+□-5=8이므로 □=3, 십의 자리에서 8-1-□=4이므로 □=3
4) 일의 자리에서 10+0-□=9이므로 □=1, 십의 자리에서 □-1-4=0이므로 □=5


**10** 답 : 251
풀이 : 46+①=297+②이므로 ①-②=297-46=251


**11** 답 : 1) 8  2) 21  3) 2
풀이 : 1) 64÷□=104÷13=8
□×8=64이므로 □=64÷8=8

2) 84÷□=68÷17=4

□×4=84이므로 □=84÷4=21

3) 1288÷14÷□=92÷□=46

□×46=92이므로 □=92÷46=2


**12** 답 : 41(살)
풀이 : (12+10)×2−3=44−3=41


**13** 답 : 괄호가 들어갈 수 있는 부분은 5−2, 7+5입니다. 식의 결과를 보면서 괄호가 들어갈 부분을 생각해 봅니다.
1) 3×7+(5−2)=24
2) 3×(7+5)−2=34


**14** 답 : 1) 0  2) 1  3) 2  4) 3  5) 4  6)5  7) 6  8) 7  9) 8  10) 9  11) 10
풀이 : 1) 44−44=0
2) (4+4)÷(4+4)=8÷8=1
3) (4×4)÷(4+4)=16÷8=2
4) (4+4+4)÷4=12÷4=3
5) (4−4)÷4+4=0÷4+4=4
6) (4×4+4)÷4=20÷4=5
7) 4+(4+4)÷4=4+8÷4=4+2=6
8) 4+4−4÷4=4+4−1=8−1=7
9) 4×{(4+4)÷4}=4×{8÷4}=4×2=8
10) 4+4+4÷4=4+4+1=8+1=9
11) (44−4)÷4=40÷4=10


**15** 답 : 7
풀이 1) ○ 안에 1부터 차례로 수를 넣어 확인해 봅니다.
○=1일 때 51−1−1−1−1=51−4=47, 2+1+1+1=5, 즉 47 ≠ 5이므로 ○ ≠ 1
○=2일 때 51−2−2−2−2=43, 2+2+2+2=8, 즉 43 ≠ 8이므로 ○ ≠ 2
○=3일 때 51−3−3−3−3=39, 2+3+3+3=11, 즉 39 ≠ 11이므로 ○ ≠ 3
○=4일 때 51−4−4−4−4=35, 2+4+4+4=14, 즉 35 ≠ 14이므로 ○ ≠ 4
○=5일 때 51−5−5−5−5=31, 2+5+5+5=17, 즉 31 ≠ 17이므로 ○ ≠ 5
○=6일 때 51−6−6−6−6=27, 2+6+6+6=20, 즉 27 ≠ 20이므로 ○ ≠ 6
○=7일 때 51−7−7−7−7=23, 2+7+7+7=23, 즉 23=23이므로 ○=7
풀이 2) 51−○−○−○−○=2+○+○+○에서 각각 2를 뺍니다.
51−○−○−○−○−2=2+○+○+○−2, 51−2−○−○−○−○=2−2+○+○+○, 49−○−○−○−○=○+○+○
49−○−○−○−○=○+○+○에서 각각 ○를 4번씩 더합니다.
즉 49−○−○−○−○+○+○+○+○=○+○+○+○+○+○+○,
49−○+○−○+○−○+○−○+○=○+○+○+○+○+○+○,
49=○+○+○+○+○+○+○=7×○, ○=7

**16** 답 : ○ : 3  ★ : 5  △ : 0
　　　 ○ : 4  ★ : 0  △ : 6
풀이 : 9 ≤ ○×○ <20이므로 ○은 3 또는 4입니다.
○=3인 경우, ★×○=★이 되는 ★=0, 5밖에 없습니다. 여기서 ★=0인 경우, 30×3=90이 되어 백의 자리가 1이 되지 않기 때문에 곱셈식이 성립하지 않습니다.
따라서 ○=3인 경우 ★=5이고, 35×3=105이므로 △=0입니다.
○=4인 경우 ★×○=★이 되는 ★=0밖에 없습니다.
따라서 ○=4인 경우 ★=0이고, 40×4=160이므로 △=6입니다.


**17** 답 : 가 : 2  나 : 1  다 : 6  라 : 7  마 : 5
풀이 : 첫 번째 가로줄에서 4+다+다=16이므로 다+다=12, 다=6
세 번째 세로줄에서 다+가+나=9이므로 6+가+나=9, 가+나=3
세 번째 가로줄에서 가+나+나=4이므로 3+나=4, 나=1
가+나=3이고, 나=1이므로 가=2
첫 번째 세로줄에서 라=4+나+가이고, 4+가+나=4+3=7이므로 라=7
두 번째 가로줄에서 마=나+가+가이고, 가=2, 나=1이므로 마=가+나+가=3+2=5


**18** 답 : 54
풀이 : 9개의 수를 모두 더하면 (11+19)×9÷2=135
가로, 세로, 대각선의 3개 수의 합은 135÷3=45
표 가운데의 수는 9개의 수 가운데 중간 수인 15를 넣고 큰 수와 작은 수의 짝을 지어 45가 되도록 합니다.

| 12 | 19 | 14 |
|----|----|----|
| 17 | 15 | 13 |
| 16 | 11 | 18 |

∴ ①+②+③=19+17+18=54


**19** 답 : 가 : 1  나 : 3  다 : 3  라 0
풀이 : 가×나=나 → 가에서 나를 곱했을 때 나가 되려면 가=1
다÷가−라=다 → 가=1을 대입합니다.
다÷1−라=다, 다−라=다
다에서 라를 뺐을 때 다가 되려면 라=0
나−다=라 → 나−다=0이므로 나=다
가+라+2=다 → 가=1, 라=0을 대입하면 다=1+0+2=3
나=다이므로 나=다=3


**20** 답 : 231
풀이 : 7㉠과 ㉡5의 합은 132이므로

$$\begin{array}{r} 7㉠ \\ +\ ㉡5 \\ \hline 132 \end{array}$$

으로 나타낼 수 있고, 따라서 ㉠=7, ㉡=5입니다.

㉠㉡과 2㉢의 곱은 1800이므로 75×2㉢=1800, 2㉢=1800÷75=24

따라서 ㉢=4입니다.

∴7㉠+㉡5+㉠㉡+2㉢=77+55+75+24=231


## 2회

**1** 답 : 2시간 55분

풀이 : 1시간=60분이므로 수요일은 60-10=50분 운동했습니다. 금요일은 수요일보다 15분 더 했으므로 50+15=65분 운동했습니다. 따라서 60분+50분+65분=175분=2시간 55분 운동했습니다.


**2** 답 : 55(쪽)

풀이 : 102-47=55


**3** 답 : 41(개)

풀이 : 120-74-5=41


**4** 답 : 18(명)

풀이 : 27×4÷6=108÷6=18


**5** 답 : 11(개)

풀이 : 256÷23=11…3이므로 한 상자에 11개의 복숭아를 담을 수 있습니다.


**6** 답 : 8800(원)

풀이 : (1200×4)+1500+2500=8800


**7** 답 : 111116

풀이: 100001+10001+1001+101+11+1=(100000+1)+(10000+1)+(1000+1)+(100+1)+(10+1)+1
=100000+10000+1000+100+10+1+1+1+1+1+1=111110+6=111116


**8** 답 : 9

풀이 : (1013-2)+(1013-1)+1013+(1013+1)+(1013+2)+(1013+1)+1013+(1013-1)+(1013-2)
=(1013×9)-2-1+1+2+1-1-2=(1013×9)-2

∴□=9


**9** 답 : 1) 5, 7  2) 2, 9  3) 8, 4  4) 6, 4(각 답의 순서는 위 칸, 아래 칸)

풀이 : 1) 일의 자리에서 □+8=13이므로 □=5입니다.

십의 자리에서 1+4+□=12이므로 □=7입니다.

2) 일의 자리에서 5+□=14이므로 □=9입니다.

십의 자리에서 1+□+3=6이므로 □=2입니다.

3) 일의 자리에서 10+□-9=9이므로 □=8입니다.

십의 자리에서 7-1-□=2이므로 □=4입니다.
4) 일의 자리에서 10+1-□=7이므로 □=4입니다.
십의 자리에서 □-1-3=2이므로 □=6입니다.


**10** 답 : 467, 339
풀이 : 일의 자리에서 □+9=16, 10+□-9=8이므로 □=7입니다.
십의 자리에서 1+□+□=10, □-1-□=2이므로 □+□=9, □-□=3입니다.
두 조건을 만족하는 두 숫자는 6과 3입니다.
백의 자리에서 1+4+□=8, 4-□=1이므로 □=3입니다.
따라서 467+339=806, 467-339=128이므로 두 수는 467, 339입니다.


**11** 답 : 괄호가 들어갈 수 있는 부분은 2+5, 60-6입니다. 식의 결과를 보면서 괄호가 들어갈 부분을 생각해 봅니다.
1) 60-6×(2+5)=18
2) (60-6)×2+5=113


**12** 답 : 75
풀이 1) 17+④+9+21=58이므로 ④=11
④+9+21+⑤=58이고 ④=11이므로 ⑤=17
③+17+④+9=58이고 ④=11이므로 ③=21
②+③+17+④=58이고 ③=21, ④=11이므로 ②=9
①+11+②+③=58이고 ②=9, ③=21이므로 ①=17
∴ ①+②+③+④+⑤=17+9+21+11+17=75
풀이 2) 17+④+9+21=58이므로 ④=11
④+9+21+⑤=58이고 ④=11이므로 ⑤=17
이웃한 네 수의 합이 58이므로 수의 배열은 11, 9, 21, 17 패턴이 반복됩니다.
따라서 ①=17, ②=9, ③=21이 됩니다.
∴ ①+②+③+④+⑤=17+9+21+11+17=75


**13** 답 : 1) 130  2) 111
풀이 1) 11×□=286×5=1430
□=1430÷11=130
2) □×2=37×6=222
□=222÷2=111


**14** 답 : 177
풀이 : 2장이 찢겨져 있었다면 펼쳐진 쪽의 수는 5만큼 차이가 납니다.
85×90=7650이고 90×95=8550이므로 7826은 8□×9□가 됨을 알 수 있습니다.
일의 자리끼리 곱했을 때 6이 되고, 차이가 5가 되는 수를 찾으면 86과 91이 됩니다.
∴ 86+91=177

**15** 답 : 138

풀이 : 세 수의 계산 결과가 가장 크기 위해서는 더하는 두 수에는 큰 수인 6, 7, 8, 9가, 빼는 수에는 4, 5가 들어가야 합니다. 계산 결과가 커지기 위해서는 더하는 두 수 가운데 십의 자리에 큰 수가 와야 하므로 9□, 8□가 됩니다. 빼는 수는 십의 자리에 가장 작은 수가 와야 하므로 45가 되어야 합니다.

더하는 두 수는 97+86인 경우와 96+87인 경우가 있습니다. 이 두 계산 결과는 183으로 같습니다. 따라서 각각에 들어갈 수는 97+86-45 또는 96+87-45가 되고, 계산 결과는 138입니다.

**16** 답: 34×5=170, 35×4=140, 43×5=215, 45×3=135, 53×4=212, 54×3=162

풀이 : (두 자리 수)×(한 자리 수)의 곱셈식을 만드는 방법은 다음과 같습니다.

두 자리 수에서 십의 자리 숫자가 3인 경우 일의 자리 숫자는 4, 5입니다.

십의 자리 숫자가 4인 경우 일의 자리 숫자는 3, 5입니다.

십의 자리 숫자가 5인 경우 일의 자리 숫자는 3, 4입니다.

따라서 세 장의 수 카드를 한 번씩 이용하여 만들 수 있는 (두 자리 수)×(한 자리 수)의 곱셈식은 34×5=170, 35×4=140, 43×5=215, 45×3=135, 53×4=212, 54×3=162입니다.

**17** 답 : 349

풀이 : 300과 400 사이의 수 가운데 70으로 나누어 떨어지는 수는 350입니다.

70으로 나누었을 때 나올 수 있는 가장 큰 나머지는 69입니다.

350은 7로 나누었을 때 나머지가 0이므로 나머지가 69인 349가 300보다 크고 400보다 작은 수 가운데 70으로 나누었을 때 나머지가 가장 큰 수입니다.

**18** 답 : 10

풀이 : 17×11=187이므로 □ 안에 들어갈 수 있는 자연수 가운데 가장 큰 수는 10입니다.

**19** 답: ○ : 968  □ : 31  △ : 7

풀이 : 658÷31=21…7이므로 □=21+10=31입니다.

△는 658÷31의 나머지와 같으므로 △=7입니다.

○=□×□+△=31×31+7=968입니다.

따라서 968÷31=31…7이므로 ○=968, □=31, △=7입니다.

**20** 답 : ★ : 9  △ : 1

풀이 : 2 ≤ ★+★ ≤ 18이므로 △=1입니다.

★+△=★+1의 일의 자리 값은 0이므로 ★+1=10, 즉 ★=9입니다.

따라서 이 식은 99+91=190입니다.

## 문제 만들기

예1)

**1** 바구니에 들어 있는 과일의 개수를 모두 더하는 상황

**2** 더하기

**3** 바구니에 귤이 3개, 사과가 5개 들어 있습니다. 바구니에 들어 있는 과일은 모두 몇 개인지 구하세요.
**4** 3+5=8(개)

예2)

**1** 먹은 쿠키를 빼고 남은 쿠키의 개수를 구하는 상황
**2** 빼기
**3** 쿠키 5개를 사서 2개를 먹었다면 남은 쿠키는 몇 개인지 구하세요.
**4** 5−2=3(개)

예3)

**1** 친구와 내 키를 비교해 차이를 구하는 상황
**2** 빼기
**3** 친구의 키는 155cm이고 내 키는 153cm입니다. 친구의 키가 내 키보다 얼마나 큰지 구하세요.
**4** 155−153=2(cm)

예4)

**1** 수학 문제집을 매일 같은 쪽수를 풀 때 일정 기간 동안 푼 전체 쪽수를 구하는 상황
**2** 곱하기
**3** 지민이는 매일 수학 문제집을 6쪽씩 풀기로 했습니다. 일주일 동안 실천했다면 모두 몇 쪽을 풀었는지 구하세요.
**4** 6×7=42(쪽)

예5)

**1** 입양했을 때보다 몸무게가 3배 늘어난 강아지의 현재 몸무게를 구하는 상황
**2** 곱하기
**3** 세인이는 5개월 전에 2kg인 강아지를 입양했습니다. 현재 강아지의 몸무게는 입양했을 때의 3배입니다. 현재 몸무게는 몇 kg인지 구하세요.
**4** 2×3=6(kg)

예6)

**1** 사과를 두 사람이 똑같이 나누는 상황
**2** 나누기
**3** 사과 12개를 두 사람이 똑같이 나눌 때 한 사람이 갖는 사과는 몇 개인지 구하세요.
**4** 12÷2=6(개/사람)

예7)

**1** 사과를 2개씩 담을 때 필요한 바구니의 수를 구하는 상황
**2** 나누기
**3** 사과 12개를 2개씩 바구니에 담으려고 합니다. 바구니는 모두 몇 개가 필요한지 구하세요.
**4** 12÷2=6(개)

# 2장 자연수의 성질



## p.104 1

$8÷\boxed{1}=8, 8÷\boxed{2}=4, 8÷\boxed{4}=2, 8÷\boxed{8}=1$
8의 약수 : 1, 2, 4, 8

$15÷\boxed{1}=15, 15÷\boxed{3}=5, 15÷\boxed{5}=3, 15÷\boxed{15}=1$
15의 약수 : 1, 3, 5, 15

$20÷\boxed{1}=20, 20÷\boxed{2}=10, 20÷\boxed{4}=5, 20÷\boxed{5}=4, 20÷\boxed{10}=2, 20÷\boxed{20}=1$
20의 약수 : 1, 2, 4, 5, 10, 20

$36÷\boxed{1}=36, 36÷\boxed{2}=18, 36÷\boxed{3}=12, 36÷\boxed{4}=9, 36÷\boxed{6}=6, 36÷\boxed{9}=4, 36÷\boxed{12}=3, 36÷\boxed{18}=2, 36÷\boxed{36}=1$
36의 약수 : 1, 2, 3, 4, 6, 9, 12, 18, 36

$40÷\boxed{1}=40, 40÷\boxed{2}=20, 40÷\boxed{4}=10, 40÷\boxed{5}=8, 40÷\boxed{8}=5, 40÷\boxed{10}=4, 40÷\boxed{20}=2, 40÷\boxed{40}=1$
40의 약수 : 1, 2, 4, 5, 8, 10, 20, 40

## p.105 2

$9=\boxed{1}×\boxed{9}, 9=\boxed{3}×\boxed{3}$
9의 약수 : 1, 3, 9

$12=\boxed{1}×\boxed{12}, 12=\boxed{2}×\boxed{6}, 12=\boxed{3}×\boxed{4}$
12의 약수 : 1, 2, 3, 4, 6, 12

$16=\boxed{1}×\boxed{16}, 16=\boxed{2}×\boxed{8}, 16=\boxed{4}×\boxed{4}$
16의 약수 : 1, 2, 4, 8, 16

$24=\boxed{1}×\boxed{24}, 24=\boxed{2}×\boxed{12}, 24=\boxed{3}×\boxed{8}, 24=\boxed{4}×\boxed{6}$
24의 약수 : 1, 2, 3, 4, 6, 8, 12, 24

$30=\boxed{1}×\boxed{30}, 30=\boxed{2}×\boxed{15}, 30=\boxed{3}×\boxed{10}, 30=\boxed{5}×\boxed{6}$
30의 약수 : 1, 2, 3, 5, 6, 10, 15, 30

$45=\boxed{1}×\boxed{45}, 45=\boxed{3}×\boxed{15}, 45=\boxed{5}×\boxed{9}$
45의 약수 : 1, 3, 5, 9, 15, 45

## p.106 3

10 : 1, 2, 5, 10
21 : 1, 3, 7, 21
25 : 1, 5, 25
39 : 1, 3, 13, 39
65 : 1, 5, 13, 65
72 : 1, 2, 3, 4, 6, 8, 9, 12, 18, 24, 36, 72
88 : 1, 2, 4, 8, 11, 22, 44, 88
96 : 1, 2, 3, 4, 6, 8, 12, 16, 24, 32, 48, 96
100 : 1, 2, 4, 5, 10, 20, 25, 50, 100
120 : 1, 2, 3, 4, 5, 6, 8, 10, 12, 15, 20, 24, 30, 40, 60, 120
154 : 1, 2, 7, 11, 14, 22, 77, 154

## p.108 4

5의 배수 : 5, 10, 15, 20, 25, 30, 35, 40, 45, 50, 55, 60, 65, 70, 75, 80
9의 배수 : 9, 18, 27, 36, 45, 54, 63, 72

## p.109 5

2 : 2, 4, 6, 8, 10, 12, 14, 16, 18, 20
6 : 6, 12, 18, 24, 30, 36, 42, 48, 54, 60
7 : 7, 14, 21, 28, 35, 42, 49, 56, 63, 70
8 : 8, 16, 24, 32, 40, 48, 56, 64, 72, 80
11 : 11, 22, 33, 44, 55, 66, 77, 88, 99, 110
13 : 13, 26, 39, 52, 65, 78, 91, 104, 117, 130
15 : 15, 30, 45, 60, 75, 90, 105, 120, 135, 150
17 : 17, 34, 51, 68, 85, 102, 119, 136, 153, 170
21 : 21, 42, 63, 84, 105, 126, 147, 168, 189, 210
30 : 30, 60, 90, 120, 150, 180, 210, 240, 270, 300
50 : 50, 100, 150, 200, 250, 300, 350, 400, 450, 500

## p.111 6

1×30
2×15
3×10

5×6

30의 약수 : 1, 2, 3, 5, 6, 10, 15, 30

30의 배수 : 1, 2, 3, 5, 6, 10, 15, 30

## p.112 7

| 배수 | 약수 |
| --- | --- |
| 약수 | 배수 |
| 약수 | 약수 |
| 배수 | 약수 |
| 배수 | 배수 |
| 약수 | 약수 |
| 약수 | 배수 |
| 배수 | 약수 |
| 배수 | 배수 |

## p.113 8

(4, 16), (4, 20)

(4, 24), (4, 32), (4, 36), (4, 48)

(6, 12), (6, 24), (6, 30), (6, 36)

(6, 48), (8, 16), (8, 24), (8, 32)

(8, 48), (10, 20), (10, 30), (12, 24)

(12, 36), (12, 48), (15, 30), (15, 45)

(16, 32), (16, 48), (24, 48)

---

**MISSION 2**  자연수 분류 : 짝수와 홀수, 1, 소수와 합성수

## p.118 1

짝수 : 10, 12, 14, 16, 18, 20

홀수 : 11, 13, 15, 17, 19

## 2

짝수 : 100, 102, 104, 106, 108, 110

홀수 : 101, 103, 105, 107, 109

## 3

1) 짝수

2) 홀수

## p.119

3)

① 짝수, 예) 6+8=14

이유 : 짝수는 2의 배수이므로 두 짝수를 더하면 또 다른 2의 배수가 되어 짝수가 됩니다.

② 짝수, 예) 8-6=2

이유 : 짝수는 2의 배수이고 두 짝수를 빼도 2의 배수가 되므로 짝수가 됩니다.

③ 짝수, 예) 5+3=8

이유 : 홀수는 2로 나누면 나머지가 1이 됩니다. 두 홀수를 더했을 때의 나머지는 1+1=2가 됩니다. 따라서 두 홀수를 더하면 2의 배수가 되므로 짝수가 됩니다.

④ 짝수, 예) 11-7=4

이유 : 홀수는 2로 나누면 나머지가 1이 됩니다. 두 홀수를 빼면 나머지가 1-1=0이 되므로 2의 배수, 즉 짝수가 됩니다.

## p.120

⑤ 홀수, 예) 3+2=5

이유 : 홀수는 2의 배수에 1을 더한 수이고, 짝수는 2의 배수입니다. 즉 (홀수)+(짝수)는 (2×□+1)+(2×☆)=(2×□)+1+(2×☆)=(2×□)+(2×☆)+1=2×(□+☆)+1입니다. 따라서 홀수에서 짝수를 더하면 2로 나누었을 때 나머지가 1인 수가 되어 홀수가 됩니다.

⑥ 홀수, 예) 7-4=3

이유 : 홀수는 2의 배수에 1을 더한 수이고, 짝수는 2의 배수입니다. 즉 (홀수)-(짝수)는 (2×□+1)-(2×☆)=(2×□)+1-(2×☆)=(2×□)-(2×☆)+1=2×(□-☆)+1입니다. 따라서 홀수에서 짝수를 빼면 2로 나누었을 때 나머지가 1인 수가 되어 홀수가 됩니다.

⑦ 짝수, 예) 5×8=40

이유 1 : (홀수)×(짝수)=(짝수)×(홀수)이고, 짝수는 몇 번을 더하더라도 항상 짝수가 됩니다. 따라서 (홀수)×(짝수)의 결과는 짝수입니다.

이유 2 : 자연수 □에 대하여 홀수는 2×□+1로 나타낼 수 있습니다. (홀수)×(짝수)는 홀수를 짝수 번 더한 값이므로 2로 나누었을 때 나머지가 0이 됩니다. 따라서 (홀수)×(짝수)의 결과는 짝수입니다.

⑧ 짝수, 예) 8×2=16

이유 1 : 짝수는 몇 번을 더하더라도 항상 짝수가 됩니다. 따라서 (짝수)×(짝수)의 결과는 짝수입니다.

이유 2 : 자연수 □, ☆에 대하여 (짝수)×(짝수)=(2×□)×(2×☆)=2×(□×2×☆), 즉 (짝수)×(짝수)는 항상 2의 배수가 됩니다. 따라서 (짝수)×(짝수)의 결과는 짝수입니다.


## p.122 **4**

숫자판에 남은 수 : 2, 3, 5, 7, 11, 13, 17, 19, 23, 29, 31, 37, 41, 43, 47, 53, 59, 61, 67, 71, 73, 79, 83, 89, 97
모두 25개의 소수가 남았습니다.


## p.123 **5**

| | |
|---|---|
| 5 : 1, 5 소수 | 19 : 1, 19 소수 |
| 9 : 1, 3, 9 합성수 | 41 : 1, 41 소수 |
| 12 : 1, 2, 3, 4, 6, 12 합성수 | 121 : 1, 11, 121 합성수 |


## **6**

소수 : 23, 29, 31, 37
합성수 : 20, 21, 22, 24, 25, 26, 27, 28, 30, 32, 33, 34, 35, 36, 38, 39, 40


**MISSION 3** 거듭제곱과 소인수분해


## p.127 **1**

1) 3의 다섯제곱

2) 3    3) 5    4) 243


## p.128 **2**

| 수 | 밑 | 지수 |
|---|---|---|
| $5^4$ | 5 | 4 |
| $7^9$ | 7 | 9 |

| | | |
|---|---|---|
| $3$ | $3$ | $1$ |
| $62^3$ | $62$ | $3$ |
| $8^{15}$ | $8$ | $15$ |
| $100^{11}$ | $100$ | $11$ |
| $12$ | $12$ | $1$ |
| $(\dfrac{1}{2})^{10}$ | $\dfrac{1}{2}$ | $10$ |
| $1.5$ | $1.5$ | $1$ |
| $\dfrac{5}{7}$ | $\dfrac{5}{7}$ | $1$ |
| $(\dfrac{2}{9})^3$ | $\dfrac{2}{9}$ | $3$ |
| $(0.1)^6$ | $0.1$ | $6$ |

**p.129 3**

$11^2$

$6^3$

$2^5$

$5^7$

$2^2 \times 5^3$

$3^2 \times 13^4$

$7^3 \times 19^3$

$3^2 \times 5^4 \times 7^2$

$17^2 + 23^3$

$7^3 + 11^4$

$(\dfrac{1}{2})^4$ 또는 $\dfrac{1}{2^4}$

$\dfrac{1}{3^2 \times 5^3}$

$\dfrac{2^5}{13^{10}}$

**p.130 4**

| | |
|---|---|
| $3^2$ | $2^4$ |
| $2^5$ | $3^4$ |
| $11^2$ | $5^3$ |
| $13^2$ | $3^5$ |
| $2^8$ | $17^2$ |
| $7^3$ | $19^2$ |
| $5^4$ | $10^4$ |

**p.132 5**

| | |
|---|---|
| $5^2$ | $2 \times 3 \times 5$ |
| $5$ | $2, 3, 5$ |

| | |
|---|---|
| $2^2 \times 3^2$ | $2^4 \times 3$ |
| 2, 3 | 2, 3 |
| $2 \times 5^2$ | $3^2 \times 7$ |
| 2, 5 | 3, 7 |

## p.133

| | |
|---|---|
| $3 \times 5^2$ | $3^2 \times 11$ |
| 3, 5 | 3, 11 |
| $2^2 \times 5^2$ | $2 \times 3 \times 17$ |
| 2, 5 | 2, 3, 17 |
| $2^3 \times 3 \times 5$ | $2 \times 3 \times 5^2$ |
| 2, 3, 5 | 2, 3, 5 |
| $2^3 \times 3 \times 7$ | $2^3 \times 5^2$ |
| 2, 3, 7 | 2, 5 |
| $2 \times 5^3$ | $2 \times 3 \times 5 \times 13$ |
| 2, 5 | 2, 3, 5, 13 |
| $5^2 \times 17$ | $2^2 \times 5^3$ |
| 5, 17 | 2, 5 |

## p.134 6

| 수 | 약수 | 약수의 개수 |
|---|---|---|
| 4 | 1, 2, 4 | 3 |
| $3^6$ | $1, 3, 3^2, 3^3, 3^4, 3^5, 3^6$ | 7 |
| 8 | 1, 2, 4, 8 | 4 |
| $5^8$ | $1, 5, 5^2, 5^3, 5^4, 5^5, 5^6, 5^7, 5^8$ | 9 |
| 16 | 1, 2, 4, 8, 16 | 5 |
| $11^9$ | $1, 11, 11^2, 11^3, 11^4, 11^5, 11^6, 11^7, 11^8, 11^9$ | 10 |
| 25 | 1, 5, 25 | 3 |
| $13^3$ | $1, 13, 13^2, 13^3$ | 4 |
| 27 | 1, 3, 9, 27 | 4 |
| $19^2$ | $1, 19, 19^2$ | 3 |

## p.136 7

1) ① $12 = 2^2 \times 3$

②

| × | 1 | 2 | $2^2(=4)$ |
|---|---|---|---|
| 1 | 1 | 2 | 4 |
| 3 | 3 | 6 | 12 |

12의 약수 : 1, 2, 3, 4, 6, 12

③ 6개

2) ① $24 = 2^3 \times 3$

②

| × | 1 | 2 | $2^2(=4)$ | $2^3(=8)$ |
|---|---|---|---|---|
| 1 | 1 | 2 | 4 | 8 |
| 3 | 3 | 6 | 12 | 24 |

24의 약수 : 1, 2, 3, 4, 6, 8, 12, 24

③ 8개

## p.137

3) 45

① $45 = 3^2 \times 5$

②

| × | 1 | 3 | $3^2(=9)$ |
|---|---|---|---|
| 1 | 1 | 3 | 9 |
| 5 | 5 | 15 | 45 |

45의 약수 : 1, 3, 5, 9, 15, 45

③ 6개

4) ① $392 = 2^3 \times 7^2$

②

| × | 1 | 2 | $2^2(=4)$ | $2^3(=8)$ |
|---|---|---|---|---|
| 1 | 1 | 2 | 4 | 8 |
| 7 | 7 | 14 | 28 | 56 |
| $7^2$ | 49 | 98 | 196 | 392 |

392의 약수 : 1, 2, 4, 7, 8, 14, 28, 49, 56, 98, 196, 392

③ 12개

## p.138 8

| | |
|---|---|
| 6 | 18 |
| 4 | 30 |
| 42 | 60 |
| 24 | 20 |
| 6 | 9 |
| 4 | 8 |

| | |
|---|---|
| 4 | 6 |
| 6 | 9 |
| 8 | 3 |
| 5 | 8 |
| 12 | 12 |
| 6 | 18 |

3)
1, 3, 9
1, 2, 4, 8, 16
1
1
○

## **MISSION 4** 공약수와 공배수

**p.143 1**

1)

| 1 | 2 | 3 | 4 | 5 | 6 | 7 | 8 | 9 | 10 |
|---|---|---|---|---|---|---|---|---|----|
| 11 | 12 | 13 | 14 | 15 | 16 | 17 | 18 | 19 | 20 |

2) 1, 2, 4

3) 공약수

4) 4

5) 최대공약수

**2**

1) 1, 2, 5, 10

2) 10

3) 1, 2, 5, 10

4) 약수

**p.144 3**

1)
1, 2, 4
1, 2, 5, 10
1, 2
2
×

2)
1, 2, 3, 6
1, 2, 4, 8
1, 2
2
×

**p.145**

4)
1, 3, 5, 15
1, 2, 3, 4, 6, 8, 12, 24
1, 3
3
×

5)
1, 2, 4, 5, 10, 20
1, 2, 3, 4, 6, 9, 12, 18, 36
1, 2, 4
4
×

6)
1, 3, 7, 21
1, 2, 4, 5, 8, 10, 20, 40
1
1
○

7)
1, 2, 3, 4, 6, 8, 12, 24
1, 2, 4, 8, 16, 32
1, 2, 4, 8
8
×

**p.147 4**

1)

| 1 | 2 | 3 | 4 | 5 | 6 | 7 | 8 | 9 | 10 |
|---|---|---|---|---|---|---|---|---|----|
| 11 | 12 | 13 | 14 | 15 | 16 | 17 | 18 | 19 | 20 |

2) 6, 12, 18

3) 공배수

4) 6

5) 최소공배수

## 5

1) 20, 40, 60, ……

2) 20

3) 20, 40, 60, ……

4) 배수

**p.148 6**

1)

3, 6, 9, 12, 15, 18, 21, 24, 27, 30

4, 8, 12, 16, 20, 24, 28, 32, 36, 40

12, 24

12

2)

5, 10, 15, 20, 25, 30, 35, 40, 45, 50

10, 20, 30, 40, 50, 60, 70, 80, 90, 100

10. 20, 30, 40, 50

10

3)

6, 12, 18, 24, 30, 36, 42, 48, 54, 60

8, 16, 24, 32, 40, 48, 56, 64, 72, 80

24, 48

24

4)

7, 14, 21, 28, 35, 42, 49, 56, 63, 70

14, 28, 42, 56, 70, 84, 98, 112, 126, 140

14, 28, 42, 70

14

**p.149**

5)

9, 18, 27, 36, 45, 54, 63, 72, 81, 90

12, 24, 36, 48, 60, 72, 84, 96, 108, 120

36, 72

36

6)

15, 30, 45, 60, 75, 90, 105, 120, 135, 150

20, 40, 60, 80, 100, 120, 140, 160, 180, 200

60, 120

60

7)

18, 36, 54, 72, 90, 108, 126, 144, 162, 180

24, 48, 72, 96, 120, 144, 168, 192, 216, 240

72, 144

72

8)

20, 40, 60, 80, 100, 120, 140, 160, 180, 200

30, 60, 90, 120, 150, 180, 210, 240, 270, 300

60, 120, 180

60

**MISSION 5** 최대공약수와 최소공배수를 구하는 방법

**p.155 1**

최대공약수=$2^2 \times 3$

최소공배수=$2^3 \times 3^5$

최대공약수=$2 \times 7^3$

최소공배수=$2^4 \times 7^4$

최대공약수=$2^4 3^2 \times 5^2$

최소공배수=$2^5 \times 3^3 \times 5^6$

최대공약수=$2^3 \times 3^2$

최소공배수=$2^4 \times 3^3 \times 13$

최대공약수=$3^2 \times 5$

최소공배수=$3^4 \times 5^3$

최대공약수=$5^4 \times 7^2$

최소공배수=$5^5 \times 7^6$

최대공약수=$2^2 \times 5 \times 7^3$

최소공배수=$2^5 \times 5^2 \times 7^4$

최대공약수=$3 \times 7^2 \times 11$

최소공배수=$3^3 \times 7^4 \times 11^5$

**p.156** **2**

$$10=2\times5$$
$$15=3\times5$$
---
(최대공약수)=5
(최소공배수)=$2\times3\times5=30$

$$9=3^2$$
$$12=2^2\times3$$
---
(최대공약수)=3
(최소공배수)=$2^2\times3^2=36$

$$20=2^2\times5$$
$$16=2^4$$
---
(최대공약수)=$2^2=4$
(최소공배수)=$2^4\times5=80$

$$60=2^2\times3\times5$$
$$24=2^3\times3$$
---
(최대공약수)=$2^2\times3=12$
(최소공배수)=$2^3\times3\times5=120$

$$75=3\times5^2$$
$$90=2\times3^2\times5$$
---
(최대공약수)=$3\times5=15$
(최소공배수)=$2\times3^2\times5^2=450$

$$42=2\times3\times7$$
$$140=2^2\times5\times7$$
---
(최대공약수)=$2\times7=14$
(최소공배수)=$2^2\times3\times5\times7=420$

**p.157**

$$63=3^2\times7$$
$$70=2\times5\times7$$
---
(최대공약수)=7
(최소공배수)=$2\times3^2\times5\times7=630$

$$8=2^3$$
$$20=2^2\times5$$
---
(최대공약수)=$2^2=4$
(최소공배수)=$2^3\times5=40$

$$25=5^2$$
$$45=3^2\times5$$
---
(최대공약수)=5
(최소공배수)=$3^2\times5^2=225$

$$30=2\times3\times5$$
$$18=2\times3^2$$
---
(최대공약수)=$2\times3=6$
(최소공배수)=$2\times3^2\times5=90$

$$36=2^2\times3^2$$
$$20=2^2\times5$$
---
(최대공약수)=$2^2=4$
(최소공배수)=$2^2\times3^2\times5=180$

$$70=2\times5\times7$$
$$84=2^2\times3\times7$$
---
(최대공약수)=$2\times7=14$
(최소공배수)=$2^2\times3\times5\times7=420$

$$24=2^3\times3$$
$$56=2^3\times7$$
---
(최대공약수)=$2^3=8$
(최소공배수)=$2^3\times3\times7=168$

$$48=2^4\times3$$
$$30=2\times3\times5$$
---
(최대공약수)=$2\times3=6$
(최소공배수)=$2^4\times3\times5=240$

**p.158** **3**

```
2 )  6   10
     3    5
```

최대공약수=2
최소공배수=$2\times3\times5=30$

```
2 )  8   12
2 )  4    6
     2    3
```

최대공약수=$2\times2=4$
최소공배수=$2\times2\times2\times3=24$

$$2\,)\;\overline{\;16\quad 18\;}$$
$$\phantom{2\,)\;}8\qquad 9$$

최대공약수=2
최소공배수=2×8×9=144

$$3\,)\;\overline{\;9\quad 15\;}$$
$$\phantom{3\,)\;}3\qquad 5$$

최대공약수=3
최소공배수=3×3×5=45

## p.159

$$5\,)\;\overline{\;45\quad 60\;}$$
$$3\,)\;\overline{\;9\quad 12\;}$$
$$\phantom{3\,)\;}3\qquad 4$$

최대공약수=5×3=15
최소공배수=5×3×3×4=180

$$2\,)\;\overline{\;48\quad 80\;}$$
$$2\,)\;\overline{\;24\quad 40\;}$$
$$2\,)\;\overline{\;12\quad 20\;}$$
$$2\,)\;\overline{\;6\quad 10\;}$$
$$\phantom{2\,)\;}3\qquad 5$$

최대공약수=2×2×2×2=16
최소공배수=2×2×2×2×3×5=240

$$2\,)\;\overline{\;66\quad 88\;}$$
$$11\,)\;\overline{\;33\quad 44\;}$$
$$\phantom{11\,)\;}3\qquad 4$$

최대공약수=2×11=22
최소공배수=2×11×3×4=264

$$5\,)\;\overline{\;75\quad 100\;}$$
$$5\,)\;\overline{\;15\quad 20\;}$$
$$\phantom{5\,)\;}3\qquad 4$$

최대공약수=5×5=25
최소공배수=5×5×3×4=300

$$2\,)\;\overline{\;24\quad 32\;}$$
$$2\,)\;\overline{\;12\quad 16\;}$$
$$2\,)\;\overline{\;6\quad 8\;}$$
$$\phantom{2\,)\;}3\qquad 4$$

최대공약수=2×2×2=8
최소공배수=2×2×2×3×4=96

$$7\,)\;\overline{\;35\quad 49\;}$$
$$\phantom{7\,)\;}5\qquad 7$$

최대공약수=7
최소공배수=7×5×7=245

$$2\,)\;\overline{\;36\quad 42\;}$$
$$3\,)\;\overline{\;18\quad 21\;}$$
$$\phantom{3\,)\;}6\qquad 7$$

최대공약수=2×3=6
최소공배수=2×3×6×7=252

$$5\,)\;\overline{\;50\quad 55\;}$$
$$\phantom{5\,)\;}10\qquad 11$$

최대공약수=5
최소공배수=5×10×11=550

$$3\,)\;\overline{\;84\quad 105\;}$$
$$7\,)\;\overline{\;28\quad 35\;}$$
$$\phantom{7\,)\;}4\qquad 5$$

최대공약수=3×7=21
최소공배수=3×7×4×5=420

$$2\,)\;\overline{\;128\quad 112\;}$$
$$2\,)\;\overline{\;64\quad 56\;}$$
$$2\,)\;\overline{\;32\quad 28\;}$$
$$2\,)\;\overline{\;16\quad 14\;}$$
$$\phantom{2\,)\;}8\qquad 7$$

최대공약수=2×2×2×2=16
최소공배수=2×2×2×2×8×7=896

## 1회

**1** 약수 : 어떤 수를 나누어떨어지게 하는 수
  배수 : 어떤 수의 몇 배가 되는 수

**2** 답 : 1
풀이 : 1은 모든 자연수의 약수입니다.

**3** 답 : 1, 3, 5, 15, 25, 75
풀이 1) 75를 어떤 수로 나누었을 때 나누어떨어지게 하는 수는 75의 약수입니다.
$75=1\times75=3\times25=5\times15$, 즉 75의 약수는 1, 3, 5, 15, 25, 75입니다.
풀이 2) 75를 소인수분해 하면 $75=3\times5^2$입니다. 여기서 3의 약수는 1, 3이고, $5^2$의 약수는 1, 5, $5^2$입니다. 따라서 $75=3\times5^2$의 약수는 1, 3과 1, 5, $5^2$ 가운데 하나를 선택하여 두 수를 곱한 값과 같습니다.

| $\times$ | 1 | 5 | $5^2$ |
| --- | --- | --- | --- |
| 1 | 1 | 5 | 25 |
| 3 | 3 | 15 | 75 |

즉 75를 어떤 수로 나누었을 때 나누어떨어지게 하는 수는 1, 3, 5, 15, 25, 75입니다.

**4**
짝수 : 2로 나누어떨어지는 수 예) 2, 4, 6, 8, 10
홀수 : 2로 나누었을 때 나머지가 1인 수 예) 1, 3, 5, 7, 9
소수 : 1보다 큰 자연수 가운데 1과 자기 자신만을 약수로 갖는 수로, 약수가 2개인 수
예) 2, 3, 5, 7, 11
합성수 : 1과 자기 자신 이외의 자연수들의 곱으로 나타낼 수 있는 수로, 약수가 3개 이상인 수(또는 1과 자기 자신 이외의 수로도 나누어지는 자연수) 예) 4, 6, 8, 9, 10

**5** 답 : 45
풀이 : 1번째, 2번째, 3번째 등 각 순서의 홀수는 짝수보다 1씩 작습니다.
1 3 5 7 9 11 13 15 17 19 ……
2 4 6 8 10 12 14 16 18 20 ……
따라서 23번째 홀수는 23번째 짝수보다 1이 작습니다. 23번째 짝수는 $23\times2=46$이므로, 23번째 홀수는 $46-1=45$입니다.

**6** 답 : 250
풀이 : 100 이상 300 이하의 짝수는 100, 102, 104, 106, 108, 110, 112, ……, 296, 298, 300입니다. 이 가운데 숫자 5가 반드시 들어가야 하므로 150, 152, 154, 156, 158, 250, 252, 254, 256, 258입니다. 여기서 각 자리 숫자의 합이 7인 수는 250입니다.

**7** 답 : 1(개)
풀이 : 짝수이고 소수인 수는 2입니다.


**8** 답 : ③
풀이 : ① 111=3×37,  ② 121=11², ④ 141=3×47,  ⑤ 161=7×23
각 자리 수의 합이 3의 배수이면 그 수는 3의 배수입니다.
① 111의 각 자리의 숫자의 합은 1+1+1=3이므로 3의 배수입니다.
④ 141의 각 자리의 숫자의 합은 1+4+1=6이므로 3의 배수입니다.
⑤ 161=7×23이므로 161은 7의 배수입니다.
7의 배수임을 알 수 있는 방법은 일의 자리 수에서 2배한 다음, 일의 자리를 제외한 나머지 수에서 그 수를 뺀 결과가 7의 배수인지 확인하면 됩니다.
161에서 일의 자리 숫자인 1의 2배는 2입니다. 일의 자리를 제외한 나머지 수 16에서 2를 빼면 14이고, 14는 7의 배수입니다. 따라서 161은 7의 배수입니다.


**9** 답 : 8
풀이 : 30보다 크고 40보다 작은 소수는 31, 37이므로 □=2입니다.
또한 40보다 크고 50보다 작은 합성수는 42, 44, 45, 46, 48, 49이므로 ☆=6입니다.
따라서 □+☆=2+6=8입니다.


**10** 답 : 1, 3, 5, 9, 15, 45
풀이 : 어떤 수의 배수가 45라면 어떤 수는 45의 약수입니다. 따라서 어떤 수는 1, 3, 5, 9, 15, 45입니다.


**11** 답 : 8
풀이 1) 50의 약수는 1, 2, 5, 10, 25, 50이므로 [50]=6입니다.
32의 약수는 1, 2, 4, 8, 16, 32이므로 [32]=6입니다.
60의 약수는 1, 2, 3, 4, 5, 6, 10, 12, 15, 20, 30, 60이므로 [60]=12입니다.
9의 약수는 1, 3, 9이므로 [9]=3입니다.
따라서 [50]+[32]-[60]÷[9]=6+6-12÷3=12-4=8입니다.
풀이 2) $50=2×5^2$이므로 약수의 개수는 $(1+1)×(2+1)=2×3=6$(개)입니다. 즉 [50]=6입니다.
$32=2^5$이므로 약수의 개수는 5+1=6(개)입니다. 즉 [32]=6입니다.
$60=2^2×3×5$이므로 약수의 개수는 $(2+1)×(1+1)×(1+1)=3×2×2=12$(개)입니다. 즉 [60]=12입니다.
$9=3^2$이므로 약수의 개수는 2+1=3(개)입니다. 즉 [9]=3입니다.
따라서 [50]+[32]-[60]÷[9]=6+6-12÷3=12-4=8입니다.


**12** 답 : $112=2^4×7$
풀이 : $112=2×2×2×2×7=2^4×7$

```
2 ) 112
2 )  56
2 )  28
2 )  14
       7
```

**13** 답 : 7

풀이 : 243=3×3×3×3×3=$3^5$, 49=$7^2$이므로
□=5, ☆=2입니다. 따라서 □+☆=7입니다.

```
3 ) 243
3 )  81
3 )  27
3 )   9
      3
```

```
7 ) 49
    7
```

**14** 답 : 10(개)

풀이 : 48=$2^4$×3이므로 48의 약수의 개수는 (4+1)×(1+1)=5×2=10(개)입니다.


**15** 답 : 2, 4, 6, 12

풀이 1) 36의 약수는 1, 2, 3, 4, 6, 9, 12, 18, 36입니다.
84의 약수는 1, 2, 3, 4, 6, 7, 12, 14, 21, 28, 41, 84입니다.
36과 84의 공약수는 1, 2, 3, 4, 6, 12입니다.
36과 84의 공약수 가운데 2의 배수는 2, 4, 6, 12입니다.
풀이 2) 36과 84의 최대공약수는 12입니다.
공약수는 최대공약수의 약수이므로 36과 84의 공약수는 1, 2, 3, 4, 6, 12입니다.
이 가운데 2의 배수는 2, 4, 6, 12입니다.

```
2 ) 36   84
2 ) 18   42
3 )  9   21
     3    7
```

**16**

1) 두 수 이상의 공약수 가운데 가장 작은 수는 항상 1입니다. 따라서 모든 수의 최소공약수는 1이므로 생각하지 않습니다.
2) 공배수는 끝없이 계속 구할 수 있으므로 공배수의 가장 큰 수는 알 수 없습니다. 따라서 최대공배수는 생각하지 않습니다.


**17** 답 : 9, 18, 27, 36, 45

풀이 : 어떤 두 수의 공배수는 최소공배수의 배수입니다. 어떤 두 수의 최소공배수가 9이므로 두 수의 공배수는 9의 배수가 됩니다.


**18** 답 : 45

풀이 : 180과 270의 최대공약수는 90이므로 180과 270의 공약수는 90의 약수입니다. 즉 1, 2, 3, 5, 6, 9, 10, 15, 18, 30, 45, 90입니다.
3과 5의 최소공배수는 15이므로 3과 5의 공배수는 15의 배수입니다. 즉 15, 30, 45, 60, 75, 90, ……입니다.
위 두 조건을 만족하는 수, 즉 180과 270의 공약수인 90의 약수이면서 15의 배수는 15, 30, 45, 90입니다.
15의 약수는 1, 3, 5, 15로 4개입니다. 30의 약수는 1, 2, 3, 5, 6, 10, 15, 30으로 8개입니다. 45의 약수는 1, 3, 5, 9, 15, 45로 6개입니다. 90의 약수는 1, 2, 3, 5, 6, 9, 10, 15, 18, 30, 45, 90으로 12개입니다.
따라서 세 조건을 모두 만족하는 수, 즉 약수가 6개인 수는 45입니다.

```
2 ) 180   270
3 )  90   135
3 )  30    45
5 )  10    15
      2     3
```
→ 최대공약수=2×3×3×5=90


**19** 답 : ① 15  ② 30  ③ 5  ④ 3  ⑤ 3

풀이 : ④×2=6이므로 ④=3
두 수의 최대공약수가 15이므로 ③×④=15, ③×3=15입니다. 따라서 ③=5입니다.

④×1=⑤이므로 3×1=⑤, 따라서 ⑤=3입니다. ①=③×⑤=5×3=15, ②=③×6=5×6=30입니다.


## 20 답 : 14

풀이 : (어떤 수)를 4로 나누면 나머지가 2이고, (어떤 수)를 6으로 나누어도 나머지가 2입니다. 이를 식으로 표현하면 (어떤 수)÷4=□⋯2, (어떤 수)÷6=△⋯2입니다.

이는 (어떤 수)−2=4×□=6×△, 즉 (어떤 수)−2는 4와 6의 공배수입니다.

(어떤 수)−2 가운데 가장 작은 수는 4와 6의 최소공배수인 12입니다.

따라서 (어떤 수) 가운데 가장 작은 수는 12+2=14입니다.


## 2회

### 1 답 : 18

풀이 : 어떤 수는 6의 배수이므로 6, 12, 18, 24, 30, ……입니다.

6의 약수는 1, 2, 3, 6이고, 이 수를 더하면 1+2+3+6=12입니다.

12의 약수는 1, 2, 3, 4, 6, 12이고, 이 수를 더하면 1+2+3+4+6+12=28입니다.

18의 약수는 1, 2, 3, 6, 9, 18이고, 이 수를 더하면 1+2+3+6+9+18=39입니다.

따라서 약수를 모두 더하여 39가 되는 수는 18입니다.


### 2 답 : 35, 70

풀이 1) 30부터 70까지의 수 가운데 5의 배수는 30, 35, 40, 45, 50, 55, 60, 65, 70이고, 7의 배수는 35, 42, 49, 56, 63, 70입니다. 이 가운데 5의 배수이면서 7의 배수는 35, 70입니다.

풀이 2) 5의 배수이면서 7의 배수는 5와 7의 최소공배수인 35의 배수입니다. 따라서 30부터 70까지의 수 가운데 35의 배수는 35, 70입니다.


### 3 답 : 2, 3, 4, 6, 8, 12, 24(명)

풀이 : 친구들에게 24개를 남김없이 나누어 주기 위해서는 친구 수가 24의 약수가 되어야 합니다. 따라서 2, 3, 4, 6, 8, 12, 24명에게 나누어 줄 수 있습니다.


### 4 답 : 1, 5

풀이 : 80=1×80=2×40=4×20=5×16=8×10이므로 80의 약수는 1, 2, 4, 5, 8, 10, 16, 20, 40, 80입니다. 이 가운데 홀수는 1과 5입니다.


### 5 답 : 17, 19

풀이 1) 연속된 두 홀수를 각각 □, □+2라 하면 □+□+2=36입니다.

□+□=34이므로 2×□=34, □=17입니다.

따라서 연속된 두 홀수는 각각 17과 19입니다.

풀이 2) 36을 2로 나누면 36÷2=18입니다. 즉 36은 18+18로 나눌 수 있지만, 연속된 두 홀수의 합이 되려면 18에서 1을 뺀 17과 1을 더한 19로 나타낼 수 있습니다.

따라서 합이 36인 연속된 두 홀수는 17과 19입니다.

**6** 답 : 15

풀이 1) 짝수의 합은 12+14+16+18=60이고, 홀수의 합은 11+13+15+17+19=75입니다.
두 수의 차는 75-60=15입니다.
풀이 2) 짝수의 합은 12+14+16+18이고, 홀수의 합은 11+13+15+17+19입니다. 두 수의 차는 (11+13+15+17+19)
-(12+14+16+18)=11+(13-12)+(15-14)+(17-16)+(19-18)=11+1+1+1+1=15입니다.


**7** 답 : ㄴ, ㅂ, ㅅ

풀이 : ㄱ 모든 자연수는 1을 약수로 가집니다. 즉 1은 모든 자연수의 약수입니다.
ㄴ 2는 소수이지만 홀수가 아닙니다.
ㄷ 소수는 1과 자기 자신, 총 2개의 약수만 가지는 수입니다.
ㄹ 47은 1과 47만을 약수로 가지므로 소수입니다.
ㅁ 소수는 약수가 2개인 수입니다. 1은 약수가 1개이므로 소수가 아닙니다.
ㅂ 합성수는 약수가 3개 이상인 수입니다. 예를 들어 10의 약수는 1, 2, 5, 10로 4개입니다. 따라서 3개만 가진다
는 말은 틀립니다.
ㅅ 1은 소수도 합성수도 아닙니다. 따라서 자연수는 1, 소수, 합성수로 분류할 수 있습니다.


**8** 답 : 4, 9, 25, 49

풀이 : 약수의 개수가 3개인 수는 소수의 제곱인 (소수)$^2$만 해당됩니다.
100 이하의 소수 가운데 제곱이 100 이하인 것은 $2^2$=4, $3^2$=9, $5^2$=25, $7^2$=49입니다.


**9** 답 : 3, 4, 2, 3, 5

풀이 : 1L=1000mL=$10^3$mL입니다.
1kg=1000g=$10^3$g이므로 10kg=10×1000=$10^4$g입니다.
1m=100cm=$10^2$cm입니다.
1cm=10mm이므로 100cm=1000mm=$10^3$mm입니다.
1km=1000m이고 1m=100cm이므로 1km=1000×100cm=100000cm=$10^5$cm입니다.


**10** 답 : 225 또는 $3^2×5^2$

풀이 1) $3^2×5^3$=1125입니다. 1125의 약수는 1, 3, 5, $3^2$, 3×5, $5^2$, $3^2×5$, $3×5^2$, $5^3$, $3^2×5^2$, $3×5^3$, $3^2×5^3$, 즉 1, 3, 5, 9,
15, 25, 45, 75, 125, 225, 375, 1125입니다. 따라서 세 번째로 큰 수는 225입니다. 이는 $3^2×5^2$로도 나타낼 수 있습니다.
풀이 2) $3^2×5^3$의 약수 가운데 가장 큰 수는 $3^2×5^3$=1125입니다. 두 번째로 큰 약수는 $3^2×5^3$의 약수 가운데 가장 작
은 수인 3을 나눈 수이므로 $3×5^3$=375입니다. 세 번째로 큰 약수는 $3^2×5^3$에서 두 번째로 작은 수인 5를 나눈 수이
므로 $3^2×5^2$=225입니다.


**11** 답 : 1, 5, 25

풀이 : 두 수의 공약수는 항상 최대공약수의 약수입니다.
최대공약수가 25이므로, 공약수는 25의 약수입니다.
따라서 두 수의 공약수는 1, 5, 25입니다.

**12** 답 : 23, 25, 29

풀이 : 12와 서로소인 수는 12와 공약수가 1뿐인 수입니다. $12=2^2 \times 3$이므로 2와 3의 배수는 12와 서로소가 아닙니다. 즉 20과 30 사이의 수 가운데 2의 배수인 22, 24, 26, 28은 12와 서로소가 아닙니다. 또한 3의 배수인 21, 24, 27도 12와 서로소가 아닙니다. 따라서 20과 30 사이의 수 가운데 12와 공약수가 1뿐인 수는 23, 25, 29입니다.

**13**

1) 최대공약수 : $2 \times 5$      최소공배수 : $2^2 \times 5^4$

2) 최대공약수 : $3^2 \times 5^2$      최소공배수 : $2 \times 3^6 \times 5^3 \times 7$

3) 최대공약수 : $5^2 \times 11$      최소공배수 : $3 \times 5^4 \times 7^4 \times 11^2$

4) 최대공약수 : $2^3 \times 3$      최소공배수 : $2^4 \times 3^2 \times 5 \times 17$

5) 최대공약수 : $5^{11} \times 11$      최소공배수 : $5^{13} \times 11^5$

6) 최대공약수 : $2 \times 5$      최소공배수 : $2^3 \times 3^3 \times 5 \times 7^2$

**14** 답 : ㉠ 90 ㉡ 60 ㉢ 2 ㉣ 3 ㉤ 30 ㉥ 5 ㉦ 3

풀이 : ㉥×2=10이므로 ㉥=5입니다.

㉥×㉦=15이므로 5×㉦=15, ㉦=3입니다.

㉣×15=45이므로 ㉣=3입니다.

㉣×10=㉤이므로 3×10=㉤, ㉤=30입니다.

㉠과 ㉡의 최대공약수가 30이므로 ㉢×㉣×㉥=30입니다.

㉣=3, ㉥=5를 ㉢×㉣×㉥=30에 대입하면 ㉢×3×5=30, ㉢×15=30, ㉢=2입니다.

㉠=㉢×45이므로 ㉠=2×45=90입니다.

㉡=㉢×㉤이므로 ㉡=2×30=60입니다.

따라서 ㉠=90, ㉡=60, ㉢=2, ㉣=3, ㉤=30, ㉥=5, ㉦=3입니다.

**15** 답 : 16(cm)

풀이 : 가장 큰 정사각형 모양으로 자르려면 80과 64의 최대공약수를 구하면 됩니다.

| 2 ) | 80 | 64 |
|---|---|---|
| 2 ) | 40 | 32 |
| 2 ) | 20 | 16 |
| 2 ) | 10 | 8 |
|  | 5 | 4 |

**16** 답 : 54

풀이 : 다른 한 수를 □라 하면 두 수의 최대공약수가 6이므로 6×2×○=108입니다.

따라서 ○=9이므로 □=6×○=6×9=54입니다.

| 6 ) | 12 | □ |
|---|---|---|
|  | 2 | ○ |

**17** 답 : 8(명)

풀이 : 쿠키 40개, 주스 64잔을 최대한 많은 사람에게 남김없이 똑같이 나누어 주려면 40과 64의 최대공약수만큼 주면 됩니다. 40과 64의 최대공약수는 2×2×2=8이므로 최대 8명에게 나누어 줄 수 있습니다.

| 2 ) | 40 | 64 |
|---|---|---|
| 2 ) | 20 | 32 |
| 2 ) | 10 | 16 |
|  | 5 | 8 |

**18** 답 : 3(번)

풀이 : 민아는 6분마다, 세진이는 9분마다 출발점에 도착하므로 두 사람이 출발점에서 다시 만나는 시간은 6과

9의 최소공배수인 18분입니다. 출발 후 18분, 36분, 54분, 72분, ……에 출발점에서 만나므로 1시간(60분) 동안 3번 다시 만납니다.

**19** 답 : □ : 2  ☆ : 1  △ : 1
풀이 : $63=3^2{\times}7$은 $3^\square{\times}5^\text{☆}{\times}7^\triangle$의 약수이므로 □는 63에 포함된 소인수 3의 지수인 2보다 크거나 같아야 하므로 □≥2입니다. △는 63의 인수 중에 7이 있으므로 △≥1입니다. ☆는 자연수이므로 1 이상이어야 하며, 5는 63의 소인수에 포함되지 않으므로 최소값은 1입니다(☆≥1). 따라서 □, ☆, △ 가운데 가장 작은 값은 □=2, ☆=1, △=1입니다.

**20** 답 : 6
풀이 : 43÷(어떤 수)=□…1, 57÷(어떤 수)=△…3이므로 43−1=42와 57−3=54는 (어떤 수)로 나누어떨어집니다. 따라서 (어떤 수)는 42와 54의 약수인 수이므로 42와 54의 공약수입니다. (어떤 수) 가운데 가장 큰 수는 42와 54의 최대공약수이므로 6입니다.

```
6 ) 42   54
    ─────────
     7    9
```

## 문제 만들기

**예1)**

**1** 초콜릿과 사탕을 최대한 많은 학생에게 남김없이 똑같이 나누어 주는 상황
**2** 최대공약수
**3** 상훈이는 초콜릿 70개, 사탕 42개를 최대한 많은 학생에게 남김없이 똑같이 나누어 주려고 합니다. 최대 몇 명에게 나누어 줄 수 있는지 구하세요.
**4** 초콜릿 70개와 사탕 42개를 남김없이 똑같이 나누어 주려면, 학생 수는 70과 42의 공약수여야 합니다. 그중 가장 많은 학생에게 나누어 주려면 70과 42의 최대공약수를 구하면 됩니다. 70과 42의 최대공약수는 2×7=14이므로 모두 14명에게 나누어 줄 수 있습니다

```
2 ) 70   42
7 ) 35   21
    ─────────
     5    3
```

**예2)**

**1** 직사각형 타일로 정사각형을 빈틈없이 만드는 상황
**2** 최소공배수
**3** 가로, 세로의 길이가 각각 21cm, 30cm인 직사각형 모양의 타일을 겹치지 않게 빈틈없이 붙여서 가장 작은 정사각형을 만들려고 합니다. 이때 만들어진 정사각형의 한 변의 길이를 구하세요.
**4** 타일을 겹치지 않게 빈틈없이 붙여 정사각형을 만들려면 정사각형의 한 변의 길이는 21과 30의 공배수여야 합니다. 가장 작은 정사각형을 만들려면 한 변의 길이는 21과 30의 최소공배수입니다. 21=3×7, 30=2×3×5이므로 최소공배수는 2×3×5×7=210(cm)입니다.

```
3 ) 21   30
    ─────────
     7   10
```

**MISSION 1**  분수의 이해

### p.179 **1**

1)

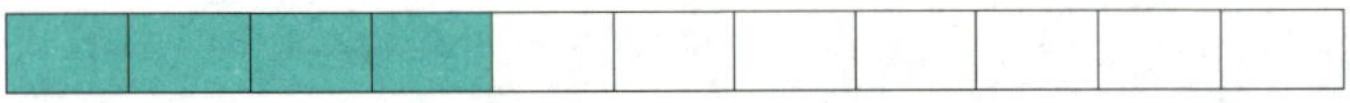

십일분의 사, 4

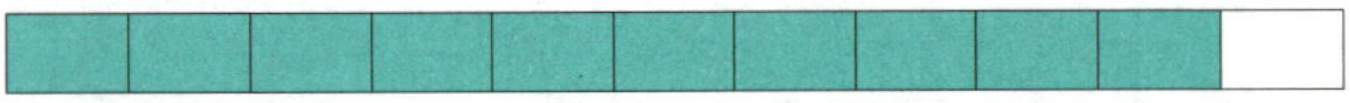

십일분의 십, 10

### p.180

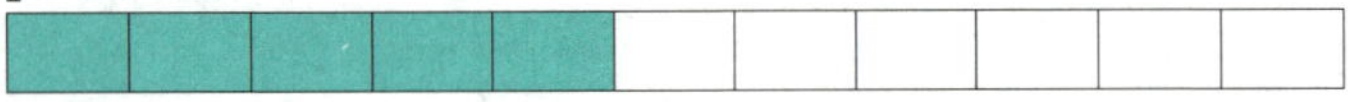

십일분의 오, 5

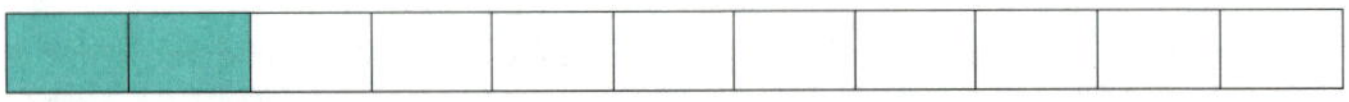

십일분의 이, 2

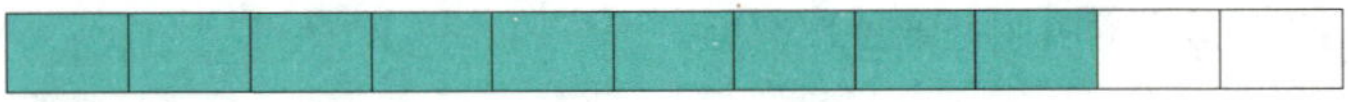

십일분의 구, 9

2) 가장 큰 분수 : $\dfrac{10}{11}$  가장 작은 분수 : $\dfrac{2}{11}$

### p.181 **2**

1)

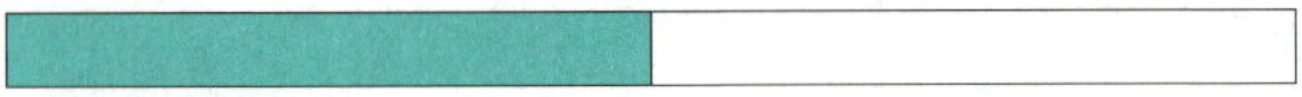

이분의 일

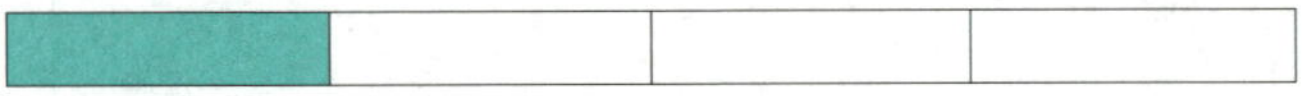

사분의 일

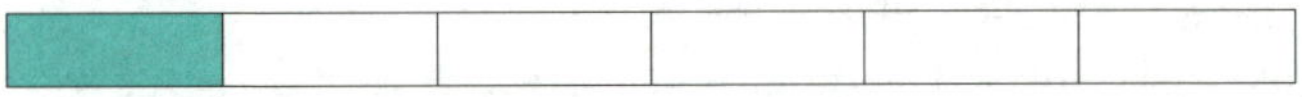

육분의 일

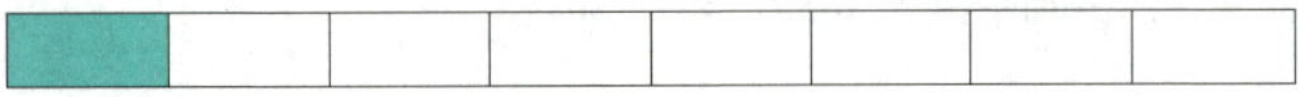

팔분의 일

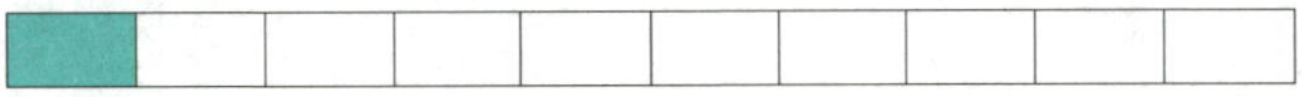

십분의 일

**p.182**

2) 10, 8, 6, 4, 2

3)

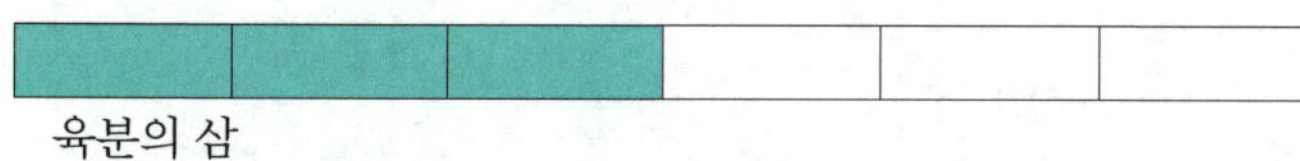

이분의 일

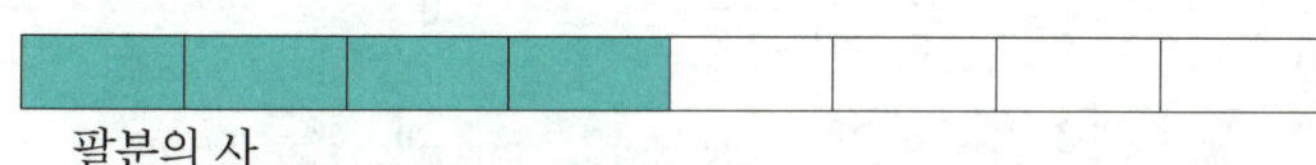

사분의 이

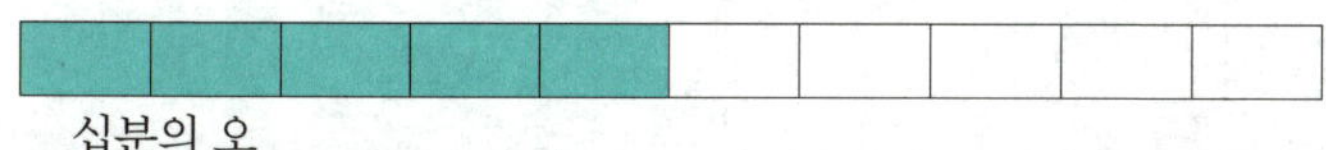

육분의 삼

팔분의 사

십분의 오

**p.183 3**

위에서부터 차례대로 $\dfrac{2}{5}$ , $\dfrac{5}{6}$ , $\dfrac{1}{3}$ , $\dfrac{3}{4}$ , $\dfrac{5}{8}$

**p.184 4**

위에서부터 차례대로 $\dfrac{5}{15}$ , $\dfrac{4}{12}$ , $\dfrac{3}{9}$ , $\dfrac{2}{6}$ , $\dfrac{1}{3}$

**p.186 5**

진분수 : $\dfrac{8}{17}$ , $\dfrac{7}{10}$ , $\dfrac{6}{19}$    가분수 : $\dfrac{11}{9}$ , $\dfrac{27}{26}$ , $\dfrac{31}{13}$    대분수 : $2\dfrac{3}{4}$ , $6\dfrac{5}{6}$ , $13\dfrac{4}{7}$

**6**

$3\dfrac{2}{7}$          $\dfrac{43}{9}$

$3\dfrac{1}{8}$          $\dfrac{69}{10}$

$6\dfrac{2}{11}$          $\dfrac{25}{7}$

**p.187 7**

진분수 : $\dfrac{3}{4}$ , $\dfrac{3}{5}$ , $\dfrac{4}{5}$    가분수 : $\dfrac{4}{3}$ , $\dfrac{5}{3}$ , $\dfrac{5}{4}$

**8**

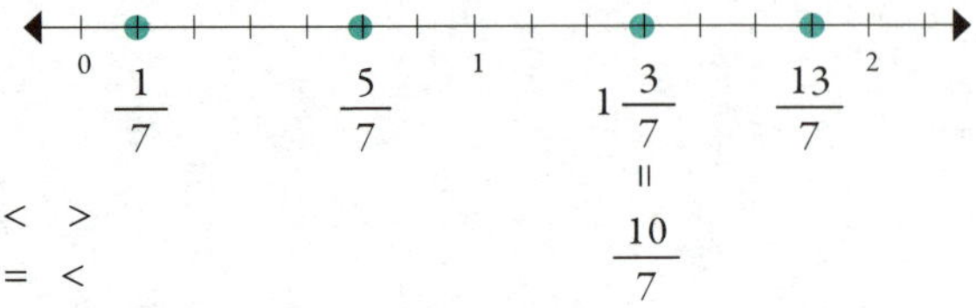


**9** < >
= <

## MISSION 2 분모가 같은 분수의 덧셈과 뺄셈

### p.193 1

| | | |
|---|---|---|
| $\frac{4}{5}$ | $\frac{5}{8}$ | $\frac{6}{7}$ |
| $\frac{7}{9}$ | $\frac{16}{13}=1\frac{3}{13}$ | $\frac{11}{14}$ |
| $\frac{9}{11}$ | $\frac{16}{17}$ | $\frac{41}{43}$ |
| $\frac{28}{19}=1\frac{9}{19}$ | $\frac{13}{13}=1$ | $\frac{29}{23}=1\frac{6}{23}$ |
| $\frac{19}{25}$ | $\frac{36}{31}=1\frac{5}{31}$ | $\frac{36}{29}=1\frac{7}{29}$ |
| $\frac{11}{15}$ | $\frac{25}{33}$ | $\frac{31}{37}$ |
| $\frac{27}{35}$ | $\frac{65}{77}$ | $\frac{45}{43}=1\frac{2}{43}$ |

### p.194 2

| | | |
|---|---|---|
| $\frac{1}{6}$ | $\frac{3}{8}$ | 0 |
| $\frac{3}{11}$ | $\frac{4}{13}$ | $\frac{4}{15}$ |
| $\frac{3}{17}$ | $\frac{11}{20}$ | $\frac{6}{19}$ |
| $\frac{22}{27}$ | $\frac{8}{31}$ | $\frac{4}{25}$ |
| $\frac{6}{15}=\frac{2}{5}$ | $\frac{8}{29}$ | $\frac{6}{31}$ |
| $\frac{14}{73}$ | $\frac{19}{47}$ | $\frac{17}{51}$ |
| $\frac{4}{21}$ | $\frac{14}{73}$ | $\frac{15}{67}$ |

### p.195 3

| | | |
|---|---|---|
| $\frac{2}{7}$ | $\frac{4}{9}$ | $\frac{5}{8}$ |
| $\frac{5}{12}$ | $\frac{7}{13}$ | $\frac{7}{15}$ |
| $\frac{9}{16}$ | $\frac{7}{18}$ | $\frac{8}{9}$ |
| $\frac{9}{11}$ | $\frac{5}{21}$ | $\frac{9}{35}$ |
| $\frac{15}{33}$ | $\frac{13}{40}$ | $\frac{14}{53}$ |
| $\frac{11}{17}$ | $\frac{19}{27}$ | $\frac{25}{62}$ |
| $\frac{5}{22}$ | $\frac{17}{45}$ | $\frac{37}{72}$ |

### p.197 4

| | |
|---|---|
| $5\frac{6}{7}$ | $13\frac{3}{11}$ |
| $9\frac{2}{3}$ | 7 |
| $9\frac{10}{13}$ | $9\frac{2}{7}$ |
| $17\frac{6}{7}$ | $22\frac{8}{9}$ |
| $12\frac{1}{11}$ | $21\frac{22}{23}$ |
| $17\frac{7}{9}$ | $8\frac{2}{7}$ |

$3\dfrac{2}{5}$    $2\dfrac{1}{9}$

$3\dfrac{5}{11}$    $4\dfrac{1}{7}$

$7\dfrac{6}{19}$    $5\dfrac{4}{15}$

$4\dfrac{3}{8}$    $5\dfrac{4}{11}$

$2\dfrac{2}{17}$    $2\dfrac{4}{13}$

$12\dfrac{9}{35}$    $5\dfrac{13}{51}$



$4\dfrac{1}{6}$    $8\dfrac{2}{9}$

$7\dfrac{2}{9}$    $4\dfrac{3}{8}$



$5\dfrac{5}{11}$    $6\dfrac{11}{13}$

$6\dfrac{5}{24}$    $2\dfrac{2}{7}$

$3\dfrac{1}{12}$    $6\dfrac{15}{17}$

$4\dfrac{3}{10}$    $3\dfrac{10}{11}$

$2\dfrac{4}{13}$    $2\dfrac{3}{8}$

$1\dfrac{9}{14}$    $3\dfrac{2}{3}$

**MISSION 3**  약분과 통분

**p.206 1**

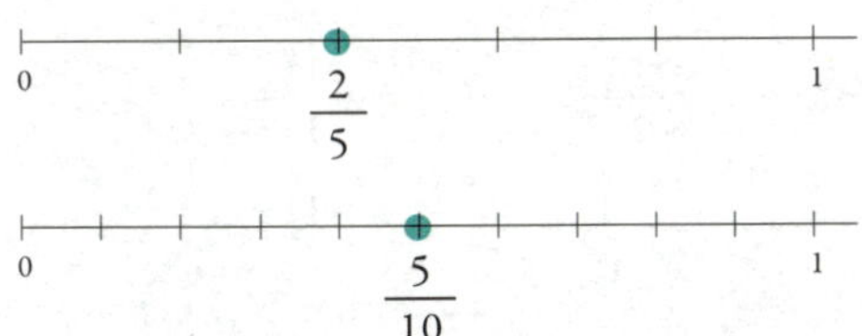

$\dfrac{2}{5} \ , \ \dfrac{8}{20}$

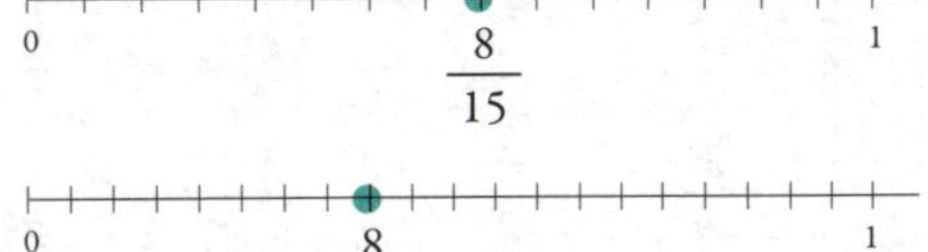

**p.207 2**

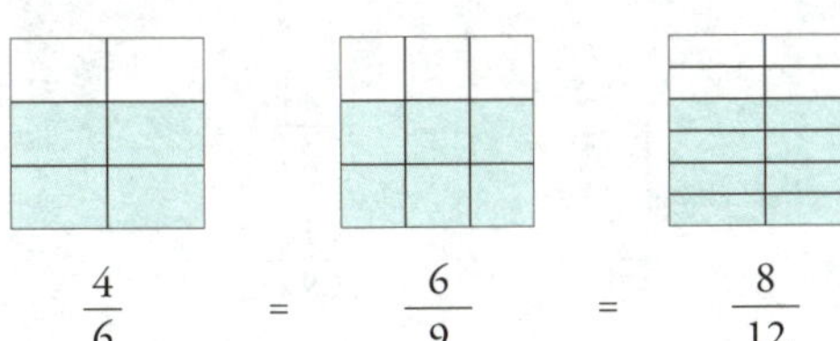

$\dfrac{4}{6} \ = \ \dfrac{6}{9} \ = \ \dfrac{8}{12}$

**3**

$\dfrac{9}{12} , \ \dfrac{12}{16} , \ \dfrac{15}{20} , \ \dfrac{18}{24} , \ \dfrac{21}{28}$

$$\frac{3}{18},\frac{4}{24},\frac{5}{30},\frac{6}{36},\frac{7}{42}$$

$$\frac{6}{21},\frac{8}{28},\frac{10}{35},\frac{12}{42},\frac{14}{49}$$

$$\frac{15}{24},\frac{20}{32},\frac{25}{40},\frac{30}{48},\frac{35}{56}$$

$$\frac{12}{27},\frac{16}{36},\frac{20}{45},\frac{24}{54},\frac{28}{63}$$

## p.208 4

$$\frac{12}{15},\frac{8}{10},\frac{4}{5}$$

$$\frac{9}{12},\frac{3}{4}$$

$$\frac{18}{24},\frac{12}{16},\frac{9}{12},\frac{4}{8},\frac{3}{4}$$

$$\frac{25}{30},\frac{10}{12},\frac{5}{6}$$

$$\frac{24}{42},\frac{16}{28},\frac{12}{21},\frac{8}{14},\frac{4}{7}$$

## p.209 5

$$\frac{1}{4} \qquad \frac{3}{14}$$

$$\frac{4}{5} \qquad \frac{1}{3}$$

$$\frac{6}{17} \qquad \frac{2}{7}$$

$$\frac{3}{4} \qquad \frac{7}{9}$$

$$\frac{5}{6} \qquad \frac{8}{25}$$

## p.211 6

$$\left(\frac{7}{14},\frac{4}{14}\right) \qquad \left(\frac{15}{20},\frac{8}{20}\right)$$

$$\left(\frac{45}{54},\frac{24}{54}\right) \qquad \left(\frac{70}{80},\frac{24}{80}\right)$$

$$\left(\frac{24}{108},\frac{45}{108}\right) \qquad \left(\frac{7}{21},\frac{9}{21}\right)$$

## 7

$$\left(\frac{9}{24},\frac{10}{24}\right) \qquad \left(\frac{9}{30},\frac{14}{30}\right)$$

$$\left(\frac{25}{60},\frac{33}{60}\right) \qquad \left(\frac{81}{144},\frac{104}{144}\right)$$

$$\left(\frac{20}{96},\frac{9}{96}\right) \qquad \left(\frac{14}{63},\frac{12}{63}\right)$$

## p.212 8

| | |
|---|---|
| < | > |
| < | < |
| > | < |
| > | < |
| > | > |

## MISSION 4   분모가 다른 분수의 덧셈과 뺄셈

## p.217 1

$$\frac{37}{45} \qquad \frac{13}{24} \qquad \frac{11}{15}$$

$$\frac{26}{35} \qquad 1\frac{1}{18} \qquad \frac{11}{12}$$

$$\frac{41}{60} \qquad \frac{7}{22} \qquad 1\frac{21}{80}$$

$$\frac{47}{90} \qquad \frac{34}{60} \qquad 1\frac{29}{36}$$

## p.219 2

$$\frac{9}{20} \qquad \frac{13}{35} \qquad \frac{11}{24}$$

$$\frac{13}{72} \qquad \frac{3}{26} \qquad \frac{11}{84}$$

$$\frac{17}{42} \qquad \frac{47}{210} \qquad \frac{13}{165}$$

$$\frac{21}{65} \qquad \frac{5}{84} \qquad \frac{11}{24}$$

**p.221 3**

$8\frac{26}{55}$     $4\frac{3}{10}$

$6\frac{19}{22}$     $14\frac{53}{84}$

$18\frac{19}{35}$     $4\frac{13}{30}$

$8\frac{1}{28}$     $8\frac{1}{15}$

$15\frac{69}{77}$     $11\frac{7}{36}$

**p.223 4**

$3\frac{11}{35}$     $5\frac{1}{36}$

$2\frac{2}{55}$     $4\frac{10}{99}$

$7\frac{5}{21}$     $5\frac{43}{144}$

$2\frac{3}{14}$     $2\frac{11}{40}$

$3\frac{3}{35}$     $1\frac{1}{60}$

**MISSION 5** 분수의 곱셈

**p.229 1**

$\frac{3}{5}$     $\frac{2}{3}$     $\frac{5}{6}$

$2\frac{2}{3}$     $\frac{6}{7}$     20

$10\frac{1}{2}$     12     26

28     $15\frac{3}{7}$     $6\frac{2}{5}$

**p.231 2**

32     $26\frac{1}{4}$     $22\frac{1}{5}$

$9\frac{2}{3}$     115     214

118     175     161

100     155     94

**p.233 3**

$3\frac{1}{3}$     $4\frac{1}{5}$     $9\frac{1}{6}$

$3\frac{1}{2}$     $3\frac{1}{3}$     $3\frac{3}{5}$

21     30     80

99     $34\frac{1}{2}$     $2\frac{4}{5}$

**p.235 4**

| 85 | 39 | 76 |
|---|---|---|
| 100 | 119 | 369 |
| 217 | 462 | 222 |
| 88 | 125 | 273 |

**p.237 5**

$\frac{1}{18}$     $\frac{1}{21}$     $\frac{1}{12}$     $\frac{1}{72}$

$\frac{12}{55}$     $\frac{9}{14}$     $\frac{7}{36}$     $\frac{5}{8}$

$\frac{7}{16}$     $\frac{2}{15}$     $\frac{1}{6}$     $\frac{2}{9}$

$\frac{1}{8}$     $\frac{3}{40}$     $\frac{1}{4}$     $\frac{3}{32}$

**p.239 6**

6     $7\frac{1}{3}$     5

$4\frac{4}{5}$     $13\frac{4}{5}$     $9\frac{2}{7}$

12     $12\frac{2}{3}$     $9\frac{3}{5}$

$58\frac{1}{3}$     14     $4\frac{3}{4}$

**p.244 1**

| | | |
|---|---|---|
| $\dfrac{1}{4}$ | $\dfrac{3}{4}$ | $\dfrac{1}{7}$ |
| $\dfrac{4}{13}$ | $\dfrac{1}{12}$ | $\dfrac{11}{12}$ |
| $\dfrac{15}{17}$ | $\dfrac{8}{21}$ | $1\dfrac{3}{4}$ |
| $2\dfrac{4}{5}$ | $1\dfrac{8}{19}$ | $1\dfrac{5}{26}$ |
| $2\dfrac{1}{21}$ | $1\dfrac{2}{17}$ | $1\dfrac{4}{19}$ |
| $\dfrac{37}{56}$ | $1\dfrac{2}{11}$ | $1\dfrac{13}{18}$ |
| $\dfrac{36}{47}$ | $1\dfrac{13}{15}$ | $2\dfrac{2}{27}$ |

**p.246 2**

| | | |
|---|---|---|
| $\dfrac{2}{5}$ | $\dfrac{2}{15}$ | $\dfrac{3}{17}$ |
| $\dfrac{2}{19}$ | $\dfrac{2}{17}$ | $\dfrac{3}{11}$ |
| $\dfrac{4}{19}$ | $\dfrac{3}{41}$ | $\dfrac{5}{17}$ |
| $\dfrac{3}{25}$ | $\dfrac{3}{31}$ | $\dfrac{7}{47}$ |

**p.248 3**

| | | |
|---|---|---|
| $\dfrac{1}{12}$ | $\dfrac{5}{42}$ | $\dfrac{7}{27}$ |
| $\dfrac{3}{22}$ | $\dfrac{6}{65}$ | $\dfrac{3}{46}$ |
| $\dfrac{2}{87}$ | $\dfrac{5}{58}$ | $\dfrac{5}{93}$ |
| $\dfrac{3}{20}$ | $\dfrac{3}{70}$ | $\dfrac{13}{81}$ |

**p.249 4**

| | | |
|---|---|---|
| $2\dfrac{4}{15}$ | $\dfrac{5}{9}$ | $\dfrac{5}{7}$ |
| $\dfrac{1}{12}$ | $\dfrac{5}{36}$ | $\dfrac{3}{26}$ |
| $\dfrac{5}{22}$ | $3\dfrac{3}{8}$ | $\dfrac{1}{6}$ |
| $\dfrac{8}{27}$ | $\dfrac{2}{3}$ | $3\dfrac{2}{5}$ |

**p.251 5**

| | | |
|---|---|---|
| 15 | 42 | 27 |
| 88 | 52 | 80 |
| 84 | 144 | 140 |
| 126 | 24 | 60 |
| 91 | 28 | 38 |

**p.252 6**

| | | |
|---|---|---|
| 21 | 15 | 10 |
| 16 | 36 | 24 |
| 20 | 22 | 25 |
| 52 | 34 | 30 |

**p.253 7**

| | | |
|---|---|---|
| 4 | 4 | 2 |
| 3 | 3 | 2 |
| 3 | 5 | 2 |

**p.254 8**

| | | |
|---|---|---|
| 3 | $2\dfrac{5}{8}$ | $5\dfrac{1}{3}$ |
| $\dfrac{14}{15}$ | $1\dfrac{1}{2}$ | $\dfrac{3}{4}$ |
| $\dfrac{45}{77}$ | $1\dfrac{2}{3}$ | $1\dfrac{1}{15}$ |
| $1\dfrac{1}{2}$ | $1\dfrac{1}{8}$ | $\dfrac{5}{6}$ |

p.255 **9**

$7\dfrac{1}{3}$  $\qquad$  $6\dfrac{3}{4}$  $\qquad$  $11\dfrac{1}{3}$

$10\dfrac{5}{6}$  $\qquad$  $8\dfrac{1}{4}$  $\qquad$  $7\dfrac{7}{8}$

$2\dfrac{8}{21}$  $\qquad$  $\dfrac{7}{16}$  $\qquad$  $\dfrac{5}{7}$

$1\dfrac{1}{4}$  $\qquad$  $\dfrac{4}{7}$  $\qquad$  $\dfrac{2}{3}$

**MISSION 7**  분수의 혼합계산

p.260 **1**

$\dfrac{1}{12}$  $\qquad$  $\dfrac{8}{15}$  $\qquad$  $\dfrac{9}{35}$

$1\dfrac{25}{33}$  $\qquad$  $2$  $\qquad$  $\dfrac{11}{12}$

$\dfrac{21}{86}$  $\qquad$  $17\dfrac{1}{3}$  $\qquad$  $2\dfrac{1}{10}$

$5\dfrac{2}{5}$  $\qquad$  $\dfrac{5}{14}$  $\qquad$  $\dfrac{12}{17}$

$2\dfrac{7}{8}$  $\qquad$  $\dfrac{10}{13}$  $\qquad$  $1\dfrac{7}{8}$

p.261 **2**

$2$  $\qquad$  $38$  $\qquad$  $\dfrac{1}{4}$

$32\dfrac{1}{2}$  $\qquad$  $\dfrac{2}{15}$  $\qquad$  $1\dfrac{1}{3}$

$3\dfrac{5}{9}$  $\qquad$  $2$  $\qquad$  $\dfrac{5}{16}$

$2\dfrac{1}{4}$  $\qquad$  $\dfrac{1}{12}$  $\qquad$  $\dfrac{15}{16}$

$36$  $\qquad$  $9\dfrac{1}{3}$  $\qquad$  $\dfrac{3}{10}$

p.262 **3**

$\dfrac{17}{30}$  $\qquad$  $\dfrac{3}{10}$

$\dfrac{2}{3}$  $\qquad$  $\dfrac{1}{4}$

$1\dfrac{6}{7}$  $\qquad$  $1\dfrac{8}{21}$

p.263

$1$  $\qquad$  $0$

$\dfrac{3}{4}$  $\qquad$  $5\dfrac{29}{32}$

$10\dfrac{1}{2}$  $\qquad$  $13$

$2\dfrac{1}{2}$  $\qquad$  $\dfrac{35}{48}$

**Level Up**  문제

**1회**

**1** 답 : 1) 분모와 분자의 공약수가 1뿐인 분수입니다. 또는 더 이상 약분할 수 없는 분수를 기약분수라고 합니다.

2) 예) $\dfrac{1}{2}$ , $\dfrac{3}{4}$ , $\dfrac{4}{5}$

3) $\dfrac{1}{12}$ , $\dfrac{5}{12}$ , $\dfrac{7}{12}$ , $\dfrac{11}{12}$

풀이 : 12와 공약수가 1뿐인 수는 1, 5, 7, 11이므로

$\dfrac{1}{12}$ , $\dfrac{5}{12}$ , $\dfrac{7}{12}$ , $\dfrac{11}{12}$ 입니다.

4) 분자가 1이고 분모가 자연수인 분수를 단위분수라고 합니다.

5) 예) $\dfrac{1}{2}$ , $\dfrac{1}{3}$ , $\dfrac{1}{4}$

**2** 답 : $\dfrac{11}{3}$ , $3\dfrac{2}{3}$

풀이 : 수 카드 9장 가운데 2장을 골라 가장 큰 가분수를 만들기 위해서는 분모는 가장 작고, 분자는 가장 큰 수여야 합니다.

**3**

방법 1) $2\dfrac{3}{8}+4\dfrac{1}{8}=(2+4)+\left(\dfrac{3}{8}+\dfrac{1}{8}\right)=6+\dfrac{4}{8}=6+\dfrac{1}{2}=6\dfrac{1}{2}$

방법 2) $2\dfrac{3}{8}+4\dfrac{1}{8}=\dfrac{19}{8}+\dfrac{33}{8}=\dfrac{52}{8}=6\dfrac{4}{8}=6\dfrac{1}{2}$

**4**

방법 1) $5\dfrac{9}{10}-4\dfrac{7}{10}=(5-4)+\left(\dfrac{9}{10}-\dfrac{7}{10}\right)=1+\dfrac{2}{10}=1+\dfrac{1}{5}=1\dfrac{1}{5}$

방법 2) $5\dfrac{9}{10}-4\dfrac{7}{10}=\dfrac{59}{10}-\dfrac{47}{10}=\dfrac{12}{10}=\dfrac{6}{5}=1\dfrac{1}{5}$

**5** 답 : $\dfrac{5}{5}+\dfrac{14}{5}$ , $\dfrac{6}{5}+\dfrac{13}{5}$ , $\dfrac{7}{5}+\dfrac{12}{5}$ , $\dfrac{8}{5}+\dfrac{11}{5}$ , $\dfrac{9}{5}+\dfrac{10}{5}$

풀이 : $3\dfrac{4}{5}=\dfrac{19}{5}$ 이므로 분자끼리의 합이 19가 되는 분모가 5인 두 분수를 찾습니다.

**6**

1) $11\dfrac{5}{12}+14\dfrac{1}{12}=25\dfrac{6}{12}=25\dfrac{1}{2}$

2) $14\dfrac{1}{12}-9\dfrac{7}{12}=13\dfrac{13}{12}-9\dfrac{7}{12}=4\dfrac{6}{12}=4\dfrac{1}{2}$

**7** 답 : 8

풀이 : $32÷8=4$, $24÷8=3$이므로 $\dfrac{3}{4}$ 은 $\dfrac{24}{32}$ 의 분모와 분자를 8로 나눈 분수입니다.

**8** 답 : $\dfrac{2}{5}$ , $\dfrac{3}{4}$

풀이 : 각각의 분수를 분모와 분자의 최대공약수로 약분하면 $\dfrac{8}{20}=\dfrac{8÷4}{20÷4}=\dfrac{2}{5}$ , $\dfrac{15}{20}=\dfrac{15÷5}{20÷5}=\dfrac{3}{4}$ 이므로 통분하기 전의 두 분수는 $\dfrac{2}{5}$ , $\dfrac{3}{4}$ 입니다.

**9** 답 : 6, 7

풀이 : 2, 3, 4의 최소공배수가 24이므로 분자가 24인 분수를 만들어 비교합니다.

$\dfrac{24}{60}<\dfrac{24}{□×8}<\dfrac{24}{42}$ 이므로 $42<□×8<60$입니다.

따라서 $□=6, 7$입니다.

**10** 답 : $\dfrac{18}{30}$

풀이 : 구하는 분수를 $\dfrac{3×□}{5×□}$ 라고 하면 분모와 분자의 최소공배수가 90이므로 $□×3×5=90$, $□=90÷15=6$입니다.

따라서 구하는 분수는 $\dfrac{3×6}{5×6}=\dfrac{18}{30}$ 입니다.

**11**

방법 1) $\dfrac{1}{6}+\dfrac{3}{8}=\dfrac{1\times8}{6\times8}+\dfrac{3\times6}{8\times6}=\dfrac{8}{48}+\dfrac{18}{48}=\dfrac{26}{48}=\dfrac{13}{24}$

방법 2) $\dfrac{1}{6}+\dfrac{3}{8}=\dfrac{1\times4}{6\times4}+\dfrac{3\times3}{8\times3}=\dfrac{4}{24}+\dfrac{9}{24}=\dfrac{13}{24}$

**12**

방법 1) $\dfrac{7}{9}-\dfrac{5}{12}=\dfrac{7\times12}{9\times12}-\dfrac{5\times9}{12\times9}=\dfrac{84}{108}-\dfrac{45}{108}=\dfrac{39}{108}=\dfrac{13}{36}$

방법 2) $\dfrac{7}{9}-\dfrac{5}{12}=\dfrac{7\times4}{9\times4}-\dfrac{5\times3}{12\times3}=\dfrac{28}{36}-\dfrac{15}{36}=\dfrac{13}{36}$

**13** 답 : $8\dfrac{2}{5}$

풀이 : $3\dfrac{4}{5}+4\dfrac{3}{5}=\dfrac{19}{5}+\dfrac{23}{5}=\dfrac{42}{5}=8\dfrac{2}{5}$

**14** 답 : $\dfrac{9}{11}$

풀이 : 어떤 수를 □라 하면 잘못 계산한 식은 $□-\dfrac{2}{11}=\dfrac{5}{11}$ 입니다.

어떤 수 $□=\dfrac{5}{11}+\dfrac{2}{11}=\dfrac{7}{11}$ 이므로 바르게 계산한 식은 $\dfrac{7}{11}+\dfrac{2}{11}=\dfrac{9}{11}$ 입니다.

**15** 답 : $5-2\dfrac{3}{4}=5-2-\dfrac{3}{4}=3-\dfrac{3}{4}=\dfrac{12}{4}-\dfrac{3}{4}=\dfrac{9}{4}=2\dfrac{1}{4}$ 또는

$5-2\dfrac{3}{4}=(4-2)+(1-\dfrac{3}{4})=2+(\dfrac{4}{4}-\dfrac{3}{4})=2+\dfrac{1}{4}=2\dfrac{1}{4}$

**16** 답 : $3\dfrac{1}{10}$ (분)

풀이 : $7\dfrac{3}{5}-4\dfrac{1}{2}=\dfrac{38}{5}-\dfrac{9}{2}=\dfrac{76-45}{10}=\dfrac{31}{10}=3\dfrac{1}{10}$

**17** 답 : $\dfrac{5}{8}$

풀이 : $\dfrac{\overset{1}{\cancel{3}}}{4}\times\dfrac{5}{\underset{2}{\cancel{6}}}=\dfrac{5}{8}$

**18**

방법 1) $2\dfrac{3}{8}\times6=\dfrac{19}{\underset{4}{\cancel{8}}}\times\overset{3}{\cancel{6}}=\dfrac{57}{4}=14\dfrac{1}{4}$

방법 2) $2\dfrac{3}{8}\times6=(2+\dfrac{3}{8})\times6=(2\times6)+(\dfrac{3}{\underset{4}{\cancel{8}}}\times\overset{3}{\cancel{6}})=12+\dfrac{9}{4}=12+2\dfrac{1}{4}=14\dfrac{1}{4}$

**19** 답 : $4\dfrac{1}{2}$ (cm)

풀이 : $(1\dfrac{1}{2}+3\dfrac{2}{3})\times(높이)\div2=11\dfrac{5}{8}$

$(1\dfrac{3}{6}+3\dfrac{4}{6})\times(높이)\div2=11\dfrac{5}{8}$

$5\dfrac{1}{6}\times\dfrac{1}{2}\times(높이)=11\dfrac{5}{8}$

$\dfrac{31}{6}\times\dfrac{1}{2}\times(높이)=\dfrac{31}{12}\times(높이)=11\dfrac{5}{8}$

$(높이)=11\dfrac{5}{8}\times\dfrac{12}{31}=\dfrac{\overset{3}{\cancel{93}}}{\underset{2}{\cancel{8}}}\times\dfrac{\overset{3}{\cancel{12}}}{\underset{1}{\cancel{31}}}=\dfrac{9}{2}=4\dfrac{1}{2}$

**20** 답 : 28,000(원)

풀이 : 첫 상영 시간대 성인 1명의 요금은 $14{,}000\times\dfrac{5}{7}=10{,}000$원이고, 청소년 1명의 요금은 $11{,}000\times\dfrac{8}{11}=8{,}000$ 원입니다. 따라서 성인 2명과 청소년 1명의 요금은 $14{,}000\times\dfrac{5}{7}\times2+11{,}000\times\dfrac{8}{11}=10{,}000\times2+8{,}000=28{,}000$원입니다.


## 2회

**1** 답 : 8(개)

풀이 : 분모가 2보다 크고 6보다 작은 진분수를 모두 구하면

분모가 3인 진분수 : $\dfrac{1}{3}$, $\dfrac{2}{3}$     분모가 4인 진분수 : $\dfrac{1}{4}$, $\dfrac{2}{4}$, $\dfrac{3}{4}$

분모가 5인 진분수 : $\dfrac{1}{5}$, $\dfrac{2}{5}$, $\dfrac{3}{5}$, $\dfrac{4}{5}$

이 가운데 기약분수는 $\dfrac{1}{3}$, $\dfrac{2}{3}$, $\dfrac{1}{4}$, $\dfrac{3}{4}$, $\dfrac{1}{5}$, $\dfrac{2}{5}$, $\dfrac{3}{5}$, $\dfrac{4}{5}$ 로 모두 8개입니다.

**2**

방법 1) $6-3\dfrac{1}{4}=5\dfrac{4}{4}-3\dfrac{1}{4}=2\dfrac{3}{4}$

방법 2) $6-3\dfrac{1}{4}=\dfrac{24}{4}-\dfrac{13}{4}=\dfrac{11}{4}=2\dfrac{3}{4}$

**3** 답 : $\dfrac{12}{42}$

풀이 : 약분하기 전의 분수는 $\dfrac{2\times6}{7\times6}=\dfrac{12}{42}$ 이므로 $\dfrac{12}{42}$ 입니다.

**4** 답 : $\dfrac{20}{30}$, $\dfrac{9}{30}$

풀이 : $(\dfrac{2}{3}$, $\dfrac{3}{10})\rightarrow(\dfrac{2\times10}{3\times10}$, $\dfrac{3\times3}{10\times3})\rightarrow(\dfrac{20}{30}$, $\dfrac{9}{30})$

**5** $\dfrac{3}{5}$ 과 $\dfrac{5}{8}$ 를 통분하면 각각 $\dfrac{24}{40}$ 와 $\dfrac{25}{40}$ 입니다.

즉 혜진이는 쿠키 한 개를 40조각으로 나눴을 때 24조각, 민수는 25조각을 먹은 것과 같습니다. 따라서 민수가 더 많이 먹었습니다.

**6** 답 : $\dfrac{1}{3}$ , $\dfrac{2}{3}$

풀이 : 구하는 분수를 $\dfrac{\bigcirc}{3}$ 라고 하면 $\dfrac{2}{7} < \dfrac{\bigcirc}{3} < \dfrac{6}{7}$ 입니다.

세 분수를 통분하면 $\dfrac{2\times3}{7\times3} < \dfrac{\bigcirc\times7}{3\times7} < \dfrac{6\times3}{7\times3}$ , $\dfrac{6}{21} < \dfrac{7\times\bigcirc}{21} < \dfrac{18}{21}$ 입니다.

$6 < 7\times\square < 18$ 이므로 $\square = 1, 2$ 입니다.

따라서 분모가 3인 기약분수는 $\dfrac{1}{3}$ , $\dfrac{2}{3}$ 입니다.

**7** 답 : $\dfrac{19}{23}$

풀이 : 어떤 분수를 $\dfrac{\triangle}{\square}$ 라고 하면, 분모와 분자에 1을 더하고 4로 약분하면 $\dfrac{(\triangle+1)\div4}{(\square+1)\div4}$ 입니다. 즉 $\dfrac{(\triangle+1)\div4}{(\square+1)\div4}$

$= \dfrac{5}{6}$ 입니다. 이 식에서 분모와 분자에 4를 곱하면 $\dfrac{(\triangle+1)\div4\times4}{(\square+1)\div4\times4} = \dfrac{5\times4}{6\times4}$ , 즉 $\dfrac{\triangle+1}{\square+1} = \dfrac{20}{24}$ 입니다. 그리고 분모

와 분자에서 1을 빼면 $\dfrac{\triangle+1-1}{\square+1-1} = \dfrac{20-1}{24-1}$ , 즉 $\dfrac{\triangle}{\square} = \dfrac{19}{23}$ 입니다. 따라서 어떤 분수는 $\dfrac{19}{23}$ 입니다.

**8**

방법 1) $7\dfrac{4}{9} + 1\dfrac{7}{8} = (7+1) + \left(\dfrac{4}{9} + \dfrac{7}{8}\right) = 8 + \left(\dfrac{32}{72} + \dfrac{63}{72}\right) = 8 + \dfrac{95}{72} = 8 + 1\dfrac{23}{72} = 9\dfrac{23}{72}$

방법 2) $7\dfrac{4}{9} + 1\dfrac{7}{8} = \dfrac{67}{9} + \dfrac{15}{8} = \dfrac{536}{72} + \dfrac{135}{72} = \dfrac{671}{72} = 9\dfrac{23}{72}$

**9**

방법 1) $2\dfrac{7}{8} - 1\dfrac{5}{6} = (2-1) + \left(\dfrac{7}{8} - \dfrac{5}{6}\right) = 1 + \left(\dfrac{21}{24} - \dfrac{20}{24}\right) = 1\dfrac{1}{24}$

방법 2) $2\dfrac{7}{8} - 1\dfrac{5}{6} = \dfrac{23}{8} - \dfrac{11}{6} = \dfrac{69}{24} - \dfrac{44}{24} = \dfrac{25}{24} = 1\dfrac{1}{24}$

**10** 답 : $1\dfrac{1}{3}$

풀이 : $8\dfrac{1}{3} - 7 = 1\dfrac{1}{3}$

**11** 답 : 집에서 버스정류장을 지나 학교까지 가는 길, $\dfrac{1}{8}$ (km)

풀이 : 집에서 버스정류장을 지나 학교까지 가는 거리는 $1\dfrac{3}{8} + \dfrac{5}{6} = \dfrac{11}{8} + \dfrac{5}{6} = \dfrac{33}{24} + \dfrac{20}{24} = \dfrac{53}{24}$ km입니다. 집

에서 학교까지 바로 가는 거리는 $2\dfrac{1}{3} = \dfrac{7}{3} = \dfrac{56}{24}$ km이므로 집에서 버스정류장을 지나 학교까지 가는 거리가

집에서 학교까지 바로 가는 거리보다 $\dfrac{56}{24}-\dfrac{53}{24}=\dfrac{3}{24}=\dfrac{1}{8}$ km만큼 더 가깝습니다.

**12** 답 : 21(m)

풀이 1) 효진이가 사용한 리본끈 길이는 $27\times\dfrac{2}{9}=6$m입니다. 따라서 사용하고 남은 리본끈의 길이는 $27-6=21$m 입니다.

풀이 2) 효진이는 전체 리본끈의 $\dfrac{2}{9}$를 사용하였으므로 남은 리본끈은 전체의 $\dfrac{7}{9}$입니다. 따라서 $27\times\dfrac{7}{9}$ $=21$m입니다.

**13** 답 : 7

풀이 : $(1+\dfrac{2}{3})\times(1+\dfrac{2}{5})\times(1+\dfrac{2}{7})\times\cdots\times(1+\dfrac{2}{15})\times(1+\dfrac{2}{17})\times(1+\dfrac{2}{19})$

$=\dfrac{5}{3}\times\dfrac{7}{5}\times\dfrac{9}{7}\times\dfrac{11}{9}\times\dfrac{13}{11}\times\dfrac{15}{13}\times\dfrac{17}{15}\times\dfrac{19}{17}\times\dfrac{21}{19}=\dfrac{21}{3}=7$

**14**

방법 1) $3\dfrac{3}{8}\div\dfrac{15}{16}=\dfrac{27}{8}\div\dfrac{15}{16}=\dfrac{54}{16}\div\dfrac{15}{16}=54\div15=\dfrac{54}{15}=\dfrac{18}{5}=3\dfrac{3}{5}$

방법 2) $3\dfrac{3}{8}\div\dfrac{15}{16}=\dfrac{27}{8}\div\dfrac{15}{16}=\dfrac{27}{8}\div\dfrac{16}{15}=\dfrac{18}{5}=3\dfrac{3}{5}$

**15** 답 : $\dfrac{16}{35}$

풀이 : $\square\div\dfrac{2}{7}=\dfrac{8}{5}$, $\square\times\dfrac{7}{2}=\dfrac{8}{5}$, $\square\times\dfrac{7}{2}\times\dfrac{2}{7}=\dfrac{8}{5}\times\dfrac{2}{7}$, 따라서 $\square=\dfrac{16}{35}$

**16** 답 : $9\dfrac{1}{3}$(cm)

풀이 : (마름모의 넓이)=(한 대각선의 길이)×(다른 대각선의 길이)÷2이므로
$1\dfrac{2}{7}\times$(다른 대각선의 길이)$\times\dfrac{1}{2}=1\dfrac{1}{2}$입니다.

다른 대각선의 길이를 $\square$라 하면 $\dfrac{9}{7}\times\square\times\dfrac{1}{2}=\dfrac{3}{2}$, $\square\times\dfrac{9}{14}=\dfrac{3}{2}$ 이므로 $\square=\dfrac{3}{2}\times\dfrac{14}{9}=\dfrac{7}{3}$ cm입니다.

(정사각형 한 변의 길이) = (마름모의 대각선의 길이)=$\dfrac{7}{3}$ 이므로

(정사각형의 둘레)=$\dfrac{7}{3}\times4=\dfrac{28}{3}=9\dfrac{1}{3}$ cm입니다.

**17** 답 : 100(쪽)
풀이 : $160\div1\dfrac{3}{5}=160\div\dfrac{8}{5}=160\times\dfrac{5}{8}=100$

**18** 답 : 1, 2, 3
풀이 : $3\dfrac{1}{7}\div\dfrac{11}{14}=\dfrac{22}{7}\div\dfrac{11}{14}=\dfrac{22}{7}\times\dfrac{14}{11}=4$입니다.

$\square<4$이므로 $\square$ 안에 들어갈 수 있는 자연수는 1, 2, 3입니다.

**19** 답 : $\dfrac{5}{9}$(kg)

풀이 : (한 사람이 받는 오디의 양)=(전체 오디의 양)÷(나누어 가진 사람 수)

$$=3\dfrac{8}{9}\div7=\dfrac{35}{9}\div7=\dfrac{35}{9}\times\dfrac{1}{7}=\dfrac{35}{63}=\dfrac{5}{9}$$

**20**

1) $\dfrac{3+6+9}{4+8+12}=\dfrac{3\times1+3\times2+3\times3}{4\times1+4\times2+4\times3}=\dfrac{3\times(1+2+3)}{4\times(1+2+3)}=\dfrac{3}{4}$

2) $\dfrac{2+4+6+8+10}{3+6+9+12+15}=\dfrac{30}{45}=\dfrac{2}{3}$


## 문제 만들기


예1)

**1** 친구들과 케이크를 먹는 상황

**2** 더하기

**3** 혜진이는 생일에 민수, 지아를 초대해 케이크를 먹었습니다. 혜진이는 전체 케이크의 $\dfrac{1}{6}$ 조각, 민수는 전체 케이크의 $\dfrac{1}{4}$, 지아는 전체 케이크의 $\dfrac{3}{8}$ 조각을 먹었습니다. 세 사람은 전체 케이크의 얼마만큼 먹었나요?

**4** $\dfrac{1}{6}+\dfrac{1}{4}+\dfrac{3}{8}=\dfrac{4}{24}+\dfrac{6}{24}+\dfrac{9}{24}=\dfrac{19}{24}$, 케이크는 전체의 $\dfrac{19}{24}$ 만큼 먹었습니다.

예2)

**1** 하루 동안 마신 사과주스의 양을 비교하는 상황

**2** 빼기

**3** 정우는 오전에 사과주스를 $\dfrac{3}{4}$ 컵을 마셨고, 저녁에 $\dfrac{2}{3}$ 컵을 마셨습니다. 오전과 저녁 중 언제, 얼마만큼 더 많이 마셨나요?

**4** $\dfrac{3}{4}=\dfrac{9}{12}$ 이고 $\dfrac{2}{3}=\dfrac{8}{12}$ 이므로 $\dfrac{9}{12}-\dfrac{8}{12}=\dfrac{1}{12}$, 즉 오전에 $\dfrac{1}{12}$ 컵만큼 더 많이 마셨습니다.

예3)

**1** 오렌지주스의 양을 재는 상황

**2** 곱하기

**3** $\dfrac{1}{2}$ L만큼 담긴 오렌지주스가 6병 있을 때, 오렌지주스의 양은 모두 몇 L인가요?

**4** $\dfrac{1}{2}\times6=3$, 따라서 오렌지주스의 전체 양은 3L입니다.

# 4장 소수



## p.286 **1**

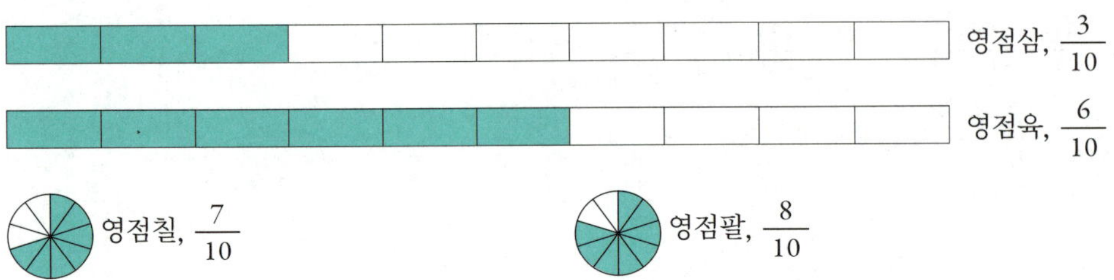

영점삼, $\dfrac{3}{10}$

영점육, $\dfrac{6}{10}$

영점칠, $\dfrac{7}{10}$

영점팔, $\dfrac{8}{10}$

## p.287

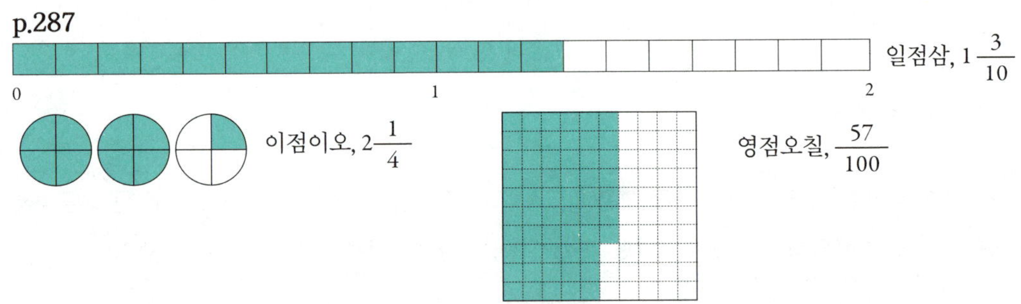

일점삼, $1\dfrac{3}{10}$

이점이오, $2\dfrac{1}{4}$

영점오칠, $\dfrac{57}{100}$

영점팔삼, $\dfrac{83}{100}$

0.83

## p.288 **2**

| | | |
|---|---|---|
| $\dfrac{\boxed{3}}{10}$ | $\dfrac{25}{\boxed{100}}$ | $\dfrac{\boxed{4}}{10}$ |
| $\dfrac{\boxed{5}}{10}$ | $\dfrac{1}{\boxed{5}}=\dfrac{2}{10}$ | $\dfrac{4}{\boxed{10}}$ |
| $\dfrac{2}{10}=\dfrac{1}{\boxed{5}}$ | $\dfrac{6}{10}=\dfrac{3}{\boxed{5}}$ | $\dfrac{\boxed{3}}{100}$ |
| $\dfrac{15}{100}=\dfrac{3}{\boxed{20}}$ | $\dfrac{123}{\boxed{1000}}$ | $\dfrac{\boxed{409}}{1000}$ |

## **3**

| | |
|---|---|
| $\dfrac{1}{5}$ | $\dfrac{1}{25}$ |
| $\dfrac{7}{20}$ | $\dfrac{1}{2}$ |
| $\dfrac{4}{5}$ | $\dfrac{3}{25}$ |
| $\dfrac{1}{8}$ | $\dfrac{1}{4}$ |

## **5**

| | | |
|---|---|---|
| > | > | = |
| < | < | < |
| > | > | < |
| < | = | > |

## p.289 **4**

| | |
|---|---|
| 0.3 | 5.9 |
| 2.6 | 3.7 |
| 0.2 | 0.04 |

 소수의 덧셈과 뺄셈

### p.294 1

| | | |
|---|---|---|
| 0.5 | 1.6 | 1.9 |
| 5.8 | 7.9 | 6.7 |
| 7.1 | 12.3 | 10.2 |
| 8.1 | 14 | 12.3 |
| 1.09 | 2.58 | 5.88 |

### p.295

| | | |
|---|---|---|
| 6.51 | 13.31 | 13.04 |
| 20.03 | 15.58 | 10.22 |
| 5.38 | 10.08 | 19.44 |
| 8.73 | 50.18 | 1.044 |
| 8.787 | 12.601 | 38.471 |

### p.296 2

| | |
|---|---|
| 0.7 | 7.3 |
| 1.4 | 1.6 |
| 13.3 | 13.2 |
| 14.49 | 15.23 |
| 8.01 | 5.89 |
| 42.4 | 29.1 |
| 10.28 | 12.24 |

### p.298 3

| | | |
|---|---|---|
| 0.6 | 0.3 | 1.3 |
| 0.8 | 1.9 | 1.3 |
| 1.7 | 3.7 | 8.9 |
| 0.24 | 1.22 | 0.33 |
| 4.21 | 2.4 | 6.74 |

### p.299

| | | |
|---|---|---|
| 3.68 | 1.27 | 5.76 |
| 2.68 | 3.18 | 15.54 |
| 0.533 | 3.241 | 2.213 |
| 0.304 | 1.071 | 5.737 |
| 5.683 | 1.272 | 4.878 |

### p.300 4

| | |
|---|---|
| 2.1 | 5.3 |
| 0.6 | 0.6 |
| 1.4 | 0.9 |
| 2.16 | 8.27 |
| 0.86 | 5.36 |
| 1.26 | 12.07 |
| 6.61 | 1.93 |

 소수의 곱셈

### p.305 1

| | |
|---|---|
| 4.8 | 56.4 |
| 25.26 | 6.23 |
| 51.12 | 21 |
| 152 | 34 |
| 6 | 13.6 |
| 5.15 | 5.84 |
| 31.68 | 35.34 |
| 1.44 | 2700 |

### p.306 2

| | | |
|---|---|---|
| 0.24 | 0.35 | 0.18 |
| 1.21 | 1.44 | 1.69 |
| 1.96 | 2.25 | 0.92 |
| 8.05 | 11.07 | 0.07 |
| 0.15 | 0.584 | 0.138 |

### p.308 3

| | | | |
|---|---|---|---|
| 2.91 | 29.1 | 291 | 2910 |
| 102.5 | 10.25 | 1.025 | 0.1025 |
| 132 | 13.2 | 13.2 | 1.32 |

 소수의 나눗셈

### p.313 1

| | | | |
|---|---|---|---|
| 9.1 | 14.9 | 6.7 | 5.7 |
| 19.6 | 51.3 | 3.61 | 7.92 |

**2**

| | |
|---|---|
| 12.3 | 2.9 |
| 44.6 | 0.28 |
| 8.78 | 1.22 |

### p.314 3

| | |
|---|---|
| 1.6 | 0.75 |
| 4.25 | 6.5 |
| 16.5 | 12.75 |
| 3.5 | 3.4 |

### p.315 4

| | |
|---|---|
| 2 | 7 |
| 9 | 19 |
| 54 | 23 |
| 4.5 | 26.4 |

### p.316 5

| | |
|---|---|
| 6 | 9 |
| 3.5 | 1.4 |
| 1.5 | 0.5 |
| 7 | 8 |

### p.317 6

1.3
5.2
26.8
1.2
118.9

### p.318 7

3.5
2.1
1.7
1.5
1.2

### p.319 8

24
26
12

20
5
2.5

### p.320 9

| | |
|---|---|
| 몫 : 2 | 몫 : 5 |
| 나머지 : 0.8 | 나머지 : 4.8 |
| 몫 : 1 | 몫 : 6 |
| 나머지 : 5.6 | 나머지 : 1.5 |

### p.321

| | |
|---|---|
| 몫 : 1 | 몫 : 5 |
| 나머지 : 1.6 | 나머지 : 0.5 |
| 몫 : 2 | 몫 : 7 |
| 나머지 : 0.2 | 나머지 : 4.8 |
| 몫 : 5 | 몫 : 11 |
| 나머지 : 7.7 | 나머지 : 4.5 |
| 몫 : 33 | 몫 : 13 |
| 나머지 : 1.5 | 나머지 : 0.8 |
| 몫 : 60 | 몫 : 71 |
| 나머지 : 0.7 | 나머지 : 1.5 |

### p.322 10

| | |
|---|---|
| 0.9 | 2.3 |
| 0.9 | 0.6 |
| 1.6 | 3.3 |
| 2.6 | 3.4 |

### p.323 11

| | |
|---|---|
| 0.71 | 0.33 |
| 1.62 | 3.94 |
| 1.98 | 5.43 |
| 1.41 | 1.23 |
| 9.26 | 1.50 |
| 2.45 | 7.65 |

## p.327 **1**

21

12

6.5

7.7

34.4

29

5.4

## p.328 **2**

| 7.13 | 9.23 | < |
|---|---|---|
| 9.6 | 1.4 | > |
| 31.48 | 2 | > |

## p.330 **3**

$3\dfrac{7}{10}$ 또는 3.7  |  $1\dfrac{5}{6}$

$14\dfrac{1}{5}$ 또는 14.2  |  1

$\dfrac{7}{10}$ 또는 0.7  |  $1\dfrac{1}{5}$ 또는 1.2

$\dfrac{19}{20}$ 또는 0.95  |  $2\dfrac{1}{4}$ 또는 2.25

$1\dfrac{11}{20}$ 또는 1.55  |  $1\dfrac{4}{5}$ 또는 1.8

## p.331 **4**

$\dfrac{4}{5}$ 또는 0.8  |  4

$1\dfrac{1}{2}$ 또는 1.5  |  $5\dfrac{3}{5}$ 또는 5.6

$\dfrac{1}{2}$ 또는 0.5  |  $2\dfrac{4}{5}$ 또는 2.8

$\dfrac{1}{50}$ 또는 0.02  |  30

$\dfrac{1}{2}$ 또는 0.5  |  $\dfrac{21}{25}$ 또는 0.84

**Level Up**  문제

### 1회

**1** 답 :

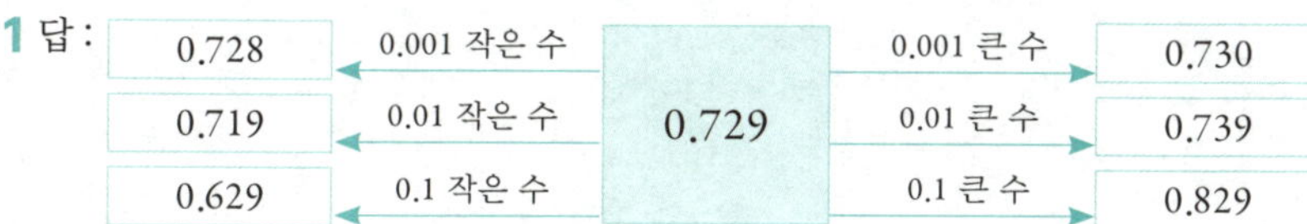


**2** 답 : $\dfrac{2}{5}$

풀이 : 0.01이 40개인 수는 0.01×40=0.4입니다. 0.4를 기약분수로 나타내면 $0.4=\dfrac{4}{10}=\dfrac{2}{5}$ 입니다.

**3** 답 : 80.91

풀이 : 가장 큰 수는 89이고, 가장 작은 수는 8.09이므로 두 수의 차는 89−8.09=80.91입니다.

**4** 답 : 5, 6, 7

풀이 : 0.4 < 0.□에서 □ 안에 들어갈 수 있는 수는 5, 6, 7, 8, 9입니다.

□ ≤ 1.7에서 □ 안에 들어갈 수 있는 수는 1, 2, 3, 4, 5, 6, 7입니다.

따라서 □ 안에 공통으로 들어갈 수 있는 수는 5, 6, 7입니다.

**5** 답 : 2(km)

풀이 : 700m=0.7km, 200m=0.2km이므로 0.7+0.2+1.1=2km입니다.

**6** 답 : 20.21
풀이 : 어떤 수를 □라 하면 13.2-□=6.19입니다.
□=13.2-6.19=7.01입니다. 즉 어떤 수는 7.01이므로 바르게 계산한 값은 13.2+7.01=20.21입니다.

**7** 답 :

|  | $\frac{1}{10}$배 | $\frac{1}{10}$배 | 10배 | 10배 |
|---|---|---|---|---|
| 0.013 | 0.13 | 1.3 | 13 | 130 |
| 0.05 | 0.5 | 5 | 50 | 500 |
| 0.26 | 2.6 | 26 | 260 | 2600 |

풀이 : 소수를 10배 하면 소수점을 기준으로 수가 오른쪽으로 한 자리 이동합니다. 소수의 $\frac{1}{10}$을 하면 소수점을 기준으로 수가 왼쪽으로 한 자리 이동합니다.

**8** 답 : 6.56

풀이 : 403의 0.02배인 수는 403×0.02=8.06이고, 15의 $\frac{1}{10}$인 수는 1.5입니다. 따라서 8.06-1.5=6.56입니다.

**9**

방법 1) $1.3 \times 2.5 = \frac{13}{10} \times \frac{25}{10} = \frac{325}{100} = 3.25$

방법 2)

|  |  | 1 | . | 3 |
|---|---|---|---|---|
| × |  | 2 | . | 5 |
|  |  | 6 |  | 5 |
|  | 2 | 6 |  |  |
|  | 3 | . | 2 | 5 |

**10** 답 : 24.72(kg)
풀이 : 41.2×0.6=24.72

**11** 답 : 31
풀이 : 6×5.13=30.78이므로 30.78<□입니다. 따라서 □ 안에 들어갈 수 있는 가장 작은 자연수는 31입니다.

**12** 답 : 1.5
풀이 : 7.6+1.4=9, 9÷6=1.5이므로 ㉠은 1.5입니다.

**13** 답 : 2.3
풀이 : 15●2.3=0.3×15-2.3+0.1=4.5-2.3+0.1=2.2+0.1=2.3

**14** 답 : 1.69(m²)
풀이 : 1.3×1.3=1.69

**15** 답 : 1.8
풀이 : (눈금 한 칸의 크기)=(26-8)÷10=18÷10=1.8

**16** 답 : 1) 10배 2) 100배 3) 31로 모두 같습니다 4) 몫은 같습니다.
풀이 : 1) 21.7×10=217, 0.7×10=7이므로 각각 10배를 하면 217÷7로 바뀝니다.
2) 2.17×100=217, 0.07×100=7이므로 각각 100배를 하면 217÷7로 바뀝니다.
3) 21.7÷0.7=(21.7×10)÷(0.7×10)=217÷7=31, 2.17÷0.07=(2.17×100)÷(0.07×100)=217÷7=31이므로
21.7÷0.7, 2.17÷0.07, 그리고 217÷7의 몫은 31로 모두 같습니다.
4) 21.7÷0.7=217÷7=31과 같이 나누어지는 수와 나누는 수에 똑같이 10배를 하더라도 몫은 같습니다. 마찬가지로 2.17÷0.07=217÷7=31이므로 나누어지는 수와 나누는 수에 똑같이 100배를 하더라도 몫은 같습니다.

**17** 답 : 384
풀이 : 어떤 수를 □라 하면 □÷8=1.6입니다. □=1.6×8=12.8이므로 12.8×30=384입니다.

**18** 답 : 6.43(m²)
풀이 : 25.72÷4=6.43

**19** 답 : 46(개)
풀이 : 13.8÷0.3=138÷3=46

**20** 답 : 388.9, 500
풀이 1) 180g=0.18kg, 140g=0.14kg입니다. 루이바오는 70÷0.18=388.888…… 이므로 약 388.9배 증가했습니다. 후이바오는 70÷0.14=500이므로 500배 증가했습니다.
풀이 2) 70kg=70000g이므로 루이바오는 70000÷180=388.888……, 따라서 약 388.9배 증가했습니다. 후이바오는 70000÷140=500이므로 500배 증가했습니다.

## 2회

**1** 답 : 1.147
풀이 : 0.057+0.29+0.8=0.347+0.8=1.147

**2** 답 : $1\frac{1}{3}$, 1.3, $\frac{8}{9}$, $\frac{3}{4}$, 0.7

풀이 : 분수를 소수로 바꾸면 다음과 같습니다.

$\frac{3}{4}$=0.75, $1\frac{1}{3}$=1.333……, $\frac{8}{9}$=0.888……

0.7, $\frac{3}{4}$, 1.3, $1\frac{1}{3}$, $\frac{8}{9}$을 각각 소수로 표현하면 0.7, 0.75, 1.3, 1.333……, 0.888……입니다.

따라서 큰 수부터 차례대로 나열하면 $1\frac{1}{3}$, 1.3, $\frac{8}{9}$, $\frac{3}{4}$, 0.7입니다.

**3** 답 : $\dfrac{99}{100}$

풀이 : 모두 소수로 바꾸면 0.91, 1.2, 1.1, 0.9, 1.15, 0.99입니다. 여기서 1에 가장 가까운 수는 $0.99=\dfrac{99}{100}$ 입니다.

**4** 답 : 45.43

풀이 : 가장 큰 소수 두 자리 수는 8.63이고, 가장 작은 소수 한 자리 수는 36.8입니다.

따라서 (두 수의 합)=8.63+36.8 =45.43

**5** 답 : 8

풀이 : 7.3−2.45=4.85

4.□<4.85에서 □ 안에 들어갈 수 있는 수는 1, 2, 3, 4, 5, 6, 7, 8이고, 이 가운데 가장 큰 수는 8입니다.

**6** 답 : ㉣, ㉠, ㉢, ㉡

풀이 : ㉠ 3cm 7mm=3.7cm=37mm, ㉣ 37cm=370mm이므로 큰 수부터 차례대로 적으면 ㉣, ㉠, ㉢, ㉡입니다.

**7** 답 : 10000

풀이 : ㉠의 자릿값은 30, ㉡의 자릿값은 0.003이므로 ㉠은 ㉡의 30÷0.003=10000배입니다.

**8** 답 : 18.77

풀이 : ㉠ 21.35, ㉡ 1.06, ㉢ 1.52이므로 ㉠−㉡−㉢=18.77입니다.

**9** 답 : ㉠, ㉢

풀이 : ㉠ 5.9, ㉡ 59, ㉢ 5.9, ㉣ 590, ㉤ 0.59이므로 계산 결과가 같은 것은 ㉠, ㉢입니다.

**10** 답 : 1) 0.37   2) 1.2

풀이 : 1) □=3.33÷9=0.37   2) □=13.2÷11=1.2

**11** 답 : 506(점)

풀이 : 25300×0.02=506

**12** 답 : 7

풀이 : $(7.6+10.2)\times□\times\dfrac{1}{2}=62.3$입니다. $17.8\times□\times\dfrac{1}{2}=62.3$이므로 8.9×□=62.3입니다.

따라서 □=62.3÷8.9=7입니다.

**13** 답 : 5.2

방법 1) $7.8\div1.5=\dfrac{78}{10}\div\dfrac{15}{10}=\dfrac{78}{10}\times\dfrac{10}{15}=\dfrac{26}{5}=5.2$

방법 2)

```
            5.2
      1.5) 7.8
           7 5
           ───
            30
            30
           ───
             0
```

**14** 답 : 0.01배 또는 $\dfrac{1}{100}$배

풀이 : 나누어지는 수는 같고, 나누는 수 40은 0.4의 100배이므로 ㉠의 몫은 ㉡ 몫의 0.01배입니다.


**15** 답 : 8.9

풀이 : 어떤 수를 □라 하면, □×3.1=37.2입니다. □=37.2÷3.1=12입니다. 따라서 바르게 계산하면 12−3.1=8.9입니다.


**16** 답 : 0.45

풀이 : 2.75◎5=1−2.75÷5=1−0.55=0.45


**17** 답 : ㉠ $\dfrac{7}{5}$, ㉡ 1.7

풀이 : $\dfrac{1}{5}=\dfrac{2}{10}$, 0.5$=\dfrac{5}{10}$, $\dfrac{4}{5}=\dfrac{8}{10}$, 1.1$=\dfrac{11}{10}$ 으로 분모가 10일 때 분자가 3씩 증가합니다.

또한 분수와 소수가 번갈아 반복됩니다. 따라서 ㉠$=\dfrac{14}{10}=\dfrac{7}{5}$이고, ㉡=1.7입니다.


**18** 답 : 3(배)

풀이 : 서민이가 풀어야 하는 문제 양은 1$-\dfrac{5}{11}=\dfrac{6}{11}$이고, 혜진이가 풀어야 하는 문제의 양은 1$-\dfrac{9}{11}=\dfrac{2}{11}$입니다.

따라서 서민이는 혜진이보다 $\dfrac{6}{11}÷\dfrac{2}{11}=6÷2=3$배 더 많이 풀어야 합니다.


**19** 답 : 6

풀이 : 13÷21의 몫은 0.619047619047……입니다. 소수 부분에서 619047이 반복되므로, 13번째 자리의 숫자는 6입니다.


**20** 답 : 1) 3.5   2) 0.51

풀이 1) $\{2.13×1\dfrac{1}{3}-(0.29-\dfrac{1}{4})\}÷\dfrac{4}{5}=\{2.13×1\dfrac{1}{3}-(\dfrac{29}{100}-\dfrac{25}{100})\}÷\dfrac{4}{5}$

$$=\{\dfrac{213}{100}×\dfrac{4}{3}-\dfrac{4}{100}\}÷\dfrac{4}{5}$$

$$=\{\dfrac{284}{100}-\dfrac{4}{100}\}÷\dfrac{4}{5}$$

$$=\dfrac{280}{100}÷\dfrac{4}{5}$$

$$=\dfrac{\overset{7}{\cancel{280}}}{100}×\dfrac{5}{\underset{1}{\cancel{4}}}$$

$$=\dfrac{35}{10}$$

$$=3.5$$

풀이 2) $[19.01-\{(3\frac{4}{5}+3.4)\div\frac{2}{5}\}]-\frac{1}{2}=[19.01-\{(\frac{19}{5}+\frac{17}{5})\div\frac{2}{5}\}]-\frac{1}{2}$

$$=[19.01-\overset{18}{\cancel{\frac{36}{5}}}_{1}\times\overset{1}{\cancel{\frac{5}{2}}}_{1}]-\frac{1}{2}$$

$$=[19.01-18]-\frac{1}{2}$$

$$=1.01-\frac{1}{2}$$

$$=\frac{101}{100}-\frac{50}{100}$$

$$=\frac{51}{100}$$

$$=0.51$$

## 문제 만들기

예1)

**1** 운동으로 감량한 후의 체중을 계산하는 상황

**2** 두 달 전 체중은 45.2kg이었습니다. 수영과 줄넘기를 꾸준히 한 결과 두 달 동안 1.9kg이 줄었습니다. 감량 후 체중은 몇 kg인지 구하세요.

**3** 45.2-1.9=43.3, 43.3(kg)

예2)

**1** 야구 타율을 계산하는 상황

**2** ○○ 구단의 구자국 선수는 지난해 493번 타석에서 169안타를 쳤습니다. 이 선수의 타율은 얼마인지 식을 쓰고 반올림하여 소수 셋째 자리까지 구하세요.

**3** 169÷493=0.3427991……로 소수 셋째 자리까지 반올림하면 0.343, 0.343(3할 4푼 3리)

# MEMO

MEMO

MEMO

MEMO

MEMO

MEMO

# 이 책은 다음과 같은 학생에게 추천합니다

☑ 중학교 진학을 앞두고 연산 개념을 다시 정리하고 싶은 초등 고학년

☑ 계산에서 실수하거나 연산할 때 과정을 빼먹는 일이 잦아서 정확도를 높이고 싶은 학생

☑ 분수·소수의 개념이 반복적으로 헷갈리는 학생

☑ 수학을 스스로 공부하고 개념을 정리하는 습관이 필요한 학생

플루토

전화 070-4234-5134  이메일 theplutobooker@gmail.com